网络空间安全学科系列教材

无人系统安全

苏洲 王云涛 栾浩 潘洋河 郭少龙 胡钦南 编著

清华大学出版社
北京

内 容 简 介

作为中国新一代人工智能战略规划的重要组成部分，无人系统是我国未来国防建设和社会发展的变革性技术之一。无人系统涉及通信、控制、人工智能等学科，可以在时空、任务、模式等多个维度上高效实现网络自主化、协同化和智能化，构建覆盖协同感知、目标跟踪、自主控制、智能决策及效能评估的完整链条。无人系统已广泛应用于自动驾驶、无人机网络、物联网等领域，其安全防护已成为保障国家安全、社会安全、人民生命财产安全的重要支撑。本教材主要面向无人系统与安全，系统讲授无人系统在目标识别、网络通信、协同决策及各类应用中的安全防护与隐私保护等无人系统的核心技术。

图书在版编目（CIP）数据

无人系统安全/苏洲等编著. -- 北京：清华大学出版社，2025. 1.

（网络空间安全学科系列教材）. -- ISBN 978-7-302-58467-4

I. TP273

中国国家版本馆 CIP 数据核字第 2025M858F4 号

责任编辑：张 民 薛 阳
封面设计：刘 键
责任校对：王勤勤
责任印制：杨 艳

出版发行：清华大学出版社
网 址：https://www.tup.com.cn, https://www.wqxuetang.com
地 址：北京清华大学学研大厦 A 座　　**邮 编**：100084
社 总 机：010-83470000　　**邮 购**：010-62786544
投稿与读者服务：010-62776969, c-service@tup.tsinghua.edu.cn
质量反馈：010-62772015, zhiliang@tup.tsinghua.edu.cn
课件下载：https://www.tup.com.cn,010-83470236
印 装 者：三河市铭诚印务有限公司
经 销：全国新华书店
开 本：185mm×260mm　　**印 张**：12.75　　**字 数**：313 千字
版 次：2025 年 1 月第 1 版　　**印 次**：2025 年 1 月第 1 次印刷
定 价：39.90 元

产品编号：106982-01

网络空间安全学科系列教材

编委会

网络空间安全学科系列教材

出版说明

21世纪是信息时代，信息已成为社会发展的重要战略资源，社会的信息化已成为当今世界发展的潮流和核心，而信息安全在信息社会中将扮演极为重要的角色，它会直接关系到国家安全、企业经营和人们的日常生活。随着信息安全产业的快速发展，全球对信息安全人才的需求量不断增加，但我国目前信息安全人才极度匮乏，远远不能满足金融、商业、公安、军事和政府等部门的需求。要解决供需矛盾，必须加快信息安全人才的培养，以满足社会对信息安全人才的需求。为此，教育部继2001年批准在武汉大学开设信息安全本科专业之后，又批准了多所高等院校设立信息安全本科专业，而且许多高校和科研院所已设立了信息安全方向的具有硕士和博士学位授予权的学科点。

信息安全是计算机、通信、物理、数学等领域的交叉学科，对于这一新兴学科的培养模式和课程设置，各高校普遍缺乏经验，因此中国计算机学会教育专业委员会和清华大学出版社联合主办了“信息安全专业教育教学研讨会”等一系列研讨活动，并成立了“高等院校信息安全专业系列教材”编委会，由我国信息安全领域著名专家肖国镇教授担任编委会主任，指导“高等院校信息安全专业系列教材”的编写工作。编委会本着研究先行的指导原则，认真研讨国内外高等院校信息安全专业的教学体系和课程设置，进行了大量具有前瞻性的研究工作，而且这种研究工作将随着我国信息安全专业的发展不断深入。系列教材的作者都是既在本专业领域有深厚的学术造诣，又在教学第一线有丰富的教学经验的学者、专家。

该系列教材是我国第一套专门针对信息安全专业的教材，其特点是:

① 体系完整、结构合理、内容先进。

② 适应面广。能够满足信息安全、计算机、通信工程等相关专业对信息安全领域课程的教材要求。

③ 立体配套。除主教材外，还配有多媒体电子教案、习题与实验指导等。

④ 版本更新及时，紧跟科学技术的新发展。

在全力做好本版教材，满足学生用书的基础上，还经由专家的推荐和审定，遴选了一批国外信息安全领域优秀的教材加入系列教材中，以进一步满足大家对外版书的需求。“高等院校信息安全专业系列教材”已于2006年年初正式列入普通高等教育“十一五”国家级教材规划。

2007年6月，教育部高等学校信息安全类专业教学指导委员会成立大会暨第一次会议在北京胜利召开。本次会议由教育部高等学校信息安全类专业教学指导委员会主任单位北京工业大学和北京电子科技学院主办，清华大学出版社协办。教育部高等学校信息安全类专业教学指导委员会的成立对我国信息安全专业的发展起到重要的指导和推动作用。2006年，教育部给武汉大学下达了“信息安全专业指导性专业规范研制”的教学科研项目。2007年起，该项目由教育部高等学校信息安全类专业教学指导委员会组织实施。在高教司和教指委的指导下，项目组团结一致，努力工作，克服困难，历时5年，制定出我国第一个信息安全专业指导性专业规范，于2012年年底通过经教育部高等教育司理工科教育处授权组织的专家组评审，并且已经得到武汉大学等许多高校的实际使用。2013年，新一届教育部高等学校信息安全专业教学指导委员会成立。经组织审查和研究决定，2014年，以教育部高等学校信息安全专业教学指导委员会的名义正式发布《高等学校信息安全专业指导性专业规范》(由清华大学出版社正式出版)。

2015年6月，国务院学位委员会、教育部出台增设“网络空间安全”为一级学科的决定，将高校培养网络空间安全人才提到新的高度。2016年6月，中央网络安全和信息化领导小组办公室（下文简称“中央网信办”)、国家发展和改革委员会、教育部、科学技术部、工业和信息化部及人力资源和社会保障部六大部门联合发布《关于加强网络安全学科建设和人才培养的意见》(中网办发文〔2016〕4号)。2019年6月，教育部高等学校网络空间安全专业教学指导委员会召开成立大会。为贯彻落实《关于加强网络安全学科建设和人才培养的意见》，进一步深化高等教育教学改革，促进网络安全学科专业建设和人才培养，促进网络空间安全相关核心课程和教材建设，在教育部高等学校网络空间安全专业教学指导委员会和中央网信办组织的“网络空间安全教材体系建设研究”课题组的指导下，启动了“网络空间安全学科系列教材”的工作，由教育部高等学校网络空间安全专业教学指导委员会秘书长封化民教授担任编委会主任。本丛书基于“高等院校信息安全专业系列教材”坚实的工作基础和成果、阵容强大的编委会和优秀的作者队伍，目前已有多部图书获得中央网信办和教育部指导评选的“网络安全优秀教材奖”，以及“普通高等教育本科国家级规划教材”“普通高等教育精品教材”“中国大学出版社图书奖”等多个奖项。

“网络空间安全学科系列教材”将根据《高等学校信息安全专业指导性专业规范》(及后续版本）和相关教材建设课题组的研究成果不断更新和扩展，进一步体现科学性、系统性和新颖性，及时反映教学改革和课程建设的新成果，并随着我国网络空间安全学科的发展不断完善，力争为我国网络空间安全相关学科专业的本科和研究生教材建设、学术出版与人才培养做出更大的贡献。

我们的E-mail地址是zhangm@tup.tsinghua.edu.cn，联系人:张民。

“网络空间安全学科系列教材”编委会

前言

在科技飞速发展的当下，无人系统已经逐渐成为各行各业的中坚力量。从低空无人机到工业自动化生产线，从海面无人救援艇到电网巡检机器人，再到日常生活中的智能家居设备，无人系统的应用范围不断扩展，其对社会生产和生活方式的变革也日益显著。无人系统利用先进的传感器、无线通信技术、自动控制技术以及人工智能算法，能够在复杂环境下进行自主感知、智能决策和协同执行任务，支持构建高度自主化、智能化和协同化的网络，推动信息基础设施与物理基础设施的全面融合，最终形成统一的新型智能基础设施。从本质上看，无人系统是一种架构在物理世界与信息世界之上的新型信息物理融合系统，通过构建虚拟控制世界实现了物理世界与信息世界的无缝集成、数据互动、知识集成。

当前，无人系统作为我国新一代人工智能战略规划的重要组成部分，正逐步成为我国未来国防建设和社会经济发展的关键技术之一。随着无人系统在智能家居、交通物流、能源、城市基础设施、金融服务、安防、环保、农业等广阔领域的广泛应用，其安全性问题也日益凸显，其安全防护已成为保障国家安全、社会安全及人民生命财产安全的重要保障。无人系统的安全性涵盖了多个层面，从硬件设备的物理安全，到软件系统的漏洞防护，再到通信网络的协议安全，以及协同任务中的公平可信决策与用户隐私保护等。面对潜在的网络攻击、数据泄露、系统失效等风险，如何保障无人系统的安全性，构建安全可靠的无人系统成为亟待解决的问题。例如，无人驾驶汽车在行驶过程中如何确保行车安全；无人机在执行任务时如何防止被黑客攻击，确保其不会被恶意操控或干扰；智能家居设备如何保护用户隐私，避免个人信息被非法获取和滥用，确保家庭生活的安全与隐私不受侵害。又如，智能交通无人系统通过实时监控交通流量，缓解交通拥堵，提高交通效率；智能建筑系统通过无人设备对建筑环境进行监测和控制，提升建筑的智能化水平和能源利用效率。这些无人系统驱动的智慧城市基础设施面临着各类新型攻击的风险，导致建筑安全隐患、交通瘫痪等城市安全威胁。

本书面向无人系统与安全，系统讲授无人系统在智能感知、自主决策、网络通信，以及各类应用中的安全防护与隐私保护等核心技术。本书共分为7章。第1章主要介绍无人系统的基本概念、发展历程、典型特性、应用领域以及我国无人系统发展的机遇与挑战；第2章主要介绍无人系统的体系结构、关键技术、整体安全威胁与挑战及其安全需求；第3~6章分别从智能感知层、自主决策层、网络通信层、应用服务层深入介绍了无人系统面临的安全威胁、挑战以及防护措施，从感知安全、决策安全、通信安全、隐私保护4个维度深入探索了无人系统安全防护；第7章探索了无人系统与语义通信、区块链、数字孪生和大模型等新兴技术融合发展的机遇、挑战与对策。

本书适合作为高等院校网络空间安全、信息与通信工程、计算机科学、人工智能等学科专业的教材，也可作为研究机构和产业界从事无人系统及其安全研究的人员的参考书，还适合对无人系统安全感兴趣的各类读者阅读。

目 录

第1章 绪论 1

1.1 无人系统概论 1

1.1.1 无人系统发展历史 1

1.1.2 无人系统定义 4

1.1.3 无人系统分类 4

1.1.4 无人系统应用领域 7

1.2 无人系统协议与特性 8

1.2.1 无线通信协议 8

1.2.2 无人系统典型特性 9

1.3 无人系统典型应用 10

1.3.1 自动驾驶汽车 10

1.3.2 无人机 11

1.3.3 无人水下艇 12

1.3.4 智慧无人工厂 13

1.3.5 无人系统发展现状与演进 13

1.4 无人系统机遇、挑战与未来趋势 14

1.5 本章小结 16

1.6 习题 16

第2章 无人系统架构与关键技术 18

2.1 无人系统架构 18

2.1.1 智能感知层 19

2.1.2 自主决策层 20

2.1.3 网络通信层 20

2.1.4 应用服务层 21

2.2 无人系统关键技术 21
2.2.1 多智能体协作 22
2.2.2 5G通信网络 24
2.2.3 自动控制技术 25
2.2.4 人工智能技术 27
2.3 无人系统典型攻击形式 29
2.4 无人系统安全需求 31
2.5 本章小结 32
2.6 习题 32

第3章 无人系统感知安全 33

3.1 无人系统感知安全现状概述 33
3.2 传感器攻击及防御 35
3.2.1 激光雷达 35
3.2.2 雷达 36
3.2.3 摄像头 36
3.2.4 定位系统 37
3.2.5 惯性测量单元 38
3.3 对抗性样本攻击及防御 38
3.3.1 对抗性样本攻击基本原理 38
3.3.2 对抗性样本攻击防御方法 42
3.3.3 无人系统中的对抗性样本攻击 44
3.4 投毒攻击及防御 45
3.4.1 投毒攻击基本原理 45
3.4.2 投毒攻击防御方法 49
3.4.3 无人系统中的投毒攻击 51
3.5 多源数据融合安全 52
3.5.1 数据融合方法 53
3.5.2 多源数据融合需求 53
3.5.3 多源数据融合关键技术 55
3.6 案例分析 56
3.6.1 背景简介 56
3.6.2 威胁模型和防御目标 58
3.6.3 方案总体设计 58
3.6.4 基于拉格朗日插值的安全聚合机制 60
3.7 本章小结 63
3.8 习题 64

第4章 无人系统决策安全 …… 65

4.1 无人系统决策安全现状概述 …… 65
4.1.1 无人系统决策模式类型 …… 65
4.1.2 无人系统决策安全威胁 …… 67
4.1.3 无人系统决策安全挑战 …… 68
4.2 无人系统协同决策 …… 69
4.2.1 基于博弈论的协同决策 …… 69
4.2.2 基于群体智能的协同决策 …… 72
4.3 动态攻防对抗 …… 74
4.3.1 无人协同系统多维攻击威胁 …… 74
4.3.2 面向无人协同系统感知层的防御 …… 77
4.3.3 面向无人协同系统网络层的防御 …… 78
4.3.4 面向无人协同系统应用层的防御 …… 80
4.4 决策可信性评估 …… 82
4.4.1 基于交互对象的信任 …… 83
4.4.2 基于交互模式的信任 …… 85
4.4.3 基于时间尺度的信任 …… 89
4.4.4 信任更新中的时间衰减模型 …… 90
4.5 案例分析 …… 91
4.5.1 背景简介 …… 91
4.5.2 无人机模型 …… 92
4.5.3 基于蜜罐博弈的无人机协同防御模型 …… 93
4.5.4 不完全信息下最优多维契约设计问题求解 …… 95
4.6 本章小结 …… 100
4.7 习题 …… 101

第5章 无人系统通信网络安全 …… 102

5.1 无人系统通信网络安全现状概述 …… 102
5.1.1 无人系统通信网络类型 …… 102
5.1.2 通信网络安全威胁 …… 104
5.1.3 通信网络安全挑战 …… 104
5.2 安全认证与访问控制 …… 105
5.2.1 安全认证与访问控制概述 …… 105
5.2.2 身份认证机制 …… 106
5.2.3 访问控制及其策略 …… 108

5.3 物理层安全 111
5.3.1 物理层安全概述 111
5.3.2 物理层通信典型攻击 113
5.3.3 物理层安全预编码技术 114
5.3.4 物理层密钥技术 116
5.3.5 物理层身份认证 118
5.4 入侵检测 119
5.4.1 入侵检测概述 120
5.4.2 入侵检测方法 121
5.4.3 入侵检测系统分类及典型系统 123
5.5 本章小结 126
5.6 习题 127

第6章 无人系统隐私保护 128

6.1 无人系统隐私保护现状概述 128
6.1.1 无人系统隐私类型 128
6.1.2 无人系统隐私保护需求 130
6.1.3 现有无人系统隐私保护方案 131
6.2 隐私推理攻击 133
6.2.1 成员推理攻击 133
6.2.2 数据重构攻击 137
6.2.3 梯度推理攻击 138
6.3 隐私计算技术 142
6.3.1 同态加密 142
6.3.2 安全多方计算 145
6.3.3 差分隐私 147
6.3.4 联邦学习 148
6.3.5 可信计算 151
6.4 本章小结 153
6.5 习题 153

第7章 无人系统与新兴技术融合 154

7.1 无人系统与语义通信 154
7.1.1 语义通信模型 155
7.1.2 语义通信赋能无人系统的支撑技术 156
7.1.3 潜在安全威胁 157

7.2 无人系统与区块链 159
7.2.1 区块链网络模型 159
7.2.2 区块链赋能无人系统 160
7.2.3 潜在安全威胁 162
7.3 无人系统与数字孪生 163
7.3.1 数字孪生网络及其支撑技术 164
7.3.2 数字孪生网络通信模式 165
7.3.3 数字孪生网络的关键特性 165
7.3.4 数字孪生赋能无人系统 167
7.3.5 潜在安全威胁 168
7.4 无人系统与大模型 169
7.4.1 大模型的发展脉络 170
7.4.2 大模型服务架构 171
7.4.3 大模型的关键支撑技术 172
7.4.4 人工智能生成式内容的工作模式 173
7.4.5 大模型赋能无人系统 173
7.4.6 潜在安全威胁 174
7.5 本章小结 178
7.6 习题 178

参考文献 180

第1章 绪论

在历史长河中，人类对于无人系统一直保持着探索。据《三国志》记载，木牛流马是由诸葛亮发明的一种木制无人运输装置，能够自动行走，无须牲畜牵引，极大地提升了军队的后勤运输能力。而在西方，永动机的概念自古希腊时代就开始出现，尽管至今未能实现，但它象征着人类对于完美无人技术的永恒追求。如今，随着科技的飞速发展，木牛流马和永动机的梦想在现代无人系统中得到了新生。无人系统，包括无人驾驶汽车、无人飞行器、智能机器人等，正处于现代技术革新的前沿。这些系统集成了传感器、自动控制、网络通信、人工智能等技术，能够在没有人类直接控制的情况下，在恶劣环境中独立执行复杂甚至危险的任务，从而保障人类的安全与福祉。本章将从整体出发，深入探讨无人系统的特征、组成要素及典型应用。

本章要点

- 无人系统的发展历程、定义、分类、应用领域。
- 无人系统的通信协议、典型特性和典型应用。
- 无人系统的当前机遇和挑战及未来发展趋势。

1.1 无人系统概论

1.1.1 无人系统发展历史

人类对无人系统的早期探索可追溯到三国时期诸葛亮设计的木牛流马。据《三国志·后主传》记载："建兴九年，亮复出祁山，以木牛运，粮尽退军；十二年春，亮悉大众由斜谷出，以流马运，据武功五丈原，与司马宣王对于渭南"。木牛流马是为解决军事物资运输问题而设计的一种无人机械装置，通过自动行走大幅提升了物资输送效率。尽管与现代技术相比比较简陋，但木牛流马无疑展示了早期无人系统的思想。在西方，永动机作为一个科学界至今未能实现的梦想，代表了人类对完美无人机械系统的追求。尽管物理定律表明永动机是不可能的，但对未知的探索推动了科技的持续发展与革新。近现代以来，人类对无人系统的探索始于航空领域。在莱特兄弟成功试飞"小鹰号"16年后（1917年），名为"Ruston Proctor Aerial Target"的无人机成为首架完成飞行的无人驾驶飞机。随着通信、传感器、自动控制、计算机、人工智能等技术的发展，无人系统不断取得重大突破。诸如2001年完成首飞的美国MQ-9无人战斗机，其具备长时间自主执行高空侦察任务的能力。百度公司开发的Apollo无人驾驶系统于2018年实现支持Level 4（L4）级别自动驾驶巴士的大规模生产。在海洋领域，2001年，美国研制了Spartan scouts无人水面艇，实现了自主或半自主地执行反潜或反水雷等复杂任务。在太空领域，世界首台核动力火星探测器“好奇号”于2011年发射，其使命是探寻火星上的生命元素，在提高人类对火星地表的理解和勘探方面取得了重大突破。无人系统的发展最初源于军事需求，在军事领域成功应用后，逐渐拓展到民用领域。从农业自动化作业、航拍、工业制造到环境监测等多个领域，无人系统逐渐演变为一种多功能工具，它不仅提高了服务效率，还减少了人员在危险环境中的暴露概率，在民用领域中取得了显著的成功。如图1-1所示，无人系统的主要发展历史可分为以下四个阶段。

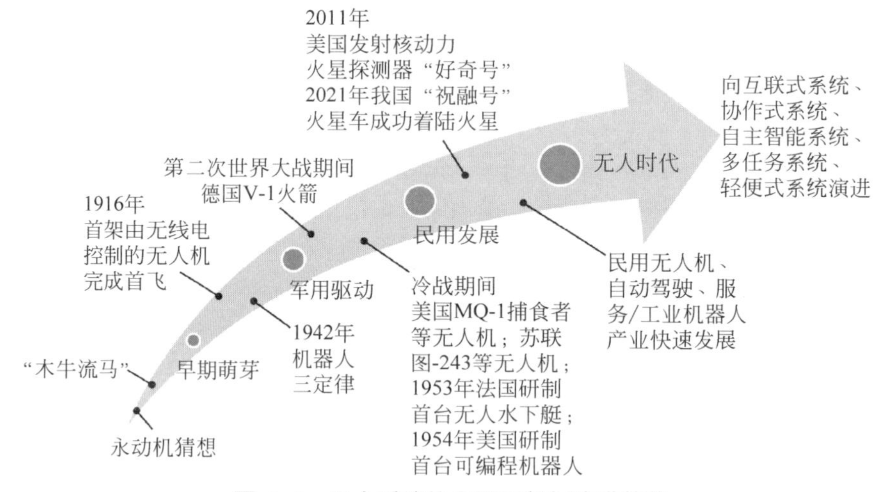

图 1-1　无人系统的发展历程与演进趋势

第一阶段：早期萌芽阶段。无人系统的发展历史可以追溯到20世纪初。1903年，西班牙工程师莱昂纳多·托雷斯·伊·克维多设计了一款名为Telekino的无线电控制系统。1916年，英国工程师阿奇博尔德·蒙哥马利·洛在前人的基础上进一步改进了无线电控制系统，并将这一系统应用在一架长2.82m、翼展3m的无人驾驶单翼飞机上。1917年3月，这架名为“Ruston Proctor Aerial Target”的无人机在英国皇家空军基地发射成功，成为首架在无线电控制下完成飞行的无人机。1942年美国科幻文学巨匠阿西莫夫提出著名的“机器人三定律”。

第二阶段：军用驱动阶段。无人系统的发展随着20世纪前半叶的两次世界大战迅速驶入快车道，随后各国加紧投入无人系统的设计与研发，诸如无人驾驶的空中鱼雷、远程操控的无人驾驶轰炸机等以实战为目的的无人系统不断问世。德国在第二次世界大战期间研发了著名的V-1火箭，它是一款自杀攻击无人机，其外形与普通飞机类似但没有驾驶舱，它配有自动驾驶仪来调节飞行高度和速度，与“空中目标”等无人机前辈一样，它通过无线电进行遥控操作。1944年，美国海军将B-17轰炸机改造成遥控舰载机，对德国潜艇基地执行打击任务。第二次世界大战结束后的“冷战”时期，在无人系统领域，以美国和苏联为首的东西方阵营展开了激烈竞争。越南战争期间，美国部署了包括瑞安147型、瑞安AQM-91萤火虫、洛克希德D-21等多款无人机。海湾战争期间，美国通用原子公司制造的MQ-1捕食者无人机发挥了重要作用。苏联也针对性地发起了代号为“红色马车”的无人机项目，成功研发了图-143、图-243等无人战术侦察机。在海洋探索方面，世界上首台无人水下艇由法国人第米特里·瑞比克夫于1953年发明，它是一种需要人类操作的遥控潜水器（Remotely Operated underwater Vehicles，ROVs）。1957年，美国海军将无人水下艇投入军事用途，其开发的自主潜航器（Autonomous Underwater Vehicles，AUVs）试航成功，该潜航器可独立依照事前的设定工作，工作深度为3000m，每次续航4～5小时。美国研制的遥控猎雷作战原型艇，成功在波斯湾进行了海上作业并于1997年进行了长达12天的猎雷行动。在机器人领域，1954年美国人乔治·德沃尔制造了世界首台可编程机器人，1959年，他与另一位美国人约瑟夫·英格伯格合作，共同开发了首款工业机器人。1978年，美国Unimation公司推出了一款适用于通用工业领域的机器人PUMA。太空探索方面，美国于2011年发射了火星探测器“好奇号”。2021年，我国“天问一号”火星探测器搭载的“祝融号”火星车成功着陆火星并开展探测任务，成为继美国后第二个成功派出探测器登陆火星的国家。

第三阶段：民用发展阶段。随着无人系统技术在军事领域的持续发展，其在技术成熟的基础上逐渐拓展至民用领域，涌现了诸如民用无人机、商业无人车、商业无人艇等各类无人系统，并在各个领域迅速发展。在民用无人机领域，全球市场呈现出了快速增长的态势，特别是我国民用无人机产业取得了高速发展，逐渐成为全球无人机行业的重要组成部分。在此背景下，大疆作为全球市场份额最大的消费级无人机制造商之一，截至2020年第三季度，其产品占据了全球80%的市场份额。民用无人机目前主要应用于应急救援、农林植保、地理测绘、安防监控等领域。在自动驾驶领域，自2014年12月谷歌公司首次展示全功能自动驾驶原型车成品以来，自动驾驶技术逐步走向成熟，搭载该技术的原型车于2015年5月在加利福尼亚完成了路测。百度公司的Apollo全场景自动驾驶车队于2018年12月在长沙高速公路上进行了路测。此外，民用机器人，尤其是家庭服务类机器人，也实现了快速发展。1999年日本索尼公司推出的犬型机器人爱宝AIBO、2002年丹麦iRobot公司推出的吸尘器机器人Roomba等均为其典型代表。

第四阶段：无人时代。21世纪初，随着计算处理能力、传感器技术、人工智能技术和通信技术的迅速发展，无人系统取得了飞速进步，并不断拓展其创新领域。在这一时期，无人系统开始展现出更高级别的自主性、智能性和任务适应性，能够在更为复杂和动态的环境中有效运行和智能协同。随着大数据、人工智能、多模态感知等前沿技术的不断发展，无人系统在处理复杂任务时展现出前所未有的智能化和精准度。此外，云计算和边缘计算的融合为无人系统提供了强大的数据处理和存储能力，进一步增强了它们的实时决策和自适应能力。未来发展趋势包括更智能化的无人系统，这些系统不仅能够自我学习和适应，还能够预测和应对环境变化。多系统协同工作将成为重要趋势，即不同类型的无人系统（如无人机、无人车和无人艇）能够无缝协作，执行更为复杂的任务。自主交通工具的发展将彻底改变城市交通模式，提供更为安全、高效和环保的出行方式。此外，随着虚拟现实和增强现实技术的应用，无人系统在远程操作和交互体验方面也将实现重大飞跃。在安全性和隐私保护方面，技术创新也将成为重中之重，以确保无人系统的可靠性和被社会广泛接受。

1.1.2 无人系统定义

无人系统（Unmanned Systems）指不依赖于人员直接操控的智能化系统，具备通过自主感知、智能决策、灵活通信来自主执行特定任务的能力[1]。如图1-2所示，无人系统广泛涵盖空天地海各类机器人、无人机（Unmanned Aerial Vehicle，UAV）、无人车（Unmanned Ground Vehicle，UGV）、无人水面艇（Unmanned Surface Vehicle，USV）、无人水下艇/潜航器（Unmanned Underwater Vehicle，UUV）等。无人系统通常具备感知、交互、信息处理、决策及执行等多种能力[1]。具体地，无人系统通常内置或搭载各种传感器，如视觉、雷达、激光雷达、红外相机、声学传感器等，以自主感知周围环境，并通过集成先进的算法和决策系统对感知到的信息进行智能决策，可在远程、预设或自主的模式下执行预定任务，如巡逻、侦察、监测、勘测、运输等。无人系统广泛应用于军事国防、公共安全、交通运输、能源电力、工业互联网、农业、环境监测等领域，其开发设计与运行涉及机械制造、自动控制、电子工程、无线通信、人工智能、计算机科学等多个学科。

1.1.3 无人系统分类

如图1-2所示，无人系统根据其应用领域、任务环境、功能、自主性、规模尺寸及任务特性可以进行多方面的分类。以下是无人系统主要的分类方式。

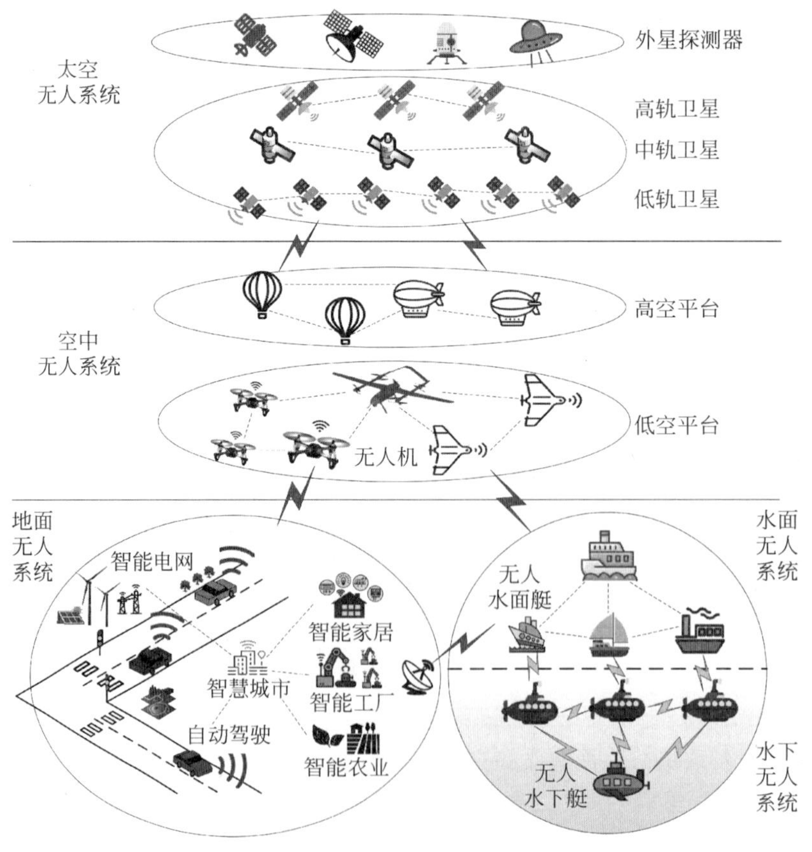

图 1-2　无人系统整体概览

（1）无人系统按照任务环境主要分为太空无人系统、空中无人系统、地面无人系统、水面无人系统、水下无人系统5类。

- 太空无人系统：太空无人系统主要指各类卫星，包括通信卫星、地球观测卫星、导航卫星等。这些卫星在太空中执行多种任务，如提供全球通信服务、监测气象和环境、支持导航系统等，是现代科技和信息社会不可或缺的部分。
- 空中无人系统：空中无人系统涵盖了各种在大气层中执行任务的无人系统，包括高空气球和各类无人机等。多旋翼无人机和固定翼无人机是最常见的类型，广泛应用于航拍、环境监测、空中物流等领域，这类系统通过搭载不同类型的传感器，提供空中视角并具备增强型数据收集能力。
- 地面无人系统：地面无人系统用于执行巡逻、勘察和运输等各类地面任务，常用于军事、公共安全和工业领域。诸如救援机器人通过自动控制、自主导航和感知能力，实现对复杂灾难区域地面环境的探测和搜救。
- 水面无人系统：水面无人系统是用于执行各类水面任务的无人系统，可用于巡逻、测绘和救援等。这些系统通常是自主驾驶的船艇，通过集成传感器和导航系统，可实现水面上自主操作，为各类水上和海上活动提供支持和保障。
- 水下无人系统：水下无人系统包括各类水下无人潜航器，用于水下勘测、海洋研究和海洋资源探测等。这些系统通过搭载先进的水下传感器和执行器，能够在湖泊和海洋等水下环境执行各类复杂任务。

（2）如图1-3所示，无人系统按照功能主要分为以下几类。

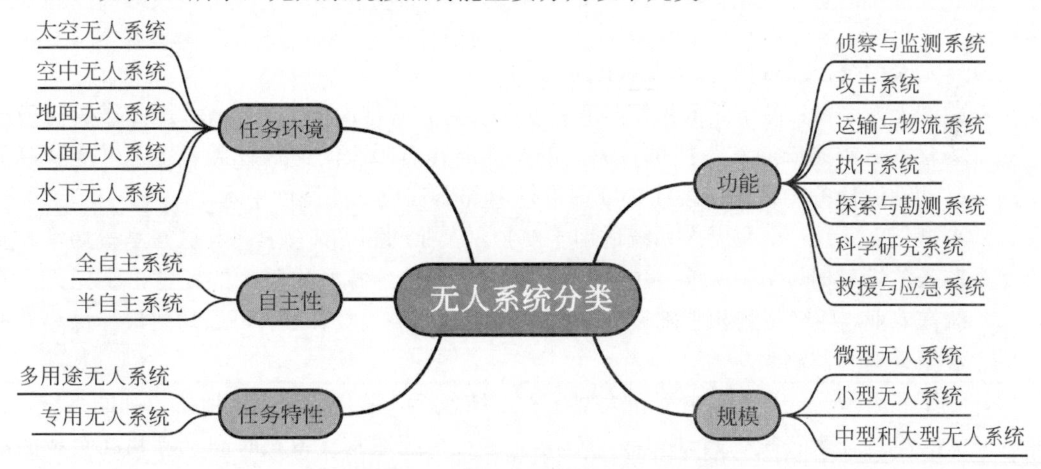

图 1-3　无人系统主要分类方式

- 侦察与监测系统：主要用于军事侦察、环境监测、灾害监测等任务，包括无人机、无人车及水下探测器等。
- 攻击系统：专门设计用于执行军事打击任务，包括无人攻击机、导弹系统等，这类系统能够对目标进行精确打击，执行战术和战略任务。
- 运输与物流系统：主要涉及无人系统在货物运输、物流配送和运输任务中的应用。无人车、无人机等广泛用于快递、仓储、货运等领域，降低了运输成本并提高了运输效率。
- 执行系统：主要包括工业和服务机器人，应用于执行自动化生产线、仓库管理、医疗手术辅助等特定的工业任务或服务任务。

- 探索与勘测系统：包括无人机、水下探测器和地面探测器等，用于执行地质勘测、海洋勘探和考古探险等任务。
- 科学研究系统：用于支持天文学、生态学、气象学等领域的科学研究，如无人空间探测器、生态监测器等用于收集数据以支持科学研究和理解自然现象。
- 救援与应急系统：用于在紧急情况下执行搜救、救援和灾害响应等任务，如无人机、无人车等可用于搜索失踪者、运送紧急物资、投送医疗物资等。

（3）无人系统按照自主性分为全自主系统和半自主系统两类。

- 全自主系统：全自主系统是指完全由系统自主决策和执行任务的无人系统，无须外部干预。这类系统具备高度的自主性和智能性，能够通过搭载各类传感器、算法和学习模型，实现对环境的自主感知、任务规划和执行，无须外部人工干预。全自主系统通常应用于需要快速、高效决策和执行的任务领域，如自主驾驶汽车、自主导航的飞行器等。完全自主性使其能够在复杂和动态环境中独立操作，具备适应不同场景的能力。
- 半自主系统：半自主系统是指部分任务由无人系统自主完成，但在某些任务阶段需要人工干预或监督的无人系统。这类系统通常涉及对任务的高层次规划、复杂决策或特殊情况处理时需要人类操作者介入。半自主系统的设计目的在于充分利用无人系统的自主性，同时确保人类能够在需要时进行有效的控制和干预。半自主系统广泛应用于医疗、探索、军事等诸多领域，其中人类与系统的协同能力对任务的成功完成至关重要。

（4）无人系统按照规模分为以下主要类型。

- 微型无人系统：微型无人系统具有较小的尺寸，通常用于室内勘测、医疗等特定应用场景。这类系统通常是便携且灵活的，能够在有限空间内执行需要精密操作和高度机动性的任务，诸如在医疗领域中进行内部器官检测或微创手术。
- 小型无人系统：小型无人系统适用于航拍、农业勘测等诸多任务，这些系统通常具备较长的续航时间和相对较大的有效载荷，使其能够执行更复杂的任务。小型无人系统在农业、环境监测和基础设施巡检等领域发挥着重要作用，可以为用户提供高效的数据采集和监测服务。
- 中型和大型无人系统：中型和大型无人系统包括一些规模较大、性能较强的系统，如大型军用无人飞机、自动驾驶卡车等。这类系统通常具备长时间飞行和高负载的能力，能够执行包括远程飞行、高空监视和货物运输等多种复杂任务。

（5）无人系统按照任务特性分为以下主要类型。

- 多用途无人系统：多用途无人系统是一类灵活可配置的系统，适用于多种不同类型的任务需求。这类系统通常采用模块化或可配置的平台，以适应不同的任务需求。多用途无人系统在不同环境下的多样化任务与应用中表现出色，可根据具体的任务要求进行载荷调整和定制。
- 专用无人系统：专用无人系统专为满足特定任务或应对特殊环境而设计，其性能在相应领域进行了专业化和优化处理。这类系统通常经过精心设计，以满足诸如军事侦察、医疗救援、环境监测等特定行业或领域的需求，因而在其专业领域内能提供更为高效、精准的解决方案。

1.1.4　无人系统应用领域

当前无人系统已被广泛应用于军事国防、公共安全、交通运输、能源电力、工业互联网、现代农业、海洋勘测与探索等诸多领域。

（1）军事国防：无人系统在军事国防领域发挥着重要作用。无人机凭借其先进的传感器技术和高度自主的巡航能力，可实现实时高精度的战场情报收集，并用于侦察、监视和执行精确打击等任务，从而显著提升作战效能和战场情报获取能力；无人车可在危险和敌对环境中执行巡逻、勘察等军事行动和任务，从而有效降低士兵在复杂战场环境中的风险；无人潜航器则扩展了海洋作战的维度，可执行水下侦察、潜艇追踪和水下作战等任务，丰富了海军作战手段。

（2）公共安全：无人系统广泛应用于空中监控、紧急响应和灾害管理等公共安全领域。如无人机可用于大型活动的安保监控、城市巡逻及灾害区域的勘察等，实现对突发安全事件的及时响应和决策；自主驾驶的无人车辆可以在城市环境中执行巡逻任务，同时携带救援机器人以支持紧急情况下的搜索和救援任务，从而提高应对自然灾害和紧急事件的能力；无人水面艇可以执行海岸线巡逻和水域安全监测等任务，同时在溢油、洪水等灾害事件中提供快速响应和支援。

（3）交通运输：无人系统在构建智能、绿色、高效的交通领域具有广阔前景。首先，自动驾驶技术的快速发展使得无人驾驶汽车成为可能，有望显著提高道路交通的效率并极大减少交通事故，同时改善用户出行体验。其次，交通监测系统利用无人机和地面传感器网络实时收集交通流数据，以优化城市交通管理和规划。此外，配备智能巡逻车辆和自动驾驶公交等具备自主导航能力的交通工具，可提供更安全、高效的智能交通服务。

（4）能源电力：无人系统在能源电力领域的应用为提高能源生产、电力监测和降低维护成本等方面带来了显著创新。在电力设施的监测和维护方面，无人机可通过搭载任务所需的先进传感器来巡检电力线路和设备，实现高效的设备检修和及时的故障排除。此外，无人系统在可再生能源领域也发挥着关键作用，无人机可以在太阳能和风力发电场进行资源勘测、设备监测和运维工作，从而提高可再生能源的利用效率。

（5）工业互联网：通过集成先进的传感器、自动控制和云计算等技术，无人系统可助推工业互联网全流程的智能化和自动化。其中，工业机器人作为无人系统的重要组成部分，能够执行繁重、精密和危险的工作，从而显著提高生产效率和产品质量。同时，无人系统通过实时监测和数据分析，从而优化设备运行状态并降低生产成本。在工厂内，无人系统的应用还涉及物流和仓储管理，无人搬运车、自动引导车（Automated Guided Vehicle，AGV）等无人系统可实现物料的自动运输和仓库管理，从而提升物流效率。此外，通过网络互联，无人系统能够实现跨设备之间的协同工作，提升智能制造水平，推动工业生产的数字化转型。

（6）现代农业：无人系统的应用为现代农业实现智能化、高效化和可持续发展注入了创新动力。无人机通过搭载高精度传感器，利用高分辨率影像检测作物健康状况，实现对农田的高效监测和作物成长状况的精准评估，从而及时发现病虫害、缺水或营养不足等问题；自动驾驶农机在耕作、种植和收割等环节的应用，可提高农业生产效率，减轻农民的劳动负担。此外，无人系统还可以通过精准的农药和肥料投放与监测，实现农业资源的精细管理，减少对环境的不良影响。

（7）海洋勘测与探索：在海洋勘测与探索方面，无人系统在深入了解海洋环境、资源及生态系统方面发挥着重要作用。通过先进的传感器技术和自主导航系统，无人潜航器能够深入水下收集海洋生物、水文、地质等多方面数据，执行海底地形测绘、水文学调查和海洋生态监测等海洋勘测任务，为科学研究提供丰富的素材。

1.2 无人系统协议与特性

1.2.1 无线通信协议

无线通信协议是无人系统中关键的技术组成部分，用于连接各个无人智能体和无人系统，以确保其互操作性和数据传输的稳定性。以下是一些常见的无人系统无线通信协议。

- Wi-Fi：一种用于无线局域网络中的通信协议，工作在2.4GHz或5GHz频段，能为无人系统提供短距离的实时数据传输和互联网接入。它的特点在于能提供高速数据传输（可达数Gb/s），支持较大的数据带宽且易于接入，但其覆盖范围有限，且密集网络环境下拥挤频段容易出现干扰。
- Bluetooth：一种短距离无线通信技术，主要在2.4GHz ISM频段工作，适用于小型无人系统和周边智能体的近场通信，如传感器网络等。当前它的最新版本（Bluetooth 5.0）支持更远的传输距离和更高的数据速率。其特点在于功耗低，支持点对点和广播等多种通信模式，但通信距离较短且数据传输速率较低。
- Zigbee：专为低功耗和低数据率（最高250kb/s）需求设计的无线个人区域网通信协议，主要在2.4GHz频段工作，采用CSMA/CA（载波监听多址接入/碰撞冲突）机制进行数据传输。它的特点在于能耗低、通信成本低、能广泛支持星型、网状和树状网络拓扑结构，非常适用于低数据率、长续航需求的无人系统，但传输距离受限。
- LPWAN：它指一系列低功耗广域网络技术，包括LoRaWAN、NB-IoT、Sigfox等多种技术标准。它的主要目标为连接低带宽、低功耗的设备，具备低成本、高连接密度、远距离通信（覆盖范围从几千米到数十千米不等）的特点，常用于智慧城市、环境监控、智慧农业和物流管理等场景。
- WiMAX：全称为全球微波互联接入(Worldwide Interoperability for Microwave Access)，是一项适用于无线城域网的宽带无线接入技术。其与远程Wi-Fi类似，可支持高数据传输速率，但覆盖范围较Wi-Fi更广（可达数十千米），适合作为固定或移动宽带接入的解决方案，但其部署成本较高。
- UWB：它以独特的超宽频带信号（通常大于500MHz）来提供高数据传输速率和精准的定位能力，适合于需要精准测距和海量数据传输的低功耗无人系统，但由于超宽频带特性，具有严格的传输距离（10m之内）限制。
- 5G蜂窝移动通信技术：以5G为代表的新一代蜂窝移动通信技术可为无人系统提供高速率（高达数Gbps）和低延迟（低至毫秒级）的通信服务，可有效支撑大规模无人系统的海量数据进行实时传输，然而其通信成本较高、网络灵活度较低且高度依赖于基础设施。

这些无线通信协议在不同的无人系统应用场景中发挥着重要作用，设计无人系统时需要根据无人系统功耗、通信距离和数据速率等具体通信需求来选择最合适的通信协议，以确保系统的稳定性和性能。

1.2.2 无人系统典型特性

如图1-4所示，无人系统通常具备自主性、智能性、互联性、协同性、灵活性、经济性等典型特性。

图 1-4 无人系统典型特性

（1）自主性。自主性是无人系统最显著的特征之一。它指系统能够在没有人类直接控制或干预的情况下独立完成任务，包括自主环境感知、自主数据分析、自主决策和自主执行操作。无人系统依靠先进的传感器和数据处理能力，通过对环境信息实时分析，自主做出响应和调整，以适应不断变化的环境条件。

（2）智能性。智能性是指无人系统具备一定程度的智能化处理能力，能够对收集到的信息进行分析、学习和推理。这种智能性主要由人工智能技术赋能，使得无人系统能够处理复杂的数据，进行自我学习和优化。智能性使无人系统能够适应新的任务环境和需求，提高任务执行的效率和准确性。

（3）互联性。互联性强调无人系统在执行任务时的信息共享和无缝通信能力。通过无线网络连接至云端或边缘控制中心、其他有人或无人系统等。无人系统能够实时传输数据和接收指令，并参与协作式任务。互联性强化了远程监控和系统管理的能力，为数据分析和决策提供了支持，增强了系统的整体性能。

（4）协同性。协同性指多个无人系统之间及无人系统与人类之间的协作能力。在复杂的任务或环境中，单个无人系统的能力通常受限，通过协同工作可以完成更复杂的任务，提高效率和效果。协同性要求无人系统具有良好的通信和协调机制，能够在操作中实现信息共享、策略协调和行动同步。特别地，针对无人系统的不同工作区域，无人系统跨域协同涉及陆、海、空、天等不同空间域中运行的、功能各异的多套无人系统的有机融合。这些系统通过信息共享、行为协调以及任务协同，实现功能互补和能效增强，从而大幅提升应对复杂任务和环境的能力。

（5）灵活性。灵活性指无人系统能够适应各种不同的工作环境和任务要求。这包括物理设计上的适应性（诸如模块化设计及可调整的结构）和功能上的适应性（如可编程、可配置的软件和算法）。灵活性使得无人系统能够在多样化的应用场景中有效工作，同时容易进行升级和维护。

（6）经济性。经济性关注的是无人系统在成本效益方面的表现。由于减少了对人力的依赖，无人系统通常能够在长时间内连续工作，减少了操作成本和人力成本。此外，通过减少误差和提高效率，无人系统还能降低资源浪费和操作风险，从而提高经济效益。

1.3 无人系统典型应用

如图1-5所示，本节将介绍无人系统中的典型应用，包括自动驾驶汽车、无人机、无人艇及智慧无人工厂。

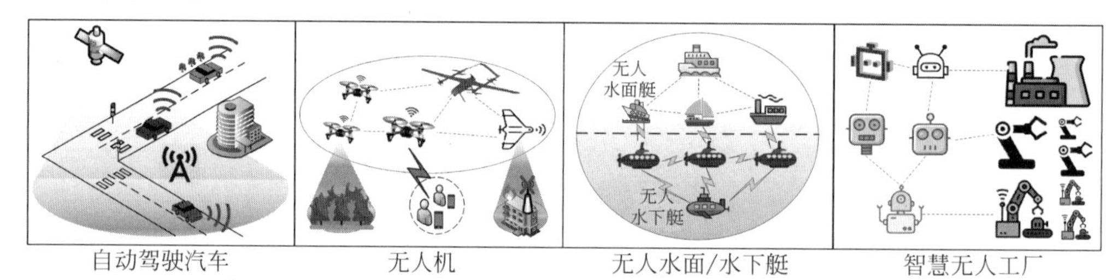

图 1-5 无人系统典型应用

1.3.1 自动驾驶汽车

自动驾驶汽车是无人系统在交通领域的典型应用之一，它基于人工智能算法与设施构建自动驾驶平台，通过大量传感器数据处理和融合实现实时驾驶决策与自动驾驶。

自动驾驶汽车依赖于一系列先进感知、决策与控制组件，包括多感知传感器、人工智能决策算法及车辆控制系统。其中，多感知传感器负责感知车辆周围的交通主体，常见的传感器包括用于实现三维场景成像的激光雷达、用于感知周围车辆的速度的毫米波雷达、用于近距离测距的超声波雷达、用于识别道路标识的视觉摄像头等。人工智能决策算法负责分析传感器感知数据，识别交通状况，包括行车道、交通标志、车辆和行人、障碍物及突发情况等，并且根据交通状况信息进行驾驶规划，确定从出发点到目的地的最优路径，以及根据当前车道和邻近车道的拥塞情况动态规划最优的行驶行为轨迹。此外，车辆控制系统负责将包括车速、转向和制动等驾驶行为决策传达给车辆的各个控制单元，从而实现自动驾驶汽车的物理控制。

美国汽车工程师学会（SAE）定义的驾驶自动化级别从0级到5级，分别描述了车辆在自动驾驶技术上的不同程度，目前它已被美国交通部采用，用以标明自动驾驶车辆的技术水平。

- 级别 0——无自动化: 该级别下，车辆完全由人类驾驶，车辆不具备任何自动化系统，诸如传统的手动驾驶模式。
- 级别 1——驾驶员协助: 该级别下，车辆配备了某些基本的自动化功能，诸如巡航控制或自动紧急制动，然而驾驶员仍须时刻保持对车辆的控制，并负责处理复杂的交通状况。
- 级别 2——部分自动化: 该级别下，车辆在某些情况下可以执行一些特定的驾驶任务，但是驾驶员仍需随时准备接管车辆的控制，因此仍需保持对驾驶的监控。
- 级别 3——有条件自动化: 该级别下，车辆能够在特定条件下完全自主执行驾驶任务，此时驾驶员可以不专心驾驶，但仍需在系统要求时接管控制。
- 级别 4——高度自动化: 该级别下，车辆可以在特定环境和条件下完全自动驾驶，无须驾驶员介入，然而该级别的自动化仍受到地理区域、天气等因素限制。
- 级别 5——完全自动化: 即最高级别，车辆能够在所有条件下完全自动驾驶，不需要人类驾驶员，并且车辆在所有情况下都能够安全地处理驾驶任务。

目前，较为成熟的商业自动驾驶汽车应用如下。

- Waymo: Waymo 是 Alphabet 旗下的自动驾驶技术公司，其前身是 Google 自动驾驶项目。Waymo 的自动驾驶汽车经过长时间的测试和开发，已在美国多个城市进行了实际道路测试，并在一些地区提供自动驾驶出租车服务。
- Tesla Autopilot: 特斯拉公司的 Autopilot 是一套先进的自动驾驶辅助系统，具有自动驾驶功能，它能够在高速公路上进行自动驾驶、自动变道、自动泊车等操作。特斯拉通过无线升级不断改进 Autopilot 系统，使其能够适应更多复杂的驾驶场景。
- Uber ATG（Advanced Technologies Group）: Uber ATG 是 Uber 公司的自动驾驶技术部门，致力于开发自动驾驶车辆。Uber 公司曾在一些城市进行自动驾驶试点项目，但由于一些安全问题，后来暂停了这些试点项目。
- Baidu Apollo: 百度公司的 Apollo 是一个开放的自动驾驶平台，旨在推动自动驾驶技术的发展。百度公司已在中国的一些城市进行了自动驾驶车辆的测试，并计划逐步推广自动驾驶出租车服务。

1.3.2 无人机

无人机是目前最常见、应用最广泛的无人系统，它无须人类飞行员介入，通过远程控制或通过预先编程的飞行计划进行无人自主飞行。如图1-6所示，无人机可广泛用作空中数据采集器、空中通信中继、空中基站、空中边缘计算节点、空中移动无线充电器、空中移动终端等诸多用途。

无人机通常依赖于一系列关键技术组件，包括飞行控制系统、通信系统、导航系统、机载传感器、自主软件等。其中，飞行控制系统用来管理无人机的飞行方向和轨迹，依赖加速度计、陀螺仪和磁力计等传感器进行测量并监控无人机在三维空间中的运动，同时通过射频信号进行远程控制。通信系统则方便操作员向无人机发送指令并接收高度、速度和GPS坐标等遥测数据。导航系统为无人机提供持续的空中定位与任务目标点指引，机载传感器则充当无人机的“眼睛”，根据其用途不同可用于测绘、监视、农业或数据收集等任务。此外，网联无人机可以在没有远程遥控时自主按计划飞行，完成诸如航点导航、避障和自动任务规划等任务。

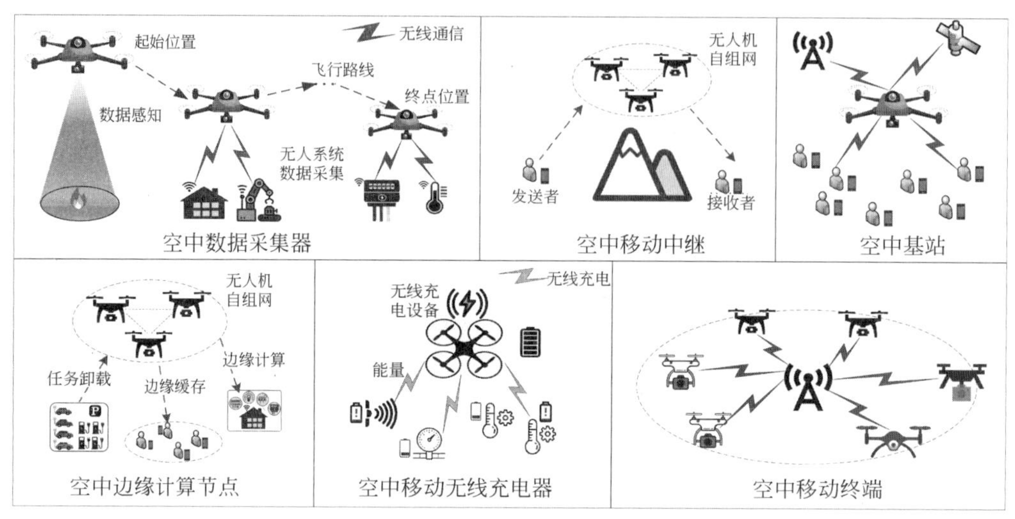

图 1-6　无人机典型用途

无人机在军事、工业和商业中被广泛使用。在军事领域，无人机具备进入偏远或危险区域作战的能力，可提供导航、安全通信和侦察等服务。此外，无人机可以参与移动边缘计算、蜂窝通信、包裹投递、智能医疗、智能交通系统、视频监控任务、精准农业、电力线检查、遥感、灾难搜索和救援等诸多智慧城市服务。在监测方面，无人机能帮助弥合在有限准入、动态、恶劣和复杂环境中的限制。此外，无人机减少了在地面上进行勘测、检查和采样所需的劳动和时间，实现更快速、低成本地达成任务目标。

1.3.3　无人水下艇

无人水下艇是一种设计用于水下操作而无须直接人类干预的潜水设备，无人水下艇通常配备了各种传感器、摄像头和推进系统，从而能够探索海洋、湖泊或其他深处水下环境。

无人水下艇通常依赖于一系列关键技术组件，包括机体和框架、水下推进系统、水下传感器及水下通信系统。其中，无人水下艇的机体和框架需要采用特别复合材料以应对水下环境的高压和腐蚀性，同时需要具有良好防水密封性以保护内部电子设备免受水的侵入。为了降低水中阻力，机体需要设计为流线型以提高机动性和能效。水下传感器允许无人水下艇获取环境信息、执行任务及导航，其中声呐传感器在无人水下艇中广泛应用，可通过发射声波并测量其返回时间来获取周围环境的信息，常用于测量水下物体的距离、探测水下地形、避障和监测水下生物等。此外，无人水下艇常配备陀螺仪、加速度计、气压计等传感器用于监测其方向、速度和运动状态，在导航和控制方面提供数据。与陆上无人车和空中无人机不同，由于水对电磁波的吸收和散射，传统通信手段在水下环境的有效性和稳定性较差，由此无人水下艇常采用声学通信，即无人水下艇之间可以使用声呐设备发送和接收声波信号，从而实现双向通信。

无人水下艇常应用于海洋探索、环境监测、水下搜救、军事国防等领域。在海洋科学与勘测方面，可用于深海探测、海底地质研究、海洋生态系统监测及水下考古等。在环境监测领域，无人水下艇可执行水质检测、污染源追踪、河流湖泊的生态保护工作。此外，它们在海洋工程中发挥关键作用，用于检查和维护水下结构，如海底管道和电缆。在军事和安全领域，无人水下艇常用于水下侦察、海域巡逻、救援行动等。

1.3.4 智慧无人工厂

智慧无人工厂是无人系统在智能制造领域的关键应用，通过将无人系统与物联网、云计算等前沿技术相结合，打通生产流程中的协作孤岛，实现工厂全流程、各环节的自主生产与资源优化分配。

智慧无人工厂的实现通常依赖于一系列关键技术组件，包括智能机器人、自动化生产线、智能传感器和执行器、自动化仓储、云边协同、智能优化管理等。其中，智能机器人可代替人类自动地完成流水线组装、焊接等各类生产任务，并具备感知、学习和适应能力。自动化生产线包括各类自动化设备、传送带系统、自动化装配线等，用于高效、连续、无人干预地完成生产流程。智慧无人工厂采用传感技术监测生产环境、产品质量和设备状态，并借助智能执行器响应传感器的数据，实现对生产过程的精确控制。智慧无人工厂借助自动化货架、自动引导车等自动化仓储设备，实现对原材料和成品的自动存储、检索和搬运，完成无人化智能物流运输。智慧无人工厂借助云平台将大规模数据存储于云端，支持全局监控、管理和决策，同时边缘计算技术也能在生产现场赋能实时数据处理，实现对实时事件的快速响应。此外，智慧工厂可借助数字孪生技术创建实际生产过程中的虚拟模型，实现在模拟环境下测试新的生产方案、优化流程，并进行预测性维护。

1.3.5 无人系统发展现状与演进

（1）由孤立式系统向互联式系统演进。最初的无人系统往往是孤立运行的，缺乏与空、天、地、海不同层级的无人系统的高效互联。现代无人系统更加强调互联互通，通过高速网络通信、云边协同计算和物联网技术，实现实时数据传输和远程监控，使得无人系统能够更好地适应复杂任务并促进多方协作。诸如大规模军事作战中，多个空中和地面无人系统可以协同作战，实现更高的战斗效能。此外，这种互联性还促进了无人系统间的信息共享，提高了决策质量和效率，尤其是在紧急救援和灾害管理等关键应用中。

（2）由单机式系统向协作式系统演进。早期无人系统多为单机式，通常由单一操作员控制，而现代无人系统趋向于协作式系统，即多个无人系统通过相互协作实现复杂任务的分工合作。诸如在农业领域，多台无人农用机器人协同工作，从而提高了农田管理效率。这种协作性还可用于搜索救援、环境监测等领域，通过多个系统间的信息交换和任务协调，优化资源分配，提升整体作业效率。

（3）由程序化系统向自主智能系统演进。早期的无人系统主要依靠预设程序执行任务，缺乏自主决策能力，而现代无人系统正朝着自主智能系统的方向发展，通过配备先进的传感器和智能决策系统，能够实时感知环境、分析数据并智能决策。这种自主智能性使得无人系统能够在复杂、动态且未知的环境中执行任务，进一步地，也为无人系统提供了自我学习和适应环境的能力，使其能够不断优化操作策略，应对动态多变的任务需求。

（4）由单任务系统向多任务系统演进。过去的无人系统通常是面向单一任务的，针对特定的应用场景设计，而现代无人系统越来越多地具备多任务执行的能力。诸如一架多用途的无人机可以用于侦察、监测、通信中继等多种任务，这种多任务能力提高了系统的灵活性和多功能性，减少了设备投资和维护成本。多任务系统的设计和实现，使得单一无人系统能够在多种环境和条件下执行不同类型的任务，极大地提升了其应用范围和价值。

（5）由固定化系统向轻便式系统演进。早期的无人系统往往体积庞大且比较沉重，适用性有限，而现代无人系统正朝着轻便化的方向发展。新材料的应用、结构设计的优化以及微型化技术的发展，使得无人系统变得更加轻便、便携和易于部署，诸如手持便携式无人机可应用于各种特殊任务和紧急情况。轻便化的无人系统不仅减少了运营成本，也增加了在各种环境中的部署灵活性，扩大了其应用领域和实际效果。

1.4 无人系统机遇、挑战与未来趋势

随着先进战略规划与指引、技术创新与进步及广泛应用需求的推动，我国无人系统的发展迎来了巨大的机遇。

（1）先进战略规划与指引：2015年我国国务院提出《中国制造2025》规划，明确要求推进无人系统产业化快速发展。2017年国务院发布《新一代人工智能发展规划》，旨在抢抓人工智能发展的重大战略机遇与先发优势，其中将无人系统列为人工智能领域的主要研究方向之一，这表明无人系统已经成为推动我国实现科技强国和构建创新型国家的重要板块。由中国工程院院士吴澄等撰写的《智能无人系统产业发展研究报告（2022版）》详细介绍了智能无人系统产业的现状，聚焦于产业发展新兴形态，积极培育无人系统产业发展的新业态。

（2）技术创新与进步：快速发展的新兴技术创新不断推动着无人系统的发展，诸如先进的传感器、雷达和摄像头等技术使无人系统能够更准确地感知环境，提高了其在复杂环境中的自主性和可靠性。同时，以深度学习为代表的AI技术为无人系统提供了强大的数据处理和决策能力，通过学习大量数据，无人系统能够自主识别模式、做出决策并优化操作。5G和未来6G通信技术的赋能，使得无人系统的远程操作和数据传输变得更加高效和稳定。电池技术的创新使无人系统能够更长时间、更远距离地运行，此外新材料的发现为无人系统提供了更轻、更强、更耐用的设计选项，不仅减轻了无人系统的重量，还能提高耐环境侵蚀的能力。

（3）广泛的应用领域：早期无人系统研究大多出于军事目的，如无人侦察、集群作战、目标定位和打击任务。如今，随着无人系统产业的蓬勃发展，其在越来越多领域的应用正在普及。诸如在农业领域，无人机被用于作物监测、精准喷药、种植和收割等任务，提高了农业生产的效率和精确性，又如在交通与物流领域，无人驾驶货车和配送无人机等智能体有助于降低运输成本并提高配送效率。

当前，诸如无人车队、无人机群等无人系统取得了一定进展，但还存在技术、安全、法律法规、伦理道德、标准体系、商业等多种制约性因素，限制了其高速发展，具体分析如下。

（1）技术瓶颈与安全隐患：随着无人系统应用服务的爆炸性增长，其功能不断健全的同时复杂度也在不断增加，技术瓶颈成为其挑战之一，包括复杂环境感知精准化、自主智能决策可信化、网络连接高效化、专用高端芯片产业化及能源效率最优化等方面，这些技术难题对无人系统的可靠性和效率有着直接的影响。此外，包括硬件故障、软件崩溃、网络安全威

胁和操作失误等多方面的安全隐患也随之增加，无人系统一旦遭受攻击就可能产生连锁反应，可能出现大范围停产、停工、瘫痪，甚至使整个社会陷入混乱。

（2）法律法规和伦理挑战：随着新兴无人系统逐步渗透到日常生活的方方面面，现有的法律框架往往缺乏、滞后以至于难以完全覆盖无人系统的所有应用场景。诸如无人机的空域使用权、无人车辆的道路交通法规及人工智能决策过程中的责任归属等问题，均需明确的法律指导。此外，如机器决策的道德责任、人机交互的道德规范及机器自主性与人类控制的平衡等伦理性问题也需要充分考虑和解决，这需要通过法律专家、技术开发人员、社会学研究者等跨学科合作，从而建立、健全强适应性的法律法规。

（3）社会认可和信任缺乏：无人系统的普及需要社会公众的普遍认可和接受，然而当前无人系统在公众心目中通常与安全风险相联系，这源于对新技术的普遍误解，特别是发生事故时媒体的聚焦会加剧公众的疑虑。诸如，即使无人驾驶汽车的事故率远低于人类驾驶员，但集中的媒体报道也会渲染人们对无人驾驶的担忧。提升社会认可和信任需要从提高公众意识和教育入手，需要加强对无人系统正面影响的宣传，如提高工作效率、减少人为错误等。

（4）高质量标准体系建立困难：无人系统需要建立一个全面且统一的高质量标准体系，以确保不同智能体和不同系统的安全性、兼容性和互操作性。由于技术的快速迭代和多样性，建立这样一个全面的标准体系颇具挑战，需要国际合作、行业共识、统筹规划和顶层设计。同时，在标准制定过程中需要考虑技术的可行性、成本效益和实施的灵活性。

（5）商业模式不明确和成熟：尽管无人系统技术上具有巨大的潜力，但可持续的商业模式仍处于探索阶段，新型、成熟发展的商业盈利模式还有待开发。企业需要辨别目标客户群体并深入了解特定市场的独特需求和痛点，如无人配送服务主要针对快速、低成本的“最后一公里”交付，而无人监控系统则注重提高安全性和监控效率。不仅如此，成熟的无人系统商业模式还应包含相应增值服务在内的全方位解决方案以增加客户黏性，如无人车辆制造商可以提供包括车辆维护、数据分析和客户支持在内的全方位服务。

未来，智能无人系统将呈现出以下趋势。

（1）智能化与自主化提升：未来的无人系统将具备更高级别的智能化与自主化。这意味着无人系统将具备更先进的感知能力（如通过深度学习增强的图像和声音识别）、学习和决策能力（如通过强化学习和模拟训练进行自主决策），以及自适应能力（指在不确定和动态环境中有效运作），这将使无人系统在执行复杂任务时更加可靠和高效。

（2）多领域应用与融合：无人系统将愈加广泛地渗透到日常生活的各方面，如医疗保健（远程诊断和手术）、交通运输（自动驾驶汽车和无人机物流）、无人农业（无人机监测和自动化耕作）及智慧城市管理（智能监控和应急响应）。这些系统将不再局限于单一应用领域，而是更多地进行技术融合，发展出具备跨领域功能的多用途智能系统。

（3）内生安全设计与评估：随着当前安全威胁的复杂性和多样性，传统的补丁式安全保护解决方案难以抵御无人系统中的新型复杂攻击，迫切需要面向无人系统提出内生安全的设计体系结构。在设计之初就融入内生安全的设计理念和思路，并建立起全生命周期的安全评估体系来保护系统安全，从而适用于不断变化的环境并抵御未知的攻击。

（4）集成化、专用化芯片保障：为满足无人系统对高性能计算和低功耗的需求，未来将会发展出更多定制化和集成化的专用芯片，这些芯片将专门针对无人系统特定任务和功能进行优化，从而提高处理速度、降低能耗，同时增强系统的整体性能。

（5）可解释性AI技术加持：随着社会对人工智能决策过程的透明度和可理解性的需求的增加，可解释性AI将变得愈加重要。未来的无人系统将嵌入可解释性AI技术，使系统的决策过程更具解释性和理解性，这将有助于用户理解无人系统的行为和决策原理，增强用户的信任感和接受度。

（6）数据与知识双驱动发展：数据和知识将成为未来无人系统发展的双重动力，其中知识为无人系统提供了决策的逻辑基础和经验参考，而数据驱动则提供了实时的环境反馈和性能优化。数据与知识双驱动的无人系统不仅依赖于大量数据的输入来改善其性能和决策过程，同时也依赖于不断积累的知识库和经验，从而提升系统的性能和适应变化的环境。

这些趋势推动着无人系统领域的技术发展方向，引领技术创新与应用，为未来科技发展和社会进步带来了更多新的可能性。

1.5 本章小结

本章首先针对无人系统的历史背景、分类、技术原理、应用领域及发展现状等进行了概述，随后对无人系统的典型无线通信协议、典型特性及典型应用进行了详细介绍，最后对无人系统面临的机遇、挑战与未来趋势进行了分析，具体如下。

（1）无人系统广义上包括了无人驾驶汽车、无人飞行器、无人水面/水下艇、智能机器人等，是不直接依赖于人员操控的智能化系统，具备通过自主感知、智能决策、灵活通信来自主执行特定任务的能力。无人系统集成了传感器、自动控制、人工智能和通信等技术，不仅能自主执行复杂任务，还能适应不断变化的环境和需求。无人系统具备自主性、智能性、互联性、协同性、灵活性和经济性等特性。

（2）无人系统在军事国防、公共安全、交通运输、能源电力、工业互联网、农业、环境监测等领域有着广泛应用。无人系统根据其应用领域、任务环境、功能、自主性、规模及任务特性可以进行多方面的分类。

（3）跃入21世纪，无人系统成为技术进步与科技创新的前沿。当前无人系统正由孤立式系统向互联式系统演进、由单机式系统向协作式系统演进、由程序化系统向自主智能系统演进、由单任务系统向多任务系统演进、由固定化系统向轻便式系统演进。随着无人系统的广泛应用，其安全防护成为保障国家安全、社会安全、人民生命安全的核心问题。

下一章中将对无人系统的体系架构、关键支撑技术、典型攻击形式以及安全保障需求进行深入介绍。

1.6 习题

1. 什么是无人系统？列举在日常生活中常见的无人系统，并简要描述其作用。

2. 选择一个典型的无人系统应用场景（如农业、交通监控等），分析该场景中无人系统的作用和它所面临的主要技术挑战。

3. 解释无人系统中典型的无线通信协议是如何支持这些系统的通信和操作的，并讨论它们在保障数据传输安全性方面的重要性。

4. 以自动驾驶汽车和无人机为例，描述一个典型的无人系统应当拥有哪些核心的组成部分。探讨未来无人系统在智慧城市建设中可能的应用场景和潜在影响。

第2章 无人系统架构与关键技术

作为无人系统的核心，无人系统架构涵盖了智能感知、自主决策、网络通信和应用服务等多个关键组成部分，关系到整个系统的性能、稳定性和可靠性。如果把无人系统比作一支训练有素的军队，智能感知层则担当侦察兵的角色，敏锐地搜集战场上的信息和监视敌军的动向，通过装备摄像头、雷达和激光雷达等高科技传感器，实时监测周围环境。自主决策层则是这支军队的指挥官，根据侦察兵提供的情报，通过先进的决策算法对感知信息进行分析，并迅速制定作战策略和战术。网络通信层则相当于通信兵，负责确保信息和命令的及时传递，在战场的喧嚣和混乱中，保障指挥官的命令能够清晰、迅速地传达到每个作战单元，确保整个军队的行动协调一致。最后，应用服务层则是军队的作战单位，负责执行具体的战斗任务，根据战场的实际需求，他们执行搜索救援、监视侦察或直接打击等具体任务。接下来，将更深入地探讨这些不同组成部分在无人系统中的具体实现和关键技术，展示它们如何相互作用，共同构建起一个高效、可靠的无人系统。

本章要点

- 无人系统的四层架构：智能感知层、自主决策层、网络通信层、应用服务层。
- 无人系统架构实现的关键技术。
- 无人系统中针对相应架构的典型安全攻击形式以及无人系统的具体安全需求。

2.1 无人系统架构

无人系统通用架构可分为智能感知层、自主决策层、网络通信层及应用服务层。图2-1展示了无人系统架构。

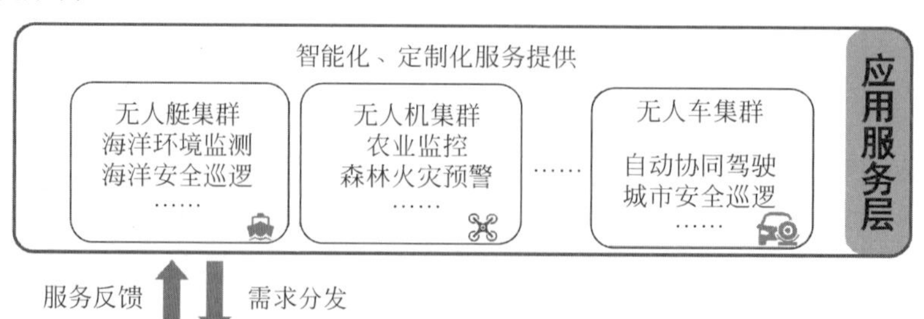

图 2-1 无人系统架构图

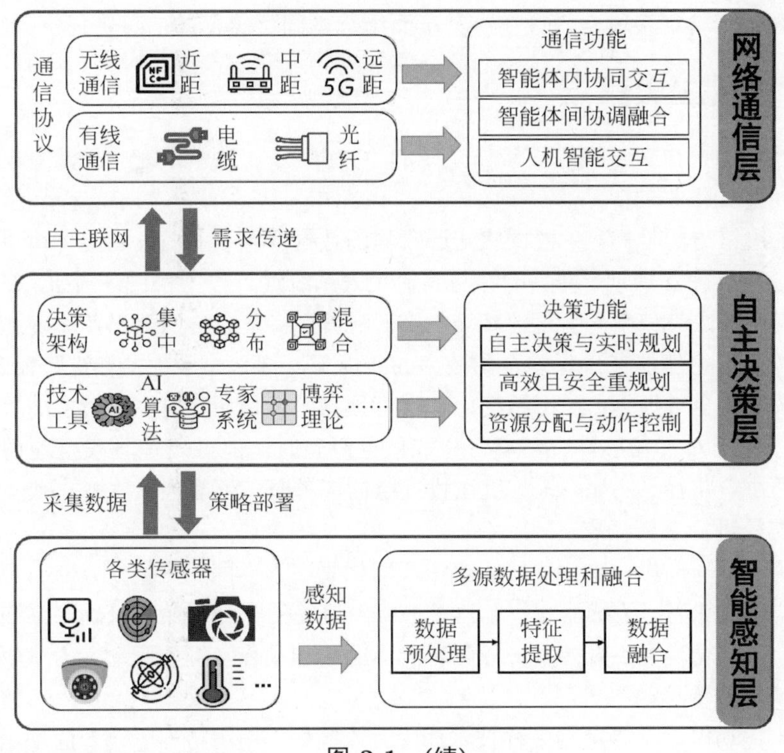

图 2-1　(续)

2.1.1　智能感知层

智能感知是智能无人系统的基石，其主要功能是对环境进行实时的感知与检测，以及对多源数据进行高效处理与融合。具体来说，一方面，无人系统所配备的各种传感器负责实时监测周围环境，这些传感器种类多样，包括捕捉图像和视频的视觉传感器、识别和定位声音信号的声音传感器、监控环境温度和湿度的温湿度传感器、检测智能体运动状态和方向的加速度计和陀螺仪，以及探测物体和障碍物的红外和雷达传感器。随着机器学习和人工智能算法的快速发展，无人系统中的传感器正变得愈加智能化，诸如在智能监控系统中，通过将人脸识别和物体跟踪技术集成至摄像头，可显著提升安全监控能力。

另一方面，多源数据处理与融合是无人系统理解复杂环境的关键环节，其目的是通过整合来自不同传感器、数据源的信息来提供统一、全面、准确的视图，该过程通常包括以下关键步骤。

（1）数据预处理：由于不同传感器产生的数据在格式、精度和尺度上的差异性，需要对感知数据进行有效的预处理和标准化，包括数据清洗（去除错误或缺失数据）、数据转换（统一数据格式）、去噪声和标准化等步骤。

（2）特征提取：预处理后的数据可能包含大量无用或无关信息，利用神经网络模型可从不同模态原始数据中提取出关键和有用特征。例如，从音频信号中提取频率、振幅等特征，在文本模态数据中提取上下文语义特征等。

（3）数据融合：不同传感器提供的信息可能存在冗余或矛盾，通过数据融合可以将这些数据结合起来，获得更全面的视图。数据融合可在多个层面进行，诸如在特征提取后对不同数据模态特征进行特征级融合，或在决策层面综合不同传感器的信息进行决策级融合。

2.1.2 自主决策层

在无人系统中，决策层可以被视作系统的“大脑”，在整个系统中扮演着至关重要的角色，其主要功能如下。

（1）自主决策与实时规划：根据感知层收集的数据及预设目标，智能体可以自主地做出决策和实时地进行任务规划，并且能够与其他无人系统进行自主协同。例如，在无人驾驶场景中，结合高清摄像头和激光雷达对环境的实时感知，将车载传感器与实时交通信息进行数据融合，使得无人车辆能在确保安全和效率的前提下，规划出最优的行进路径。

（2）高效且安全重规划：在不断变化和不可预测的环境中，自主决策层的重规划能力可确保无人系统在面对突发事件、环境变化或任务更新时，能够迅速且安全地调整其行动计划、生成新的决策路径。例如，无人机在执行监控任务时，可能因天气变化或飞行区域的限制而对飞行路径进行重新调整。

（3）资源分配与动作控制：该层能够在不同优先级、不同约束情况，对有限的资源（如能源、时间、计算能力、传感器和执行器等）做出最优的分配决策，以确保系统的整体效率和有效性。此外，决策层还直接负责控制智能体的物理动作，例如驱动无人车辆行驶、操控无人机飞行或机械臂移动等。

为实现上述功能，需要用到多种技术和工具。例如，使用机器学习、深度学习、强化学习等AI算法来进行复杂数据的分析和模式挖掘；通过包含预设规则和知识库的专家系统来进行高效的逻辑推理和决策；通过模仿自然界中群体行为（如蚁群、鸟群）的决策机制，来协调多个智能体的行动；利用博弈理论和最优化理论来模拟多智能体之间的相互作用和决策有限资源的分配等。

按照决策架构的不同，可以将决策系统划分为集中式、分布式及混合式决策。具体如下。

（1）集中式决策由一个具备全局视角的决策节点进行，其收集来自各部分的信息并基于此制订整个系统的策略与行动计划，在该模式下，决策过程的协调和策略一致性很容易实现，但可能面临如信息处理、决策延迟等瓶颈问题，而且对中心节点的高度依赖会导致系统的脆弱性。

（2）分布式决策下，决策过程被分散到无人系统的各个组成部分，每个单元独立处理各自的信息并做出决策，该模式可有效提高系统的灵活性和可扩展性，但由于每个单元缺乏全局态势信息，可能会导致决策不一致和协调困难。

（3）混合式决策是集中式和分布式决策的结合，即一部分决策在中心进行，而另一部分则由各个独立单元进行，该模式能确保决策具备有序性和全局性，同时可以兼顾个体自主性和涌现性，但是在实施混合式决策时需要进行精心设计，以确保不同决策层次之间的有效沟通和一致性。

2.1.3 网络通信层

在无人系统中，网络通信层能确保系统内部各智能体之间及无人系统之间的有效通信，该层结合了多样化的通信技术，包括利用电缆、光纤等介质传输信号的有线通信方式及通过无线电波传输的无线通信技术。根据通信距离不同，可以将这些无线通信协议划分为近距离无线通信技术、中距离无线通信技术和长距离无线通信技术。具体如下。

（1）近距离无线通信技术包含NFC（近场通信）、蓝牙、UWB等，主要用于短距离（通常在10cm到几米）的数据传输，这些技术在个人设备的快速配对、智慧家庭系统中的设备控制及近场数据交换等方面具有广泛应用。

（2）中距离无线通信技术通常覆盖数米到数千米的范围，作为最常见的中距离无线通信技术，Wi-Fi可提供高速数据连接，适用于家庭、办公室及公共场所的互联网接入，而Zigbee凭借其低功耗和高可靠性，在智能家居和工业控制系统中得到了应用。

（3）长距离无线通信技术，包括NB-IoT、蜂窝网络（如4G和5G）及卫星通信等，提供了远程、广覆盖的通信连接，这些技术支持跨城市乃至跨国家的数据传输，适用于远程监控和大范围移动式无人系统等场景。此外，自组织网络可以在没有中心化网络基础设施的支持下，允许多个智能体及无人系统在快速变化的环境中相互通信和协作，凭借高度的灵活性和快速部署能力，自组织网络适合于军事行动、紧急救援和灾难现场等多种无人应用场景。随着通信技术的不断进步，网络通信层的功能和能力不断地被强化和拓展，进一步推动了无人系统在各个应用领域的广泛应用和发展。

2.1.4 应用服务层

应用服务层位于无人系统体系架构的最高层，负责将系统的智能感知、自主决策和稳定通信能力转换为具体的实际应用和服务，根据不同的应用场景，应用服务层为各行各业提供智能化、定制化的无人系统服务。当前无人系统涵盖无人艇集群、无人机集群、无人车集群等多个类别，诸如无人艇集群可有效服务于海上安全巡逻、海洋环境监测、海上物流运输、海洋科学研究等应用；无人机集群可高效完成农业监测与作业、灾难救援与应急响应、森林火灾预警、空中航拍等应用；而自动协同驾驶、城市安全巡逻、地空无人协同作战等服务可以交由无人车集群承担。随着技术的不断发展，无人系统的应用范围和服务能力将不断扩展，为各行各业带来革命性的改变。

2.2 无人系统关键技术

无人系统的关键支撑技术包括多智能体协作、5G通信网络、自动控制技术和人工智能技术等，表2-1对无人系统的关键技术进行了总结。

表 2-1 无人系统关键技术

技术名称	核心组件或算法	具体效用
多智能体协作	多智能体协商模型；多智能体协作规划模型；多智能体自适应协调模型	解决协同决策、任务分配、资源优化、路径规划、环境感知等关键问题
5G通信网络	大规模多天线；信道编码；全双工；多址接入；端到端通信	提供更高效、更可靠的通信支持
自动控制技术	专家控制；神经网络控制；模糊控制	使用传感器来监测系统状态，并通过执行器调整系统以维持或改变状态

续表

技 术 名 称	核心组件或算法	具 体 效 用
人工智能技术	自主感知；特征学习；推理决策；人机交互	为无人系统的感知、决策和行动提供智能支持

2.2.1 多智能体协作

随着人工智能技术广泛应用于无人机、自动驾驶车辆、无人艇等无人系统中，多智能体之间的交互与协作需求日趋增长，从而催生了多智能体系统。

多智能体协作指多个智能体在共享环境中通过相互通信和协作，通过协同行动以达成共同目标的过程，其中每个智能体都具备一定的自主性和智能性，能够根据环境信息进行感知、决策和执行行动。通过相互之间的无缝交互与紧密合作，多智能体协同使整个系统能够充分利用各个智能体的优势和特长，从而实现更高效、更智能的决策和行动。

如图2-2所示，多智能体协作系统的工作流程主要可分为以下步骤。

- 共享目标与任务分工：多智能体协作的首要原则是确立共享的目标，并对任务进行适当分工，每个智能体需要清晰地了解整体目标，并知晓自身在整个系统中的角色和责任。
- 分布式决策与自治：多智能体系统中，每个智能体通常是自治的，拥有自主决策能力，智能体可以基于局部信息做出决策，而整个系统通过智能体之间的协调来实现全局的合作。
- 信息共享与通信：多智能体协作依赖于有效的信息共享和通信，智能体之间需要传递关键信息，包括感知数据、决策结果、计划和意图等，以便协调行动。
- 协同决策与协商：智能体需要协同决策，通过协商和合作来达成一致，这可能涉及谈判、合作协议、资源分配等，以确保系统的整体效能。
- 冲突解决与合作策略：在多智能体系统中，冲突是不可避免的，智能体需要具备冲突解决机制和合作策略，以处理不同智能体之间的竞争和矛盾，促进共同目标的实现。
- 适应性与学习：多智能体系统需要具备适应性，能够在变化的环境中不断地通过学习调整自身策略，即通过经验和反馈不断地改进智能体的行为，以提高性能和适应性。

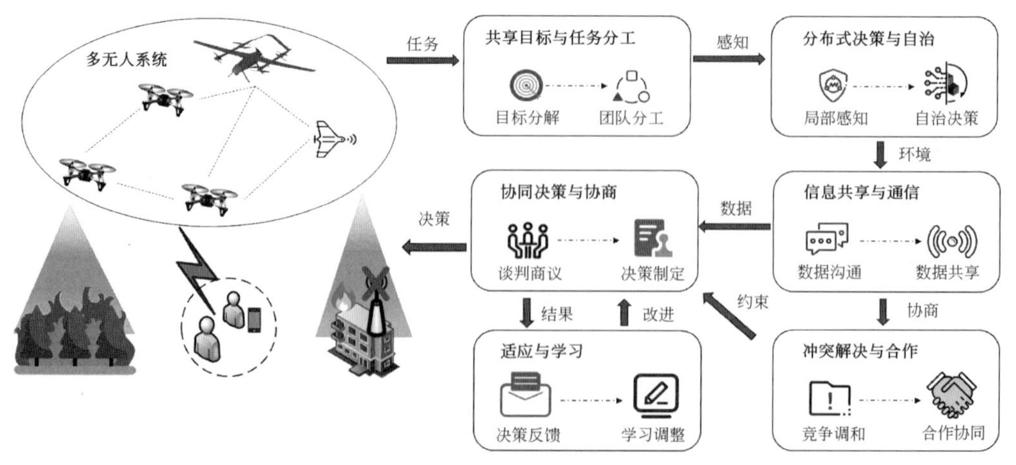

图 2-2 多智能体协作系统

多智能体协作涉及多个智能体共同合作完成一个任务或达成一个共同的目的，为因复杂环境导致的时间、资源等约束下实现多智能体的高效协调和协商，常采用如下三类协作模型对各独立智能体进行统一规划与优化。

（1）多智能体协商模型。多智能体协商模型的思想衍生自经济学中的协商理论，在固定任务约束的场景中，采用如下策略进行协商：首先任务分级，即依据总任务目标将整体任务分解为可执行的子任务。其次任务分配，即根据每个智能体的能力、资源和当前环境条件，将子任务分配给适当的智能体进行执行。再次，任务监控，即借助传感器数据采集、通信协议监控及算法执行状态检查等监视智能体的行为和任务进展，并确保它们按照预期执行任务。最后，任务评估，即对各智能体任务执行的效率、准确性和质量进行评估以便反馈更新智能体能力，方便灵活调整任务分配策略。

多智能体协商模型中的代表之一是合同网协议（Contract Net Protocol，CNP），在CNP中，智能体被分为三类不同的节点：管理者、投标者和合同者。管理者是协商过程的组织者和主导者，其负责制定协商规则、管理投标过程及选择合适的投标者，管理者的角色类似于招标机构或者协商平台，它在整个协商过程中起到关键的指导和决策作用。投标者是参与协商的智能体，它通常拥有不同的能力、资源或者优势，它提出对特定任务或资源的需求或提议，并且通过参与投标来竞争获取合同机会。合同者是在投标过程中被管理者选中的智能体，它是在投标中成功中标的投标者，并能与管理者建立合同关系，合同者负责执行合同规定的任务或提供所需的资源，以达成协商目标。

（2）多智能体协作规划模型。多智能体协作规划模型旨在建立多智能体间的合作机制以完成共同任务，其中每个智能体都具有个性化约束与目标，需要通过合作消弭冲突。多智能体的主要合作方式包括不合作规划、部分合作规划及全合作规划。

在不合作规划中，每个智能体之间不考虑合作，仅依据自己的约束与目标规划行动，并仅考虑局部最优而不考虑全局最优。在部分合作规划中，每个智能体在规划行动时仅将合作智能体的部分约束条件纳入其个性化约束中，通常智能体会仅利用重要性排序算法筛选出重要约束条件进行部分合作规划，以在降低复杂度开销的前提下最大程度实现全局最优。在全合作规划中，所有智能体都将自身的个性化约束与目标进行共享融合，从全局目标与全局约束出发指导智能体规划，虽然这会增加通信与算法复杂度开销，但能进一步实现全局最优规划。

（3）多智能体自适应协调模型。多智能体自适应协调模型强调在高动态环境中，各智能体能依据环境导致的约束与目标变化进行联动式协商，并实时建立合作在新约束与目标下完成任务。该模型框架下，智能体首先需要建立环境变量与自身约束和目标的函数，通过实时感知的环境变化计算新的约束与目标需求。其次，多智能体之间需要建立通信机制，各智能体需要与其他智能体共享个性化约束与目标变化，方便多智能体之间选择共同任务及在线调整协作结构。最后，各智能体需要具备自我学习能力，以在多复杂场景下完成对联合协作决策的快速迁移与修正，实现自适应协调与合作。

多智能体协作系统广泛应用于无人机集群、无人车集群、无人船集群中，可有效解决协同决策、任务分配、资源优化、路径规划、环境感知等问题，提升系统整体性能、效率和鲁棒性，诸如在智能无人机编队场景中，多智能体协作系统可用于实现无人机编队，协同完成空中巡逻、搜索救援、地理勘测等各种任务。智能体之间的协作可提高系统的效率和覆盖范围，在自动驾驶场景中，多智能体协作可协调车辆之间的行动，优化交通流量，提高道路使用效率，并减少交通事故风险；在海洋探索与监测场景中，多智能体协作系统可用于无人潜水器、无人水面舰艇和无人机等在海洋中的协同工作，用于海洋探测、环境监测和海洋资源管理。

2.2.2 5G 通信网络

在无人系统中，通信的安全性、可靠性、鲁棒性、高通信带宽与高数据传输速率等需求，对于保障应用规模和应用场景不断扩张的无人系统的服务质量至关重要，如图2-3所示，5G可为智慧交通、智慧城市等大规模高复杂场景提供低延迟、高可靠的网络通信服务。相较于上一代通信技术，5G 通信网络具有如下优势。

- 更高的数据速率：5G 通信网络具有更高的数据传输速率，使得用户可以更快地下载和上传大量数据，从而支持各类高带宽的应用和服务。
- 低延迟：5G 通信网络具有更低的通信延迟，即数据传输的时间更短，从而高效地满足自动驾驶与智慧医疗的时效性需求。
- 更大的网络容量：5G 通信网络设计用于连接大量设备和传感器，使得大规模连接的设备可以同时进行通信，实现更高的网络容量需求。
- 高密度连接：5G 通信网络能够支持更高的设备密度，每平方千米内可以连接更多的设备，从而满足城市中的大规模物联网、智能城市和工业自动化等无人场景的高密度设备连接需求。
- 更高的网络可靠性：5G 通信网络采用了多路径传输和网络切片等更先进的技术，提高了网络的可靠性和稳定性，实现在医疗紧急救援和工业控制系统等高可靠性需求的应用场景中保障网络的稳定性和可靠性。

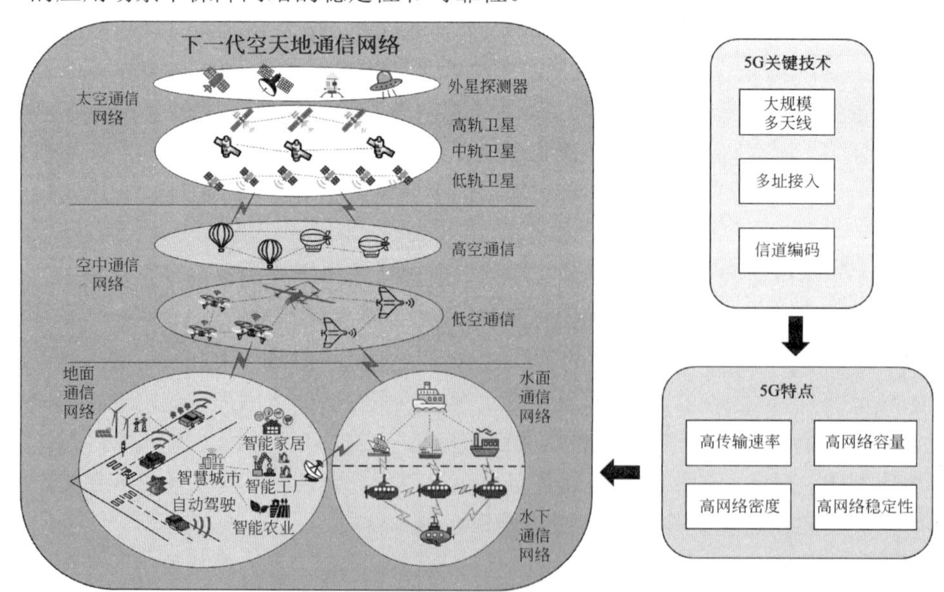

图 2-3 5G 通信网络

5G 的关键技术包括大规模多天线、信道编码及多址接入等，本节将逐一介绍。

（1）大规模多天线。大规模多天线是一种多输入多输出（Multiple-Input Multiple-Output，MIMO）通信系统，其通过建立大量天线来稳健地传输信号，并简化介质访问控制层设计以实现低时延传输。与传统MIMO系统相比，大规模多天线系统的空间分辨率大大提高，同时能够深度挖掘空间资源而无须分裂基站，该技术能够通过空域、时域、频域和极化域等多个维度，提高频谱和能量的利用效率。

（2）信道编码。低密度奇偶校验（Low Density Parity Check，LDPC）码和极化码是5G通信系统中常用的信道编码方案，在提供可靠通信和高效频谱利用方面发挥着重要作用。LDPC码采用奇偶校验矩阵进行编码和译码，其低密度的奇偶校验矩阵使得译码算法相对高效，LDPC码通常采用Belief Propagation等迭代译码算法，通过不断改进译码性能以接近信道容量极限，在5G系统中，LDPC码广泛应用于物理层数据传输和数据链路层的前向纠错等方面。极化码通过逐步极化通信信道，将其转化为一个理想的二进制对称信道和一个完全不可靠的信道，通过简单高效的译码算法逼近香农极限，在5G系统中，极化码被广泛应用于信道编码、控制信道编码和数据链路层的多种应用，如物理广播信道（Physical Broadcast Channel，PBCH）、物理随机接入信道（Physical Random Access Channel，PRACH）和控制信道（Physical Downlink Control Channel，PDCCH）等。

（3）多址接入。多址接入技术是一种支持多个用户在同一通信信道上同时进行通信的关键技术，它允许多个用户共享有限的通信资源，从而提高系统的容量和效率，其在现代移动通信系统中至关重要。常见的多址接入技术包括正交频分多址（Orthogonal Frequency Division Multiple Access，OFDMA）、扩频码分多址（Sparse Code Multiple Access，SCMA）、非正交多址（Non-Orthogonal Multiple Access，NOMA）、位置相关多址（Position-Dependent Multiple Access，PDMA）及多用户叠加接入（Multi-User Superposition Access，MUSA）。OFDMA通过将频谱分成多个正交子载波，使得多个用户能够在不同子载波上同时传输数据，从而提高系统的频谱利用率和抗干扰能力。SCMA利用扩频技术，允许多用户在同一时间、同一频段上使用不同的扩频码进行数据传输，从而提高系统的频谱效率和抗干扰能力。NOMA利用非正交波形进行多用户信号传输，通过分配不同的功率水平和编码率给不同的用户，在同一频段上实现更高的频谱效率和连接数。PDMA基于用户位置信息动态调整传输参数，提高系统的容量和覆盖范围，适用于密集城区和高速移动环境。MUSA通过信号处理和解调技术实现多个用户信号的同时解调和分离，从而提高系统的频谱效率和连接数。

5G通信网络在无人系统中具有巨大的应用前景，可以为无人系统提供更高效、更可靠的通信支持，诸如在无人机群组网与空地协同场景中，5G通信网络的低延迟和高带宽特性使得无人机群能够实现更可靠的远程操控和实时数据传输；在智慧工厂中，5G通信网络可实现低时延的远程控制和监测，促使智能制造和自动化生产的发展，机器人和无人车辆等设备可以通过高速、可靠的通信实现更高效的协作；在智慧城市中，5G通信网络可高效实现智能路灯、环境监测传感器等物联网设备的高效互联，实现城市基础设施的高效管理。

2.2.3　自动控制技术

自动控制技术旨在使无人机集群、无人车集群、无人船舶集群等无人系统能在无须人为干预的情况下执行任务，其使用传感器来监测系统状态，并通过执行器调整系统，以维持或改变状态。典型的自动控制技术包括专家控制、神经网络控制、模糊控制等。

（1）专家控制。专家控制（Expert Control，EC）是一项利用人类专家经验和知识的自动化控制技术，旨在模仿专家的思维和决策过程，实现对复杂系统的自动化控制。EC将领域专家的知识转化为规则集或决策树等形式，并通过计算机系统实现系统的监测、分析和控制，从而实现系统的智能化运行和优化控制。

专家控制主要包括知识获取、知识库、推理机和解释器四个组成部分。知识获取是从领域专家或其他信息源中获取知识，并转换为专家系统可处理的形式；知识库存储各种领域内的知识、规则和事实等信息，为推理机提供求解问题所需的知识基础；推理机根据输入数据和知识库中的知识，处理、解决问题，并生成问题的解决方案或推理链；解释器是专家系统与用户交互的界面，解释推理机生成的结果并提供系统的认知窗口。

尽管专家系统具有灵活性和适应性等优势，在解决不确定性系统方面也有优势，但也面临一些挑战和限制。例如，设计上的不规范性可能导致系统的不稳定性和可靠性问题；知识获取、表达和学习过程可能受到限制，影响系统性能和效果；同时，推理的有效性和实时性也可能受到限制，导致系统性能不佳。因此，在设计和应用专家系统时，需要综合考虑这些因素，并采取适当措施以提高系统性能和效果。

（2）神经网络控制。神经网络控制（Neural Network Control，NNC）利用神经网络构建控制器，以实现对动态系统的控制和调节，它具有强大的非线性建模和逼近能力，从而克服了传统方法的一些局限性，具体如下。

- 充分逼近任意非线性特性：人工神经网络具有非常强大的非线性逼近能力，能够有效地对各种复杂系统的非线性特性进行建模和预测。
- 分布式并行处理机制：神经网络的并行处理机制使其能够同时处理大量的数据和任务，提高了计算效率和速度。
- 数据融合能力：神经网络能够有效地融合多源数据信息，综合考虑各种输入变量的影响，提高了系统建模和预测的准确性。
- 适合于多变量系统：神经网络可以处理多个输入和输出变量之间的复杂关系，适用于多变量系统的建模和控制。

但NNC仍存在诸多局限性，其中人工神经网络的稳定性分析方法是一个重要但具有挑战性的问题，与传统的线性系统相比，神经网络的非线性特性和复杂性使得稳定性分析变得更加困难。此外，在神经网络控制中，学习和控制算法的收敛性和实时性是非常重要的考虑因素，算法的收敛性决定了系统能否在有限的时间内达到稳定状态，而实时性则决定了系统能否在实时环境中有效运行。

（3）模糊控制。模糊控制（Fuzzy Control，FC）基于模糊规则来描述非精确性和不确定性，并根据这些规则进行决策和控制。模糊控制是一种基于人类直觉和经验的控制方法，适用于处理复杂系统和非线性系统。

FC首先进行模糊化，将输入变量转换为模糊集合，以便于描述非精确性和不确定性，通常使用隶属函数来表示输入变量的模糊集合。随后建立模糊规则库，包含一组模糊规则，这些规则描述了输入变量与输出变量之间的关系。每条模糊规则都是形如“if…then…”的条件-结论对，其中条件部分使用模糊语言描述。随后FC应用模糊运算符进行模糊推理，常见的模糊运算符包括模糊交（AND）、模糊并（OR）、模糊非（NOT）等，其在传统布尔运算符基础上融合了不确定性和模糊性以处理模糊信息。最后FC需要去模糊化，即模糊推理得到的推理结果需要将模糊值转换为精确值，常用的去模糊化方法包括平均值、加权平均法等。FC模糊控制可以处理非线性系统和具有不确定性的系统，适应性较强。但FC也存在诸多局限性，诸如模糊控制的性能高度依赖于模糊规则库的设计，规则的选择和调整需要一定的经验和专业知识。此外，模糊推理过程可能涉及大量的模糊规则匹配和运算，计算复杂度较高，影响系统的实时性，对于某些复杂的系统，模糊建模可能会面临建模精度不高、模型过于复杂等问题。

自动控制技术在无人系统中有着广泛的应用，诸如在无人机姿态控制场景中，自动控制技术通过控制器平衡无人机飞行姿态，保障无人机在各类工作环境下维持所需的动态平衡；在无人车避障和碰撞回避场景中，自动控制技术通过视觉传感器、激光雷达、惯性测量单元等传感器实时获取周围环境信息，借助深度学习模型融合多模态传感器数据并根据反馈信息进行安全制动与避障。

2.2.4　人工智能技术

人工智能技术是智能化无人系统中的关键技术构成，支撑无人系统的自主感知与智能决策，该技术的应用使得无人系统更自主智能化，从而应对复杂动态的环境。人工智能技术主要涵盖自主感知、特征学习、推理决策、人机交互四方面。

（1）自主感知。人工智能技术赋予机器理解其环境的能力，即处理和分析传感器或其他数据获取设备获取的外部输入数据，该过程中，机器视觉、语音识别和自然语言处理等成为常用的自主感知技术。

- 机器视觉：让计算机通过图像和视频等视觉输入理解和解释世界，它使用特征提取、卷积神经网络等技术完成目标检测、图像分类、物体识别、人脸识别、图像分割等感知任务。
- 语音识别：让计算机能够理解并将语音输入转换为文本或命令，它采用隐马尔可夫模型、循环神经网络和长短时记忆网络等技术完成语音转文本、说话人识别、语音命令识别等听觉信息理解任务。
- 自然语言处理：让计算机能够理解、解释和生成自然语言文本，它使用词嵌入、循环神经网络、注意力机制等技术完成文本分类、命名实体识别、情感分析、机器翻译等文字理解任务。

（2）特征学习。在人工智能领域，特征学习是通过从经验中提取知识，以及根据新数据或新情境调整行为的重要过程。根据学习过程中数据的标签和监督程度，人工智能的特征学习方式主要包括有监督学习、无监督学习、半监督学习、自监督学习及强化学习。

- 有监督学习：模型训练时训练数据有人工标注标签，模型依据标签引导学习并建立输入与输出间的映射关系，同时可依据学到的映射关系重新对无标签数据进行标签预测，有监督学习常用于各种分类任务。
- 无监督学习：模型训练时训练数据没有人工标注标签，模型试图从数据本身中发现潜在的结构和模式，而非预测输出。聚类、降维、关联规则挖掘等任务常使用无监督学习方法。
- 半监督学习：介于有监督学习和无监督学习之间，训练数据中一部分带有标签，另一部分未带标签，模型尝试从带有标签的数据中学习规律，并将这些规律应用于未带标签数据，以提高模型性能。

- 自监督学习：无须手动标记的自我监督学习方法，模型通过自动生成任务来学习表示，诸如模型可能将输入数据的一部分作为标签，然后尝试还原原始输入，该方法常用于图像生成、大型模型预训练等场景。
- 强化学习：通过智能体与环境的交互来学习最佳行为策略的方法，智能体根据环境的奖励或惩罚来调整其行为，其目标是使智能体在环境中获得最大的累积奖励，自动驾驶、机器人自主控制等领域经常应用强化学习。

（3）推理决策。人工智能系统基于已知信息进行逻辑思考，从而得出新的结论或解决问题，根据推理方式的不同，人工智能推理方式可分为演绎推理、归纳推理、绝对推理、非单调推理及模糊推理。

- 演绎推理：从一般原则推导出具体结论的过程，严格遵循逻辑规则，结论是必然的，符合形式逻辑，基于已知的规则、公理或前提。
- 归纳推理：从具体事实或案例中总结出一般规律或原则的过程，从特殊到一般的推断，结论是概率性的，不是绝对的，依赖于观察到的事例。
- 绝对推理：从已知的观察事实中推断出最有可能的解释或原因的过程，是一种推测性的推理，通常用于处理不完整或模糊信息，得出的结论是最合理的解释。
- 非单调推理：在知识更新时，结论可能随着新信息的加入而发生变化，具有开放性，结论可以根据新的证据调整。
- 模糊推理：在处理模糊或不确定性信息时进行的推理过程，使用模糊逻辑来处理模糊性，允许处理模糊的、不确定的信息，输出结果可以是概率性的。

（4）人机交互。人机交互是指人工智能系统与用户或其他系统之间的信息传递、响应和互动过程，交互技术的发展旨在使人机界面更加自然、直观，以提高用户体验。目前主要的交互手段包括自然语言交互、图形用户界面交互及手势识别与体感交互。

- 自然语言交互：允许用户通过自然语言与计算机进行交流，常见于语音助手、聊天机器人和语音识别系统等应用中。
- 图形用户界面交互：通过使用图形元素（如按钮、文本框等）构建用户界面，用户可以通过图形化元素进行操作，这种交互方式常见于移动设备应用中。
- 手势识别与体感交互：通过识别用户的手势和体感动作来实现交互，这种交互方式常应用于手势控制和虚拟现实交互等场景。

在无人系统中，为应对日益复杂的业务场景环境与多任务需求，深度学习模型，包括由多层深度神经网络构成的大模型，被广泛应用于提升无人系统的智能化。深度学习通过多层神经网络能更好地拟合无人系统复杂场景下的大规模异构输入，基本的神经网络模型包括卷积神经网络、循环神经网络、自编码器及生成对抗网络。

人工智能技术在无人系统中应用非常广泛，例如，在无人车的行驶轨迹异常监测场景中，轨迹异常数据可能是在某些相似性度量方面与其他方面显著不同，可能不符合预期轨迹，也可能是一段区域内的车辆情况，通过将轨迹数据转换为图、矩阵或张量等形式，使用机器学习进行轨迹数据挖掘，可以快速判断目标轨迹是否出现偏航等异常情况，实现及时检测和风险应对；在自动驾驶车辆路径规划场景中，利用强化学习训练智能体生成最大化奖励函数的路径，并受到避障和车辆动力学等约束，通过递归神经网络预测环境中物体的未来运动，借助卷积神经网络分析传感器数据，提取特征并检测障碍物或环境的其他特征，同时利用生成对抗网络生成可用于训练深度学习模型的合成传感器数据，完成对起点到目标点的最佳路径规划，避开障碍物并遵守限速、交通规则和车辆动力学等约束条件。

2.3 无人系统典型攻击形式

本节讨论针对无人系统的典型攻击形式，根据无人系统架构，分别从智能感知层攻击、自主决策层攻击、网络通信层攻击及应用服务层攻击四个层面进行介绍。表2-2总结了无人系统中的典型安全攻击，图2-4分层展示了典型攻击的攻击目标和具体形式。

表 2-2 无人系统典型安全攻击

攻击层级	攻击目标	典型攻击
智能感知层攻击	针对传感器和数据的攻击	传感器干扰与破坏；对抗性样本；数据投毒
自主决策层攻击	针对自主决策模型和规划算法的操纵和攻击	模型逃逸；模型操纵；逻辑炸弹；恶意软件漏洞
网络通信层攻击	针对通信链路的攻击	窃听攻击；信号干扰；中间人攻击；重放攻击；拒绝服务攻击
应用服务层攻击	针对互联网平台和软件漏洞的攻击	越权访问；恶意软件植入攻击；拒绝服务攻击

（1）智能感知层攻击。针对无人系统智能感知层的攻击集中在两方面，其一为硬件层面针对传感器的攻击，其二为数据层面的攻击。

无人系统通常依赖于各种传感器设备来实现环境信息获取和相关数据收集，如摄像机、激光雷达等传感器设备，攻击者可能通过多种方式干扰、欺骗或破坏传感器设备，使其无法有效感知周围环境和自身状态，从而误导无人系统的感知层。典型传感器攻击包括干扰攻击、拒绝服务攻击、物理破坏等。例如，攻击者可以在隐蔽处突然对自动驾驶系统的摄像头使用强光进行照射，导致摄像头过曝，使其无法正常感知环境中的视觉信息；攻击者通过向激光雷达发送大量无效或虚假的测距请求实现拒绝服务攻击，使得激光雷达系统超负荷，导致车辆无法正常进行测距和障碍物检测。

无人系统依赖传感器获取自身状态和周围环境信息，其感知数据可能是攻击者恶意注入的精心构造的虚假数据，从而达到干扰或欺骗无人系统决策模型的输出的目的，影响无人系统的正常运行。典型的数据方面的攻击包括恶意数据注入、侧信道攻击、对抗性样本攻击和数据投毒攻击。例如，攻击者可针对自动驾驶场通过在原始输入图像上构造并放置如正方形或苹果公司标志等触发器实现数据投毒攻击，若决策模型所感知的道路图像中含有恶意触发器，将导致车辆偏离预先规划的轨道[2]。

（2）自主决策层攻击。无人系统主要采用人工智能技术、自动控制技术等，针对获取并处理后的环境信息进行分析并进行自主决策。自主决策层面临的攻击主要针对决策系统的机器学习模型、规划算法、系统逻辑和漏洞等，其中大多数攻击来自软硬件系统级攻击，攻击者利用漏洞取得自主决策系统权限后，针对自主决策模型或规划算法进行操纵或攻击。

典型的无人系统自主决策层攻击包括模型逃逸攻击、模型操纵攻击、逻辑炸弹、恶意软件漏洞等。

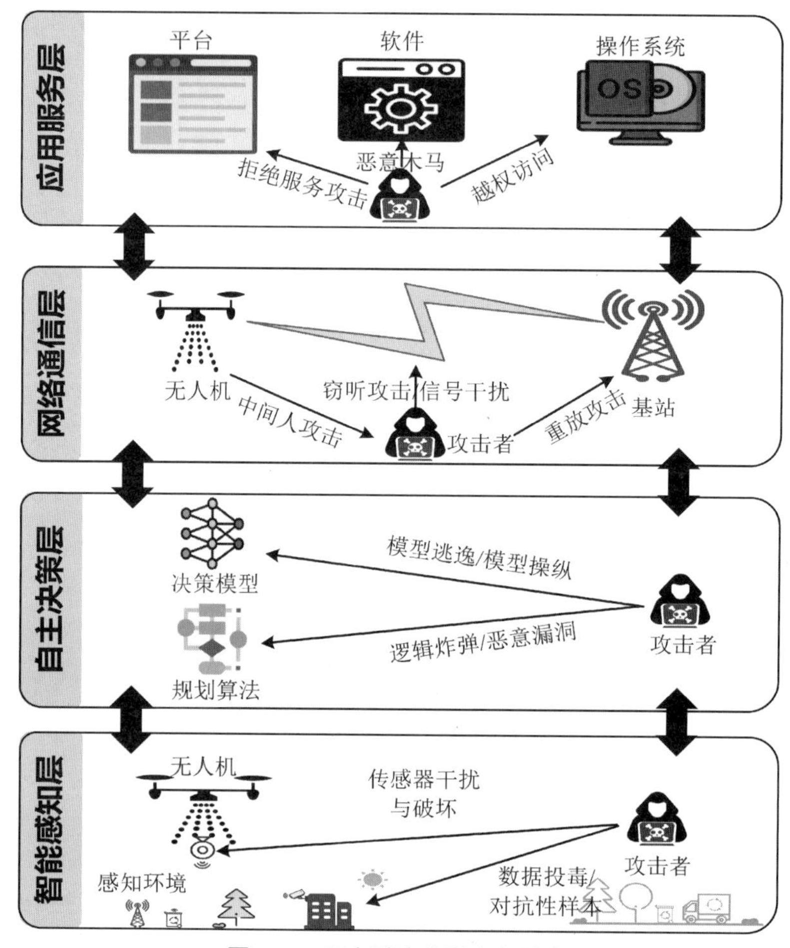

图 2-4　无人系统典型攻击形式

模型逃逸攻击和感知层的对抗性样本攻击原理相同，通过构造对抗性样本使得对策模型给出错误的输出，例如，L4自动驾驶中使用的多传感器融合感知技术存在安全漏洞，攻击者可以打印出一个3D障碍物，使得自动驾驶系统的激光雷达或摄像头传感器无法成功检测障碍物，导致自动驾驶汽车撞上障碍物，造成严重交通事故[3]。模型操纵攻击是攻击者在获取相关权限后，修改模型参数，使得决策系统预测错误，诸如攻击者可以利用梯度下降方法来操纵机器学习模型，使得恶意样本能够逃避模型检测，实现错误分类或者引入偏见[4]。逻辑炸弹攻击指攻击者通过分析自主决策系统的逻辑，寻找相关逻辑漏洞，并在输入中注入特定情景信息引导系统做出不安全决策，诸如攻击者在工控系统中利用逻辑炸弹攻击合法的传感器读数从而实施恶意行为[5]。

（3）网络通信层攻击。针对无人系统网络通信层的典型攻击包含针对链路的窃听攻击、信号干扰、中间人攻击、重放攻击及拒绝服务攻击。

无人系统依赖于节点之间大量的网络通信，以传递感知到的信息和决策指令，攻击者可以通过节点之间的数据传输实施窃听攻击，从而获得敏感或私有的信息，诸如攻击者可以监听智能家居系统中不同节点的信息传输，从而获知信息，进而获取居住者的生活习惯等敏感信息。攻击者可以利用信号发射器等设备在通信链路中发送大量噪声或干扰信号实施信号干扰攻击，从而混淆或阻断无人系统中节点之间的通信信号，诸如攻击者使用无线信号发射器在无人机与遥控器通信的频段上发送干扰电磁信号，导致无人机无法正确接收遥控，进而导致无人机失去连接无法响应。攻击者可以通过拦截无人系统节点之间的网络通信数据实施中间人攻击，并进行数据篡改和指令注入，从而劫持通信会话，实施恶意行为，诸如攻击者利用中间人攻击对无人机进行劫持，进而实施无人机扰航等事件，造成严重的安全威胁。攻击者通过截获先前无人系统之间的有效通信，并将其重新发送，以欺骗目标系统，实施重放攻击，诸如攻击者通过利用窃取的密钥或指令实现重放攻击，实现越权访问和资产窃取。攻击者可以通过拒绝服务攻击破坏无人系统节点的可用性，诸如攻击者利用泛洪攻击阻断无人系统的正常通信，导致无人系统瘫痪，无法正常提供服务。

（4）应用服务层攻击。攻击者针对无人系统的应用服务层攻击主要是利用无人系统所依托的互联网平台、软件和操作系统所存在的漏洞构造攻击，典型攻击包括越权访问、恶意软件植入攻击、拒绝服务攻击等。

攻击者可通过在无人系统依托的网页平台上，利用网页漏洞实施越权访问，诸如在需要登录授权的无人管理系统中，攻击者通过跨站脚本攻击或者跨站请求伪造攻击，窃取管理员凭证或者绕过登录界面，实现非授权访问。攻击者可通过利用系统漏洞，向无人系统的操作系统中注入特洛伊木马等恶意软件，从而实现对于无人系统的远程控制，诸如攻击者可通过逆向工程等方法针对联网无人系统所依托的软件进行代码审计，寻找漏洞注入点并上传恶意软件，实现远程无物理接触控制。攻击者同样可以通过构造大量的虚假服务请求，像针对传统网络服务那样实施拒绝服务攻击，令无人系统瘫痪，无法正常提供应用或者服务。

2.4 无人系统安全需求

本节讨论无人系统的具体安全需求，从真实性、可用性、机密性、完整性、鲁棒性五个维度说明了无人系统的安全需求。

- 真实性：确保无人系统的用户、设备、数据、通信是真实的，要求无人系统能够验证用户或设备所声称的身份，防止恶意用户伪造身份进行非授权访问、操控或信息篡改，确保无人系统只响应合法的指令和信息。
- 可用性：确保无人系统在需要时始终具有可访问性和可用性，能够为用户提供稳定持久的服务，在面临故障和攻击等条件时能够维持基本功能。
- 机密性：确保无人系统的敏感信息不被未授权个体或系统访问，防止敏感数据泄露或被篡改，保障用户数据的机密性。
- 完整性：确保无人系统的信息在通信传输或存储的过程中被意外或恶意篡改，确保无人系统接收到的指令和数据是完整的，在通信过程和存储过程中不受恶意攻击，保持数据完整性。
- 鲁棒性：确保无人系统在遭受外部干扰或异常情况下，仍能够有效地完成工作，针对信号干扰和对抗性攻击具有良好的防御能力，确保系统在面对不可预测的环境变化时保持稳定运行，降低系统崩溃或故障的风险。

2.5 本章小结

本章首先针对无人系统的具体架构进行了分层详细描述，随后针对实现无人系统的关键技术进行了全面介绍，最后对无人系统中的典型安全攻击及安全需求进行了详细分析，具体如下。

（1）无人系统的通用架构包括智能感知层、自主决策层、网络通信层及应用服务层，其中，① 智能感知层作为无人系统的基石，负责采集并处理环境信息，为系统提供感知能力；② 自主决策层作为无人系统的“大脑”，依据所掌握的数据和知识进行动态决策和自主规划；③ 网络通信层可保障系统内部及系统间的信息交互与流通；④ 应用服务层则直接面向用户，为具体的实际需求提供定制服务。

（2）无人系统关键技术涵盖多智能体协作系统、5G通信网络、自动控制技术及人工智能技术，可有效支撑无人系统进行协同决策、任务分配、资源优化、路径规划及环境感知，为无人系统提供安全、可靠、鲁棒、高速率的通信支持，并智能且自主地完成对物理设备的控制与任务态势感知，通过自学习与自进化实现可信推理决策。

（3）针对无人系统架构的具体层面，存在多种典型的攻击形式，在智能感知层中，攻击者可针对传感器和感知数据进行攻击；在自主决策层中，攻击者可针对自主决策模型和规划算法进行攻击；在网络通信层中，攻击者可针对通信链路进行攻击；在应用服务层中，攻击者可针对互联网平台和软件漏洞进行攻击。此外，从真实性、可用性、机密性、完整性、鲁棒性五个维度对无人系统的安全需求进行了讨论。

第3章中将对无人系统的感知安全进行详细介绍，包括传感器攻击、对抗性样本攻击、投毒攻击的基本原理、技术细节及相关防御方法，并介绍了感知层中的多源数据融合安全。

2.6 习题

1. 无人系统的通用架构包含哪些层次？分别说明其作用。

2. 无人系统的关键技术包含哪些？请选择一种技术，详细描述其在最新的无人系统上的技术进展。

3. 无人系统中面临着哪些攻击？需要在哪些角度实现无人系统的安全需求？

4. 选择一种典型的无人系统（无人车、无人机），根据本章所学到的知识进行简单的无人系统架构设计，并考虑可能的安全威胁。

第3章 无人系统感知安全

作为无人系统的基石，无人系统智能感知层可确保无人系统在复杂环境中准确、可靠地感知周围环境信息，并保障无人系统的正确决策和控制。随着5G通信网络和智能感知技术的兴起，以及传感器硬件设备的发展，无人系统的信息感知能力得到了显著提升，然而，随之而来的是智能感知系统面临着越来越多的安全风险和威胁。例如，腾讯科恩安全实验室利用对抗性样本攻击特斯拉公司的Model S所搭载的Autopilot自动驾驶系统中的视觉传感摄像头，令自动驾驶系统输出错误的识别结果，致使汽车驶入对向车道；360公司的独角兽研究团队通过GPS信号欺骗攻击使得大疆精灵3无人机错误认定了禁飞区，使得无人机无法起飞。因此，针对无人系统感知安全进行研究和学习，保障无人系统中感知系统的稳定可靠运行十分关键，通过学习本章的内容，读者将可以深入了解无人系统感知安全的重要性，掌握无人系统感知安全中相关攻击的基本原理和防御方法，为进一步研究和应用无人系统感知安全技术奠定基础。

本章要点

- 无人系统中的传感器介绍及相关的攻击原理与防御方法。
- 无人系统中针对感知数据的投毒攻击和对抗性样本攻击的基本原理与防御方法。
- 无人系统中的多源感知数据融合安全。

3.1 无人系统感知安全现状概述

无人系统的感知能力是指通过各种传感器（如激光雷达、摄像头、超声波传感器）获取环境信息的能力，是实现自主或远程控制的核心技术。随着5G通信网络和智能感知技术的兴起，以及传感器硬件设备的发展，无人系统的信息感知能力得到了显著提升，然而，随之而来的是其智能感知系统面临着越来越多的安全风险和威胁。

一方面，无人系统的感知系统可能会受到复杂自然环境的影响，例如极端高温和低温环境、高湿度环境、雨雪或雾霾环境、电磁干扰等，这些因素可能导致感知系统遭受扰动，以致传感器无法正常工作。另一方面，无人系统的感知系统也可能遭受到恶意攻击者的人为攻击，例如恶意干扰、欺骗攻击、物理破坏等，这些攻击可能导致感知信息对无人系统的决策系统造成误导，从而影响无人系统的正常运行，造成严重的安全后果。

此外，为了有效地提高无人系统的感知系统的鲁棒性，通常采用多传感器对多源数据进行信息感知，再通过数据融合技术将多源数据进行融合以进行进一步的分析和决策。然而，对于多源数据的感知和融合也使得数据收集、分析和决策过程中要面临更复杂的数据攻击，由于无人系统具有自主控制的特性，其对于此类攻击的防御能力更为欠缺。

在探讨无人系统感知安全方面面临的挑战时，可以将安全攻击大致划分为两大维度：一是针对无人系统传感器实施的攻击；二是针对传感器数据层的攻击。首先，对于传感器层面的攻击，其核心在于通过干扰、欺骗、物理损坏以及拒绝服务等方式，直接作用于无人系统搭载的各种传感器装置。例如，在自动驾驶汽车场景下，攻击者可能会干扰其激光雷达、摄像头或是GPS定位系统的信号，而在无人机集群操控中，则可能出现对超声波陀螺仪的干扰行为，这类攻击使得无人系统的关键传感器功能受损，无法准确且有效地捕获并反馈环境信息至决策中枢。其次，数据层面上的安全威胁则表现为对抗性样本攻击和投毒攻击两种形式。对抗性样本攻击是指攻击者巧妙地在原始数据上添加微乎其微却极具针对性的噪声扰动，这种细微改动足以诱使无人系统的决策模型在处理此类数据时，得出与预期结果相悖的输出结果，例如，攻击者可能对自动驾驶汽车摄像头捕捉到的交通标识进行难以察觉的人工篡改，经过篡改的交通标识能够成功欺骗车辆的感知系统，导致车辆误判并做出错误的行驶决策；投毒攻击则通常在无人系统决策模型的训练阶段悄然发生，攻击者蓄意篡改或操纵用于模型训练的传感数据及其标签，最终致使决策模型在实际应用中遇到特定输入数据时，产生错误的响应结果，比如，攻击者可能向无人机使用的地理信息数据集中注入“毒数据”，由此引发无人机在执行特定区域任务时出现严重的位置判断偏差，进而影响任务的完成度。此外，当无人系统依赖多源数据融合技术时，由于数据流经多个源头和使用者，在存储、传输和使用过程中面临的风险不容忽视，包括但不限于未经授权的访问、窃取和篡改等安全问题。以自动驾驶汽车为例，其运行过程中需整合雷达、激光雷达、摄像头等多种传感器及GPS定位数据，一旦这些数据链条中的任何一环遭受到攻击者的截取、伪造或篡改，就可能导致自动驾驶汽车出现偏离预定路线、意外停车、违反交通法规等严重影响安全的行为。因此，全方位保障无人系统感知层面的安全，对于确保其稳定、可靠运行至关重要。图3-1展示了无人系统中的感知攻击分类。

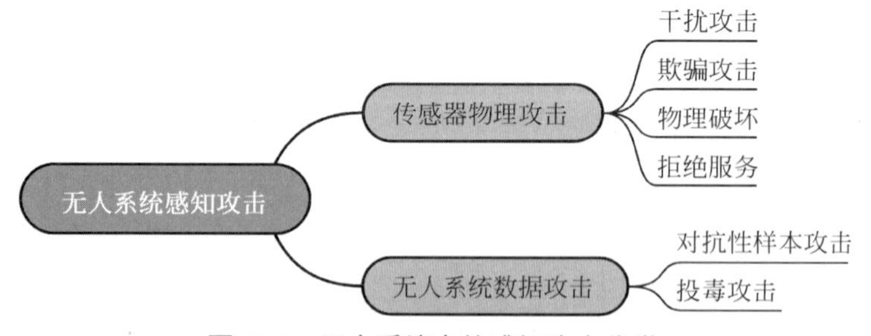

图 3-1　无人系统中的感知攻击分类

在构建无人系统感知安全的坚固防线时，除了传统意义上的加密、数字签名、安全审计等措施确保数据的完整性与机密性外，还可以从数据和模型两个核心方向来提高系统对感知攻击的抵抗力。从数据层面着手，可以运用先进的异常检测算法来甄别潜在的对抗性样本和投毒攻击，通过监测输入数据的特征变化和统计规律，从而发现那些有意为之的、旨在误导系统的恶意数据。同时，引入异常数据转化技术，对识别出的对抗性样本进行预处理，还原其原有属性，使之在输入至决策模型时不会引起误判。此外，充分利用多传感器融合的优势，通过各传感器间的互补性和冗余性，即便某一传感器受到攻击或失效，其他传感器仍能保证整体系统的稳定感知，降低单点故障的风险。在模型层面，现代防御技术涵盖了对抗性训练、防御性蒸馏、多模型集成和鲁棒性正则化等多个领域。对抗性训练通过模拟攻击环境训练模型，使其在面对真实攻击时能够保持稳定性能；防御性蒸馏则是通过知识蒸馏的方法提炼模型的核心知识，减轻对抗样本的影响；多模型聚合则是通过多种模型共同投票或平均预测，分散单一模型可能存在的弱点；鲁棒性正则化则在训练过程中引入额外约束，鼓励模型学习对输入扰动的不变性，从而增强模型本身的稳健性。

至于传感器硬件本身，通过物理手段，如采用电磁屏蔽、防水防尘结构和专用滤波技术，可以显著减少外部环境因素对传感器信号质量的影响，并提高其抵抗各种干扰信号的能力，确保无人系统在复杂环境下的稳定感知效能。

接下来，本章将分节详细介绍传感器相关攻击、对抗性样本攻击、投毒攻击的基本原理、技术细节及相关防御方法。此外，本章还将探讨多源数据融合的安全问题，并针对基于联邦学习的无人系统中的拜占庭攻击进行案例分析。

3.2 传感器攻击及防御

在本节中，我们将介绍无人系统中常见的传感器及其面临的直接攻击和安全风险。具体而言，针对无人系统的传感器攻击主要分为两类：干扰攻击和欺骗攻击。

- 干扰攻击：这类攻击的目的是使传感器失效或降低其性能，这可以通过多种手段实现，例如物理破坏、电磁干扰，或者通过污染环境（如在摄像头前投射强光或烟雾）来影响传感器的准确性。干扰攻击的关键特点是它们直接影响传感器的物理或电子功能，从而使其无法准确收集数据。
- 欺骗攻击：这类攻击的目的是操纵传感器所接收的数据，从而使系统做出错误的判断或反应，例如，攻击者可能通过向雷达或声呐系统发送伪造的信号，导致无人系统错误地识别出虚假目标或障碍。欺骗攻击并不直接破坏传感器的功能，而是通过操纵数据误导系统。

接下来，本章将从具体的传感器出发，介绍其相关的攻击类型及相应的防御措施，图3-2展示了自动驾驶系统中的常见传感器。

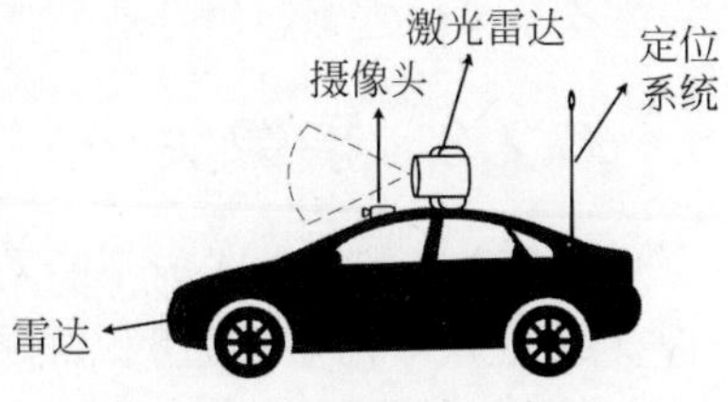

图 3-2 自动驾驶传感器

3.2.1 激光雷达

激光雷达 (LiDAR) 是一种光学传感器，它通过向目标照射一束脉冲激光，并测量发射与接收脉冲信号的时间间隔，来计算与目标物体的距离。在无人系统中，激光雷达可用于提供高精度、高稳定性的三维数据。例如，在自动驾驶系统中，激光雷达可以用于实时感知车辆周围的环境，从而帮助自动驾驶系统进行高效路径规划并做出驾驶决策。

当前，针对激光雷达的攻击主要集中于激光雷达干扰和激光雷达欺骗两类。激光雷达干扰攻击是一种拒绝服务攻击，攻击者通过发送与激光雷达传感器相同波长但强度更高的光，使得传感器无法获取有效的光波。研究证明，利用与激光雷达相同波长的强光源“致盲”激光雷达，可使激光雷达无法在光源方向上感知目标[6]。激光雷达欺骗攻击的一类典型攻击在于攻击者可以录制来自于激光雷达传感器的合法信号，并将这些信号中继到同一辆自动驾驶汽车的另一个激光雷达传感器，从而导致无人系统对于感知对象的位置相比实际的位置更近或更远；另一种典型攻击是攻击者通过伪造激光雷达传感器信号来模拟一个对象，并将伪造信号注入激光雷达传感器，可能会导致自动驾驶车辆认为它正在接近一个大物体并进行紧急制动[7]。

防御者可以通过引入数据采集的随机性来防御激光雷达欺骗攻击，当激光雷达的探测时间被设置为随机时，攻击者将难以准确获取激光雷达接收信号的具体探测时间窗口，从而难以成功发送伪造信号，进而抵御欺骗攻击。同时，融合来自不同传感器的数据能够有效地稳定智能感知层的性能以缓解欺骗攻击。

3.2.2 雷达

无人系统中的雷达可分为毫米波雷达和超声波雷达，其工作原理与激光雷达类似，均通过发射和接收电磁波或超声波来计算目标物体的距离和速度。相比于激光雷达，这些雷达系统的检测范围更广，探测距离更远，且对天气条件的依赖性较低。

针对雷达的攻击与激光雷达原理基本相同，可分为雷达干扰攻击和雷达欺骗攻击。雷达干扰攻击主要是利用干扰器或信号发生器来干扰雷达感知系统。2016 年的 DEFCON 大会上有研究团队提出利用信号发生器和频率倍增器生成电磁波攻击特斯拉的 Autopilot 自动驾驶系统，自动驾驶系统在该过程中受到了显著损伤[8]，该团队同样利用超声波干扰器攻击了四辆汽车的停车辅助系统，结果表明在干扰攻击下车辆无法有效检测周围的障碍物。雷达欺骗攻击同样是通过伪造信号或是中继合法信号来实现雷达欺骗。通过实施信号中继雷达欺骗攻击，一个 121 米远的物体在雷达设备的感知中仅显示为 15m 远[9]。

针对雷达攻击的防御方法也与激光雷达相似，利用多传感器的信息冗余来增强感知系统的鲁棒性，或是将探测时间窗口设定为随机以防御欺骗攻击。一种新颖的防御方法是物理挑战-响应身份验证 (PyCRA)，该方法通过发送随机挑战信号来检查周围环境，并通过假设性检验来确定恶意信号是否高于噪声来检测恶意信号，能够有效地防御欺骗攻击[10]。

3.2.3 摄像头

随着人工智能技术的不断发展，基于图像的目标检测和识别技术已有了显著进步，摄像头成为无人系统中应用和研究最广泛的传感器，目前无人系统搭载的视觉感知算法能够有效地帮助其进行决策，执行不同的任务。在典型的自动驾驶系统中，摄像头被用于车辆、行人、车道检测，以及红绿灯和交通标志的识别，从而在自动驾驶环境感知的各方面发挥作用。然而，作为被动型感光设备，摄像头受环境影响较大，较容易受到干扰。

针对摄像头的直接攻击可大致分为摄像头干扰攻击和摄像头欺骗攻击。摄像头干扰攻击是攻击者利用强光使得摄像头暂时“致盲”甚至永久“失明”。BlackHat 2015 大会上研究者向摄像头发射强光，致使摄像头的自动曝光功能无法工作，导致捕获到的图像过度曝光，无法被神经网络模型正常识别，从而导致无人系统无法正常决策[11]。摄像头欺骗攻击指攻击者通过模拟虚假光学信号，致使摄像头采集到虚假的图像信息。例如，通过投影仪改变地面平面的外观，可影响光流摄像头采集的信息，攻击者可以借此控制无人机[12]。

当前针对摄像头干扰攻击的防御可通过物理层面增加摄像头的数量，或者在摄像头中集成可拆卸的近红外光滤波器，来减轻或消除摄像头被“致盲”的风险[11]。预测性防御方法利用预测分析来预测摄像头捕获的未来帧图像，并将未来帧图像与感知到的图像进行比较以防御干扰攻击，针对部分摄像头欺骗攻击，该预测性方法也可以进行有效防御[13]。

针对摄像头的对抗性样本攻击和数据投毒攻击是另一类数据层面的广泛感知攻击，将在本章的3.4节和3.5节进行详细讨论。

3.2.4 定位系统

全球卫星定位系统（Global Positioning System，GPS）和北斗卫星定位系统通过卫星信号确定当前的经纬度和海拔，是目前应用最广泛的定位手段。在无人系统中，卫星定位系统通常用于获得无人设备的位置。

卫星定位系统同样会受到干扰攻击和欺骗攻击的影响，干扰攻击指卫星定位系统遭受到干扰设备的攻击，大量的强信号噪声导致GPS定位系统无法正常工作，其本质上是一种拒绝服务攻击；GPS欺骗攻击是通过伪造虚假GPS定位信号或者重放GPS定位信号，使得GPS接收传感器解算出错误的位置和时间信息，前者被称为生成式GPS欺骗，后者被称为转发式GPS欺骗。图3-3展示了一种典型的针对无人机网络的GPS欺骗攻击，其中左半部分表示正常的GPS操作，右半部分表示GPS欺骗攻击。首先，攻击者跟踪目标无人机的GPS信号，并伪造一个功率比合法GPS信号更强的信号；接着，由于合法的GPS信号被伪造的GPS信号压制，受害无人机接收到伪造的GPS信号并导致导航信息错误。美国得克萨斯大学的研究团队在2013年利用GPS欺骗攻击使得地中海上的一个游艇偏离航向[14]；DEFCON 2015大会上，奇虎360的独角兽研究团队通过GPS信号欺骗攻击对大疆无人机进行了禁飞区欺骗，通过将禁飞区内的GPS信号传递给大疆无人机的GPS定位接收传感器，使得无人机无法正常起飞。

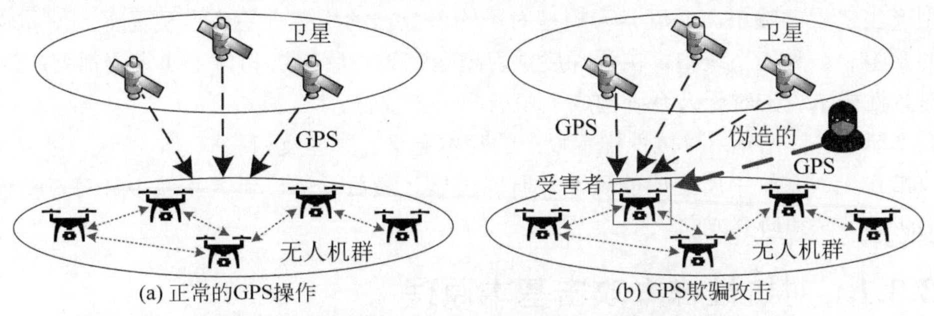

图 3-3 典型的针对无人机网络的GPS欺骗攻击

针对卫星定位系统攻击的通用防御方法包括监测卫星定位信号的绝对强度和相对强度来进行攻击检测、检查卫星定位信号之间的时间间隔或时间比较以检测卫星定位信号的真实性、通过监控卫星识别代码和接收到的卫星信号数量来判断卫星定位信号的来源；尽管这些方法简单且成本低廉，足以防御简单的卫星定位欺骗攻击，但对于更复杂的攻击形式，它们可能不够有效。学术界已提出多种策略来防御卫星定位欺骗攻击，这些策略利用了卫星定位信号的物理层特性、其他导航技术及密码学方法。每个卫星的信号在物理层面上都具有独有的特征，这是因为接收器与各个卫星之间的距离和相对位置存在差异。相比之下，人为制造的GPS干扰信号通常通过特定的发射设备产生，使这类欺骗性信号在物理层面上表现出相似或一致的特性。

3.2.5 惯性测量单元

惯性测量单元（Inertial Measurement Unit，IMU）是一个集成了多个传感器的装置，通常由陀螺仪和加速度计两类传感器构成，可以用于测量物体的三轴姿态角及加速度；同时，IMU可以辅助GPS定位系统实现可靠的定位。IMU在无人系统中被广泛应用于准确的动作和姿态测量，例如，在无人机系统中，通过IMU中的微机电系统陀螺仪和加速度计，可以对无人机飞行中的加速度与角速度进行测量，从而实现对无人机飞行状态的稳定控制。

针对惯性测量单元的攻击主要是对于陀螺仪的干扰攻击，在无人机系统中，微机电系统陀螺仪被用来感知角速度，但它会受到共振频率的影响。外部干扰的振动频率与陀螺仪的固有频率一致时，会引发共振现象，进而影响陀螺仪的准确性，甚至造成传感器损坏。通过产生与无人机内置陀螺仪相同振动频率的超声波噪声来干扰无人机，可以导致陀螺仪失灵，使得惯性测量单元无法正常运作，从而导致无人机失去对姿态的控制，最终导致无法稳定飞行并坠毁[15]。

对于此类干扰攻击，最简单的防御方法是进行物理隔离，例如可以使用泡沫和镍纤维保护罩来实现物理隔离保护方案，减弱干扰信号对于微机电系统陀螺仪的影响[16-17]。

3.3 对抗性样本攻击及防御

对抗性样本攻击基于机器学习模型对于输入数据的敏感性，通过对抗性构造策略针对原始数据进行人眼几乎不可察觉的微不足道的修改，精心构造出对抗性样本，使得机器学习模型产生错误的输出。深度学习模型对于输入数据的敏感性更高，更易受到对抗性样本攻击的欺骗。在无人系统中，由于深度学习模型在智能感知层和自主决策层都被广泛使用，因而对抗性样本攻击对无人系统构成了相当严重的威胁。

在本节中，首先介绍对抗性样本攻击的基本定义、原理及相关概念。随后，讨论对抗性样本攻击在无人系统中所造成的风险和研究进展。最后，讨论无人系统中针对对抗性样本可能的防御方法和研究方向。

3.3.1 对抗性样本攻击基本原理

1. 对抗性样本攻击定义

首先，本节给出对抗性样本的基本定义：考虑一个数据点$x \in \mathbb{R}^d$属于一个具体的类$\mathcal{C}_i$，对抗性样本即通过对该样本点的属性进行微调或扰动，使其成为一个新的样本点$\hat{x}$，且该样本点$\hat{x}$会被目标分类器f误分类为$\mathcal{C}_t$，$\hat{x}$就被称为一个对抗性样本。生成并利用对抗性样本，实现使目标分类器f误分类并达到攻击者目的的过程被称为对抗性样本攻击。例如，如图3-4所示，原始图像是一个禁止输入标志的图像，通过对抗性样本生成添加噪声，得到新的对抗性攻击图像，攻击图像将被目标分类器分类成限速标志。在某些场景下，攻击者的目标可能不是令分类器 f 将 $\hat{x}$ 分类到一个具体的目标类 $\mathcal{C}_t$，而是只需要令 $\hat{x}$ 偏离 x 的类别 $\mathcal{C}_i$，这种攻击也是一种对抗性样本攻击，被称为无目标对抗性样本攻击，相应的，将对抗性样本误分类为特定的分类被称为有目标对抗性样本攻击。本节主要从有目标对抗性样本攻击出发，给出对抗性样本攻击的形式化定义。

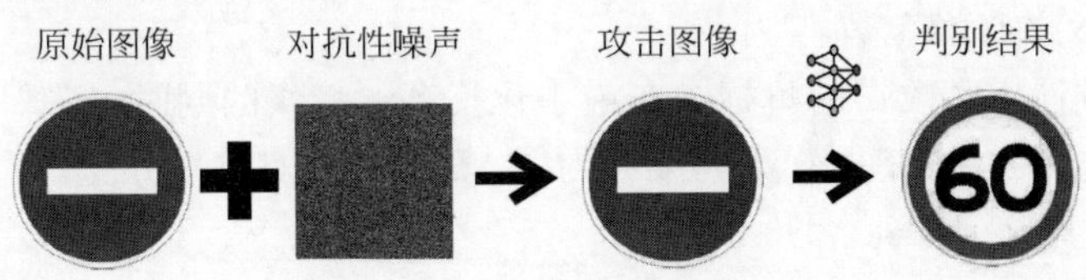

图 3-4 对抗性样本攻击示意

假定存在一个映射函数 $\mathcal{A}:\mathbb{R}^d\to\mathbb{R}^d$，$\mathcal{A}(x)=\hat{x}$，即 $\mathcal{A}(x)$ 是扰动后的目标样本，给出有目标对抗性样本攻击的基本定义如下。

定义 3.1 (有目标对抗性样本攻击) 令 $x\in\mathbb{R}^d$ 是一个属于 $\mathcal{C}_i$ 的数据点。定义一个目标类别 $\mathcal{C}_t$，有目标对抗性样本攻击可被定义为一个映射函数 $\mathcal{A}:\mathbb{R}^d\to\mathbb{R}^d$ 使得 $\mathcal{A}(x)=\hat{x}$，且针对目标分类器 f 令 $f(x)=\mathcal{C}_i$ 且 $f(\hat{x})=\mathcal{C}_t$。

接着，本节将介绍最通常使用且最简单的对抗性样本攻击——加性对抗性样本攻击，假定映射函数 $\mathcal{A}$ 是一个线性函数，并且在原始输入上添加扰动 p。

定义 3.2 (加性对抗性样本攻击) 令 $x\in\mathbb{R}^d$ 表示一个属于 $\mathcal{C}_i$ 的数据点。定义一个目标类别 $\mathcal{C}_t$，加性对抗性样本攻击通过在原始输入上添加扰动 $p\in\mathbb{R}^d$ 使得 $\hat{x}=x+p$，且针对目标分类器 f 令 $f(x)=\mathcal{C}_i$ 且 $f(\hat{x})=\mathcal{C}_t$。

加性对抗性样本攻击具有两大优势：其一，加性对抗性样本攻击保证了输入空间保持不变，例如，原始输入 x 是 $\mathbb{R}^d$ 上的一张图片，那么对抗性样本 $\hat{x}$ 也保持在 $\mathbb{R}^d$ 内，并仍然能表示成一张图片，通用的映射函数可能不能保持这种关系（子采样函数或者提取特征的密集矩阵）；其二，加性攻击允许用简单的几何图形进行可解释的分析，而通用的映射函数分析起来可能相当复杂。

为了更好地理解对抗性样本攻击，本节将从机器学习分类器的角度出发针对对抗性样本攻击进行分析与形式化描述。考虑一个常见的多分类场景，即存在类 $\mathcal{C}_1,\cdots,\mathcal{C}_k$，该 k 个类的决策边界可由 k 个判别函数 $g_i(\cdot)$ 表示，$i=1,\cdots,k$。如果要将对抗性样本 $\hat{x}$ 分类为目标类 $\mathcal{C}_t$，这些判别函数需要满足如下条件：

$$g_t(\hat{x})\geqslant g_j(\hat{x}),\ \text{对所有}\ j\neq i \tag{3.1}$$

即目标类别 $\mathcal{C}_t$ 应该相比于分类器可分的其他类别有更大的判别值 $g_t(\hat{x})$。重写式 (3.1)，可得 $g_t(\hat{x})\geqslant\max\limits_{j\neq i}\{g_j(\hat{x})\}$。因此，对抗性样本攻击的目标是找到一个 $\hat{x}$ 以满足式 (3.1)。事实上，在具体实现对抗性样本攻击的过程中，可能存在一组 $\hat{x}$ 都能满足式 (3.1)，这些样本都允许被作为潜在的攻击样本。然而，有些攻击样本相比于其他攻击样本更接近原始输入 x，那么，为了选择最优的攻击，往往需要通过对扰动幅度添加额外的标准，即希望所添加的扰动尽可能小或者尽可能使扰动后生成的对抗性样本更接近原始输入。将这些标准添加到问题中，会得到一个形式化的优化问题，根据该优化问题，给出如下最常用的三类对抗性样本攻击定义。

定义 3.3 (最小范数对抗性样本攻击) 最小范数对抗性样本攻击通过解如下的优化问题，得到最优的扰动后对抗性样本 $\hat{x}$：

$$\begin{aligned} \underset{\hat{x}}{\text{minimize}} \quad & \|\hat{x}-x\| \\ \text{s.t.} \ & \max_{j\neq t}\{g_j(\hat{x})\} - g_t(\hat{x}) \leqslant 0 \end{aligned} \tag{3.2}$$

$\|\cdot\|$ 可以是用户定义的任意范数。

最小范数对抗性样本攻击的目标是在最小化扰动的量级的同时，确保对抗性样本被分类器误分类到指定的目标类别，如果约束集为空，则意味着对目标分类器的原始输入无法进行成功的攻击。

最小范数对抗性攻击的另一种替代形式是最大允许对抗性样本攻击，定义如下。

定义 3.4 (最大允许对抗性样本攻击) 最大允许对抗性样本攻击通过解如下的优化问题，得到最优的扰动后对抗性样本 $\hat{x}$：

$$\begin{aligned} \underset{\hat{x}}{\text{minimize}} \quad & \max_{j\neq t}\{g_j(\hat{x})\} - g_t(\hat{x}) \\ \text{s.t.} \ & \|\hat{x}-x\| \leqslant \tilde{p} \end{aligned} \tag{3.3}$$

$\|\cdot\|$ 可以是用户定义的任意范数，$\tilde{p} > 0$ 表示攻击的程度。

在最大允许对抗性样本攻击中，攻击的大小以 $\tilde{p}$ 为界限，目标函数是找到尽可能使 $\max\limits_{j\neq i}\{g_j(\hat{x})\} - g_t(\hat{x})$ 为负的 $\hat{x}$。如果最优的 $\hat{x}$ 仍无法使目标值为负，则不可能对目标分类器的原始输入进行成功攻击。

第三类形式化的对抗性样本攻击定义是一个基于正则项的无约束优化问题。

定义 3.5 (正则化对抗性样本攻击) 正则化对抗性样本攻击是指通过解如下的优化问题，得到最优的扰动后对抗性样本 $\hat{x}$：

$$\underset{\hat{x}}{\text{minimize}} \quad \|\hat{x}-x\| + \lambda(\max_{j\neq t}\{g_j(\hat{x})\} - g_t(\hat{x})) \tag{3.4}$$

$\|\cdot\|$ 可以是用户定义的任意范数，正则化参数 $\lambda > 0$。

正则化对抗性样本攻击中的参数被称为拉格朗日乘子，直观来看，正则化对抗性样本攻击试图同时最小化两个冲突的目标，依赖于 λ 的选择，可以控制两个优化目标的相对重要程度。

事实上，三类攻击在选择合适的参数 $\tilde{p}$ 和 λ 时是等效的，具有相同的最优解。从几何意义上来讲，对抗性样本攻击就是使得扰动后的对抗性样本的 $\hat{x}$ 处于目标分类 $\mathcal{C}_t$ 的决策边界内。

2. 对抗性样本攻击分类

表3-1展示了基本的对抗性样本攻击分类情况。根据对抗性样本攻击的攻击目标进行分类，对抗性样本攻击可以分为两类：有目标对抗性样本攻击及无目标对抗性样本攻击。有目标对抗性样本攻击前文已经进行了详尽的介绍；无目标对抗性样本攻击与有目标对抗性样本攻击的攻击目标不同，无目标对抗性样本仅需将扰动后的对抗性样本偏离原始输出的类别，例如，原始输入 $x \in \mathcal{C}_i$，无目标对抗性样本的目标是使得扰动后样本 $\hat{x} \notin \mathcal{C}_i$，相比于有目标对抗性样本攻击的攻击条件更为松弛。无目标对抗性样本攻击的约束集可以表示为

$$\Omega = \{\hat{x} | g_i(\hat{x}) - \min_{j\neq i}\{g_j(\hat{x})\} \leqslant 0\} \tag{3.5}$$

表 3-1　对抗性样本攻击分类

分类依据	分类结果
攻击目标	有目标对抗性样本攻击；无目标对抗性样本攻击
攻击方法	加性对抗性样本攻击；最小范数对抗性样本攻击；正则化对抗性样本攻击
攻击者能力	黑盒对抗性样本攻击；白盒对抗性样本攻击

根据对抗性样本攻击者的能力进行分类，对抗性样本攻击可以分为两类：白盒对抗性样本攻击及黑盒对抗性样本攻击。白盒对抗性样本攻击假定攻击者具有对于分类器的全面知识，即攻击者针对每个类别都知道具体的判别函数 $g_i(\cdot)$。对于线性分类器而言，这要求攻击者知道所有的决策边界；对于深度神经网络而言，这要求攻击者知道具体的神经网络参数值和网络架构。因此，白盒对抗性样本攻击被认为是攻击者能够设计的最优对抗性样本攻击。黑盒对抗性样本攻击意味着攻击者无法知道分类器的内部知识，只能够通过随机添加噪声来实现对抗样本的生成；此外，攻击者对一个黑盒分类器的访问次数通常被限制在一个固定的数值。相比于白盒对抗性样本攻击，黑盒对抗性样本攻击通常更加具有挑战性，也更符合实际场景。

3. 典型对抗性样本攻击

- 随机噪声攻击：随机噪声攻击是最简单的一类对抗性样本攻击，是无目标黑盒对抗性样本攻击的代表，通过在原始样本上添加不包含任何信息的噪声扰动(例如，高斯随机噪声)，使得扰动后样本偏移原始的分类。然而，这类攻击很难奏效，扰动后的样本容易和原始样本区分，甚至人眼也能进行分辨。
- 语义攻击：语义攻击也是一类图像识别领域典型的无目标黑盒对抗性样本攻击，通过反转图片的所有像素强度(例如，改变所有像素的符号)来得到一个负面图像，使得分类器对于该图像进行误分类。然而，这类攻击同样难以奏效，扰动后的样本同样很容易进行区分[18]。
- 快速梯度符号法：快速梯度符号法（Fast Gradient Sign Method，FSGM）是最著名的无目标白盒对抗性样本攻击之一，并且能够直接推至广有目标攻击[19]。快速梯度符号法的基本原理是在图像的每个像素处沿着梯度符号的方向进行梯度更新，其生成的对抗性扰动可以表示为

$$p = \varepsilon \mathrm{sign}(\nabla_x J(\theta, x, y)) \tag{3.6}$$

其中，ε 表示扰动的具体大小，该扰动可以通过反向传播来进行计算，生成的对抗性样本 $\hat{x}$ 为 $\hat{x} = x + p$。FSGM 能够有效地生成对抗性样本的原理在于，深度神经网络同样具有先行性质，高维空间中的线性行为足以引起对抗性样本，在 x 上加上计算得到的梯度方向，使得修改后的样本经过分类网络时的损失值比修改前的样本经过分类网络时的损失值更大，因而更容易导致误分类。例如，快速梯度符号法通过生成对抗性图像样本，会使得分类器将熊猫分类为长臂猿。

- 基本迭代法：基本迭代法（Basic Iterative Methods，BIM）是快速梯度符号法的一种变体，它通过在多次迭代中重复性地在样本 x 上添加更精细的扰动，来实现目标分类器对于扰动后对抗性样本的误分类[20]。具体而言，在每次迭代中，BIM 通过限定属性变化范围来避免单个属性发生较大的变化，以图像为例，可通过裁剪像素值来避

免每个像素发生较大的变化。

- 投影梯度下降法：投影梯度下降法（Projected Gradient Descent，PGD）同样是一种迭代攻击，可视为BIM和FSGM的一种拓展[21]。在每次迭代扰动过程后，通过投影函数Π将对抗性样本投影到原始输入x的ε球体中，即每个像素最大被允许的变化范围为ε：

$$\hat{x}^T = \Pi_\varepsilon(x^{T-1} + \gamma\text{sign}(\nabla_x J(\theta, x, y))) \tag{3.7}$$

其中，$\hat{x}^T$是第T轮迭代后的对抗性样本，γ是每轮迭代过程中添加的扰动大小。与BIM不同，PGD对于x进行随机初始化，即添加一个在$(-\varepsilon, \varepsilon)$范围内的随机噪声。PGD被视为最难以防御的基于梯度的对抗性样本攻击，PGD可以简单地通过调整迭代过程来将无目标对抗性样本攻击转化为针对类别$\mathcal{C}_T$的有目标对抗性样本攻击：

$$\hat{x}^T = \Pi_\varepsilon(x^{T-1} - \gamma\text{sign}(\nabla_x J(\theta, x, t))) \tag{3.8}$$

- Deepfool攻击：Deepfool攻击通过寻找原始输入到对抗性样本决策边界的最近距离来生成对抗性样本，并通过寻找到分类器的超平面来最终使得分类器误分类对抗性样本[22]。相比于FSGM，Deepfool引入了更小的扰动。
- 单像素攻击：单像素攻击通过修改一个像素来生成对抗性样本，以降低防御者对于对抗性样本的检测能力[23]，该攻击通过应用差分进化算法来寻找修改像素的最优解。
- Carlini-Wagner攻击：Carlini和Wagner实现了一种基于正则项的有目标对抗性样本攻击，能够通过现有大多数的对抗检测防御[24]。Carlini和Wagner针对对抗性样本攻击重新定义了其优化问题：

$$\begin{aligned} \underset{\hat{x}}{\text{minimize}} \quad & \|p\|_1 + \lambda g(x+p) \\ \text{s.t.}\ x + \|p\|_1 & \in [0,1]^n \end{aligned} \tag{3.9}$$

- 基于生成对抗网络（Generative Adversarial Network，GAN）的攻击：通过GAN生成对于人类而言看起来更加自然的对抗性样本，通过最小化输入样本之间的内部表示的距离，结合对抗性样本的目标函数，生成对抗性样本[25]。由于基于对抗性样本的攻击不需要原始神经网络梯度，因此是一种黑盒对抗性样本攻击。

3.3.2 对抗性样本攻击防御方法

针对对抗性样本攻击的防御方法可大致分为三类[26]，表3-2展示了具体的防御方法与主要技术。

表 3-2 对抗性样本攻击防御方法及其主要技术

防 御 方 法	主 要 技 术
梯度掩蔽/模糊	防御性蒸馏；碎片化梯度；随机梯度；梯度爆炸和消失
对抗性防御	正则化方法；对抗性重训练
对抗性样本检测	辅助模型分类对抗性样本；统计学检测对抗性样本；检查预测一致性

- 梯度掩蔽/模糊：由于大多数白盒对抗性样本攻击都需要基于分类器的梯度信息进行攻击，因此对梯度进行掩蔽或者隐藏能够误导攻击者，从而防御对抗性样本攻击。
- 对抗性防御：通过在训练集中主动添加部分对抗性样本（具有正确的标签），并且对

深度神经网络分类器参数进行重新训练可以有效增强其鲁棒性，从而正确分类对抗性样本。

- 对抗性样本检测：通过研究自然样本或者说良性样本的数据分布，在将样本输入进机器学习模型之前首先对其进行对抗性样本检测并禁止对抗性样本输入目标分类器。

1. 梯度掩蔽/模糊

由于大多数攻击者的策略依赖于获取目标分类器的梯度信息，所以通过掩蔽或模糊梯度可以有效隐藏这些信息，从而有效防御基于梯度的对抗性样本攻击。

- 防御性蒸馏：知识蒸馏利用大尺寸模型的输出作为标签去训练一个小尺寸神经网络，能够减小深度神经网络架构的大小。防御性蒸馏重构了蒸馏过程，通过在训练过程中的温度调整，使得目标输出类的分数接近于1，而所有其他类的分数接近于0，在计算机中，其对应的梯度也由于浮点数机制而接近于0，从而抑制了FSGM、Deepfool等基于梯度的攻击[27]。
- 碎片化梯度：通过对输入样本进行预处理来实现针对对抗性样本攻击的防御，其通过添加一个非平滑或者不可微的预处理器，随后再进行深度神经网络模型的训练[28]。由于在参数上不可微，因此训练后的分类器对于参数的微小变化不敏感，从而能够防御基于梯度的对抗性攻击。例如，温度计编码通过一个预处理器使得图像的像素离散化，成为一个独热编码，从而通过这些编码来进行神经网络训练。
- 随机梯度：随机梯度防御方法通过使深度神经网络具有随机性来迷惑对抗性攻击者[29]。例如，在进行样本分类预测时，随机在深度学习模型中的每一层丢弃掉一些神经元，从而来防御对抗性样本攻击；或通过训练一组分类器，并在对数据进行评估时随机选择其中一个分类器进行预测，可以降低攻击者的准确率。由于攻击者无法确定实际使用的分类器，因此增加了攻击的难度。
- 梯度爆炸和消失：利用生成模型将可能的对抗性样本投影到良性数据流形上，再作为样本输入到目标模型中，这些生成模型可以被视为一种净化器，将对抗性样本转换为良性样本[30-31]。该防御通过令模型每一层的偏导数累积乘积，使得梯度变得极小或不规则地变大，进而使对抗性样本生成变得困难。

2. 对抗性防御

对抗性样本可能威胁任何机器学习算法的分类准确性，但相应地，基于对抗性样本的防御技术也能够帮助构建更精确、更鲁棒的模型。这类防御的目标是不仅在自然样本上实现高准确率，也要确保对抗性样本的高准确预测。事实上，对抗性防御与两方攻防博弈的过程非常相似：攻击者试图通过在原始样本上添加微小的扰动生成能够误导分类器的对抗性样本；而防御者则致力于开发能够精确识别这些样本的鲁棒模型，使得攻击者难以找到能够欺骗这些模型的对抗性样本。

- 正则化方法：为了增强机器学习模型的稳定性，可以在模型参数上添加正则项。例如可通过限制莱布尼茨常数来增加模型输出的稳定性[32]，可引入深度收缩网络来规范训练，这种网络在训练过程中通过在反向传播框架的每一层添加惩罚项来减少输入样本变化对输出的影响，从而降低每一层输出的变化幅度[33]。
- 对抗性重训练：通过在训练集中加入生成的对抗性样本，并使用正确的标签对其进行标记和重新训练，能够有效提升神经网络模型对于对抗性样本攻击的鲁棒性，对抗性训练可以针对 FSGM、PGD 等攻击实现有效防御[19]。

3. 对抗性样本检测

检测对抗性样本是另一种主要的分类器保护方法，这种方法不会直接对模型输入进行预测，而是先判断输入样本是良性的还是对抗性的。如果输入被识别为对抗性样本，分类器则会拒绝给出预测标签。有效的对抗性样本检测方法应当能够应对包括零知识对手、完全知识对手和有限知识对手在内的各种威胁模型，同时确保能正确识别对抗性样本，并且尽可能减少对良性样本的误判。

- 辅助模型分类对抗性样本：通过设计辅助模型来区分对抗性和良性样本，例如在训练深度学习模型时添加一个专门的对抗性样本类别[34]，用以识别对抗性样本。
- 统计学检测对抗性样本：通过探索对抗性和良性样本在统计特性上的差异，例如使用主成分分析或最大均值差异测试[34-35]，来检测对抗性样本。
- 检查预测一致性：通过微调模型参数和输入样本来测试预测的一致性，正常样本通常显示出稳定的预测结果，而对抗性样本则显示出较大的预测差异。例如，使用 Dropout 技术来随机化分类器，检测统一样本在随机化后是否显示出显著的预测差异，以判断其是否为对抗性样本[36]。

3.3.3 无人系统中的对抗性样本攻击

对抗性样本攻击在无人系统中通常被视为黑盒攻击，这是因为攻击者难以获得系统内部的神经网络模型的详细参数和结构。在实际应用中，这类攻击主要在物理环境中进行，攻击者通过对现实世界中的物体进行细微而不易察觉的修改，使传感器在不同的角度、距离和光照条件下感知到扭曲的信息。这样的干预使得传感器采集的数据变成对抗性样本，进而误导无人系统的感知模块。

针对自动驾驶系统的对抗性样本攻击通常着重于对物理世界中自动驾驶模型所感知的物体进行扰动使其成为对抗性样本，如广告牌、车道线、交通标志等。

- 广告牌误导：攻击者通过摆放可误导自动驾驶车辆摄像头的人工广告牌，能够在不同视角、距离、光照和天气条件下，使自动驾驶车辆的转向角度产生显著误差。攻击者还可生成与真实广告牌视觉上相似的对抗性广告牌，诱导车辆偏离预定路线。
- 车道线和交通标志篡改：攻击者可通过对抗性样本攻击方法，修改车道线，干扰自动驾驶系统的视觉感知，从而诱导车辆偏离预定行进路线。同时，攻击者可篡改交通标志为受扰动的交通标志，使得无人驾驶汽车误识别，造成严重的交通安全风险。
- 增强车辆隐形能力：攻击者可通过制作特殊的车辆纹理，使得目标车辆在无人驾驶系统中的车辆检测器中被忽视，降低其准确率，造成交通事故威胁。

除了针对摄像头的对抗性样本攻击之外，针对激光雷达的物体检测模型同样可以通过对抗性样本攻击来误导无人驾驶系统。攻击者可通过一种白盒优化的方法，生成对抗性的点集，并且通过激光将这些点注入障碍物的原始点云中，从而实现对抗性样本攻击，进而误导激光雷达的物体检测系统[7]，在百度 Apollo 发布的模拟器上使用激光雷达传感器数据的实验结果表明，该攻击的平均成功率高达 90%。攻击者可针对激光雷达实施黑盒攻击，该方法通过将对抗性样本插入点云中来迷惑物体检测器[37]，相关数据集上进行的实验显示，该攻击的平均成功率为 80%。

在无人机领域，对抗性样本攻击主要涉及以下两方面。

（1）视觉对抗性样本，即通过构造对抗性样本来干扰无人机搭载的摄像头等视觉传感器。这种攻击手段包括向物体添加纹理、引入遮挡、添加对抗性扰动贴纸等方式，旨在使无人机的目标检测、识别或跟踪模型产生错误的识别结果。

（2）信号对抗性样本，攻击者直接修改传感器接收的数据（如激光雷达点云，微波雷达信号等），通过微小的扰动使得目标跟踪和识别模型对目标进行误分类。

目前对无人机系统中的对抗性样本攻击研究仍处于起步阶段。文献[38]提出了两种基于前向倒数和优化的对抗性样本攻击方法，专注于针对无人机的导航系统构造对抗性样本。这些方法能够构造出与摄像机发送的原始图像几乎无法区分的对抗性样本，但却能显著改变无人机导航回归模型的输出，对无人机的导航和控制构成相当大的威胁。仍然存在对无人机的对抗性样本攻击缺乏合适防御方法和相应评估标准的问题，迫切需要解决。

3.4　投毒攻击及防御

投毒攻击与对抗性样本攻击有所不同，它通常发生在机器学习模型的训练阶段而非预测阶段，投毒攻击的目标是通过修改训练数据或者模型参数，从而影响模型在其原本任务上的性能或是向模型中注入特定的后门，在具有特定触发器的输入上产生错误的预测。在投毒攻击中，通常假设攻击者具有向训练集贡献数据的能力，或者能够直接控制训练数据本身。在无人系统中，倘若感知模型和决策模型被投毒攻击注入后门，有可能对无人系统造成误导，从而造成严重的安全风险。

3.4.1　投毒攻击基本原理

在机器学习领域，投毒攻击通常出现在有监督学习环境中，涉及数据收集、预处理、训练和测试的各个阶段。这类攻击主要通过在数据收集或预处理阶段注入恶意数据，导致模型在预测时表现异常。具体而言，投毒攻击定义为：攻击者将少量精心设计的恶意样本注入训练数据集，使得模型在训练过程中学习到这些样本的特征，从而在实际应用中引导模型产生错误的预测，破坏模型的可用性和完整性。在数据收集阶段，攻击者可能通过提供带毒的样本给机器学习服务提供商，或在数据标注过程中添加恶意标签；在预处理阶段，特权攻击者可以修改训练数据，包括添加或修改样本及其标签。图3-5展示了在交通标志上的典型投毒攻击形式。

图 3-5　投毒攻击

1. 投毒攻击分类

根据攻击者的攻击面、目标、知识、能力等不同角度可给出具体的投毒攻击分类[39]，表3-3对投毒攻击分类进行了总结。

表 3-3 投毒攻击分类

分类依据	分类结果
攻击面	数据投毒；模型投毒
攻击目标	有目标投毒；无目标投毒
攻击者知识	白盒攻击；黑盒攻击；灰盒攻击
攻击者的方法和能力	数据注入攻击；数据修改攻击；标签篡改攻击；模型篡改攻击

根据攻击者的攻击面（即训练阶段进行投毒攻击的目标），投毒攻击可以分为数据投毒和模型投毒。

- 数据投毒：在该攻击策略中，攻击者通过操控一小部分训练数据来影响模型的学习过程，尤其是模型的输入输出行为。这种情况常见于使用外包或未经充分验证的第三方数据集，包括互联网收集的数据。数据投毒攻击细分为两种类型：脏标签投毒和干净标签投毒。脏标签投毒涉及故意标错部分训练样本的标签，而干净标签投毒则保持标签正确，但修改样本内容以误导模型。
  - 脏标签数据投毒攻击：该攻击中，攻击者需要权限去修改数据标签和一部分训练数据的内容。
  - 干净标签数据投毒攻击：此攻击策略中，攻击者精心修改部分样本的内容而不改变其原有标签，然后将这些样本注入训练集中。其关键在于，尽管样本内容已被篡改，但其标签仍被正确保持，通常是由数据收集者或初步的数据处理者进行标注。这种方式的隐蔽性使得模型在训练过程中难以识别并排除这些恶意样本。
- 模型投毒攻击：该投毒攻击直接针对机器学习模型，它发生在攻击者能够控制或操纵学习算法及其流程的情况下。例如，攻击者拥有对模型训练过程的高级访问权限，而模型的使用者或开发者无法完全监控或控制这些流程，这使得攻击者能够植入恶意代码或修改模型的训练算法，从而导致模型输出预期之外的结果。

根据攻击者的目标，从对抗意图的角度来看，投毒攻击可以分为以下两类。

- 有目标投毒攻击：该攻击策略在受害者的模型投入使用时发生，旨在实现特定的系统逃逸目的。具体来说，攻击者精确了解了某个特定的测试数据集合 $X_t \in D_{\text{test}}$ 并预计这些数据将被用于模型测试。攻击者的目标是通过操纵这些数据集 X_t，使得模型在预测时产生错误或偏差的结果。
- 无目标投毒攻击：此类攻击中，攻击者的目标是实现一种拒绝服务攻击，通过尽可能增多目标模型的错误分类，来降低目标模型的可用性。

无目标投毒攻击在无人系统等实际应用场景中容易被检测并难以成功实施。因此，本节将主要聚焦于有目标投毒攻击的介绍和讨论。如无特殊说明，所提到的投毒攻击均为有目标投毒攻击。

知识在很大程度上限制了攻击者的能力和攻击策略。根据攻击者的知识，可以将投毒攻击分为以下三类。

- 白盒攻击：在该攻击场景中，攻击者完全了解目标机器学习模型 $M = (D_{\text{train}}, f, w)$，$D_{\text{train}}$ 是训练集，f 是学习算法，w 是模型内部参数。他们明确地知道目标模型的学习任务并且知道训练者选择了什么样的数据集和学习算法，还可以直接访问训练数据和内部模型参数。

- 黑盒攻击：在该攻击场景下，攻击者无法直接访问目标机器学习模型的内部参数或训练数据集。尽管如此，攻击者并非对受害者一无所知；他们了解模型的主要任务，并能够获得模型的输入和输出数据。
- 灰盒攻击：灰盒攻击是一种介于白盒和黑盒之间的复杂情况，攻击者对受害者有部分了解，即可能了解受害者的训练数据和模型类型。

在黑盒和灰盒场景中，由于攻击者有能力推断出受害者选择的算法类型和训练数据分布，基于这个假设，攻击者可以通过从互联网上收集训练数据，根据算法类型得到一个和目标模型接近的替代模型 M'，从而实现从黑盒攻击或灰盒攻击到白盒攻击的转变。

根据攻击者执行攻击的方法和攻击者的能力，投毒攻击可以分为以下四类。

- 数据注入攻击：攻击者能够通过将有毒数据注入训练集，来实现投毒攻击。
- 数据修改攻击：攻击者能够访问训练集，并且可以直接修改训练数据，从而实现投毒攻击。
- 标签篡改攻击：攻击者能够操纵数据标记过程，将错误的标签分配给训练样本，从而实现投毒攻击。
- 模型篡改攻击：攻击者能够控制模型训练算法和训练过程，他们甚至可以篡改模型的权重和系统中一些必要的文档，以实现投毒攻击。

前三类投毒攻击通常是数据投毒攻击，最后一类投毒攻击通常是模型投毒攻击。

2. 典型投毒攻击方法

- 标签投毒攻击：这种攻击是数据投毒策略中最常见的形式之一。在该攻击中，攻击者故意扭曲训练数据的标签，目的是建立错误的数据-标签关联，从而误导机器学习模型并降低其性能。特别是在标签翻转攻击中，例如二元分类问题，攻击者通过简单地翻转标签0和1来影响模型的学习过程。这通常需要攻击者能够访问和操纵标签，因此，这类攻击往往需要攻击者具备白盒知识。例如，攻击者可通过优化方法选择能最大化分类错误的数据点，显著降低支持向量机和逻辑回归模型的准确性[40]。攻击者可利用投影梯度上升算法针对黑盒学习模型进行标签投毒攻击，由于攻击者只需要黑盒知识，因此该攻击在实际场景中更为实用[41]。
- 基于优化的投毒攻击：基于优化的投毒攻击也是一种标签投毒攻击，可以帮助计算用于标签投毒的最佳数据集，同时可用于找到最有效的数据修改或数据注入方案。基于优化的投毒攻击的核心在于优化方程，将待解决的问题总结为一个最大化或最小化方程，该方法的通用工作流程如下。

  （1）攻击者首先将投毒问题转换为一个优化函数，以找到全局最优值。

  （2）攻击者使用梯度下降等优化算法在相应的约束下寻找解决方案。基于此双层优化问题的投毒攻击的性能主要取决于优化方程的构建及解决优化问题的策略，并且可以通过梯度方法高效解决双层优化问题，从而实现投毒攻击[42]。基于优化的投毒攻击框架一般通过改变目标函数、攻击目标和训练数据集的选择，几乎可以用于投毒攻击的所有场景和应用。

$$
\begin{aligned}
&D_p^* \in \arg\max_{D_p} \mathcal{F}(D_p, w^*) = \mathcal{L}_1(D_{\text{val}}, w^*) \\
&\text{s.t. } w^* \in \arg\min_{w} \mathcal{L}_2(D_{\text{train}} \cup D_p, w)
\end{aligned}
\tag{3.10}
$$

其中，D_{train} 是原始训练集，D_{val} 是原始验证集，D_p 是一个中毒样本的集合。外层优化函数的目标是找到最有效的一个投毒样本集合 D_p^*，使得最大化投毒模型 w^* 在验证集 D_{val} 上的经验损失函数 $\mathcal{L}_1(D_{\text{val}}, w^*)$；内层优化则聚焦于使用原始训练集与中毒样本的并集来训练和调整模型参数 w^*。通过合适地选择损失函数 $\mathcal{L}_1$ 和 $\mathcal{L}_2$，该两层优化框架可以实现针对各种机器学习系统的投毒攻击。

- P 篡改攻击：P 篡改攻击允许攻击者在有限的预算 P 下向训练数据附加恶意的带毒噪声，这意味着任何传入的训练样本都可能以独立的概率 P 而受到投毒篡改。P 篡改攻击属于有目标的投毒攻击，尤其是在在线学习领域；在 P 篡改攻击中，攻击者具有数据修改和数据注入的能力，但是不能修改任何样本的标签。一种典型的 P 篡改投毒攻击可通过偏移任何有界实值函数的平均输出，从而增加训练模型在特定测试样本上的损失[43-44]；近期研究表明，多方学习过程中（如联邦学习）也可能受到 P 篡改投毒攻击的影响，增加模型在攻击者期望的特定目标样本上分类失败的概率[45]。
- 基于梯度的投毒攻击：基于梯度的方法通常通过迭代的步骤来找到可微函数的全局最优值。基于梯度的攻击通过朝着对抗目标函数的梯度扰动数据，直到投毒攻击产生最大影响，具体而言，可以通过基于梯度的优化方法解决式（3.10）中的双层优化问题。由于梯度的计算存储需要大量的资源，因此，针对梯度投毒攻击的研究侧重于改进计算密集型策略，以克服投毒中计算资源的限制。梯度反传方法作为一种更有效率和稳定性的方式来计算内部优化梯度，可成功对神经网络实施投毒攻击[46]。研究表明，通过快速海森向量乘积和共轭梯度求解器的组合，结合梯度反传方法，可有效解决投毒两层优化问题[47]。
- 基于生成模型的投毒攻击：传统的投毒攻击受限于中毒样本生成的速率，而利用生成模型绕过双层优化中的梯度计算，可以加速中毒样本的生成过程。同时，生成模型可以学习对抗性带毒扰动的概率分布，进而大规模制造中毒样本；生成模型需要对目标模型具有有限甚至完全的知识，分别对应于灰盒攻击和白盒攻击。例如，可通过构造一个编码-解码框架来加速投毒攻击的流程，该框架利用一个生成器不断产生带毒扰动，同时通过一个带毒分类器来检测模型的对抗性[48]。此外，可通过生成对抗网络来生成中毒样本，鉴别器的目标是区分带毒和良性样本，生成器的目标是生成中毒样本，其优化目标为最大化目标分类器的误差，最小化鉴别器将其生成的样本和良性样本区分的能力，通过对抗性生成中毒样本，实现在攻击强度和攻击隐蔽性之间的平衡[49]。
- 干净标签投毒攻击：干净标签投毒攻击不要求攻击者对于标记的过程有任何控制，它是一个更加现实的假设。干净标签投毒攻击通过生成微小的扰动来构造中毒样本，然后将其注入训练集之中，而不主动更改它们的标签。由于这些带毒图像看起来与未经修改的图像无异，人工审查员会根据它们的外观为每个样本贴上标签。在机器学习模型部署后，带毒的图像通常会影响分类器对特定目标测试样本的行为，而不影响其他测试样本上的行为，因此使得干净标签投毒攻击非常难以检测。下面介绍一种称为特征碰撞的毒化策略[50]：

$$x_p = \underset{x_p}{\arg\min} \|f(x_p) - f(x_t)\|_2^2 + \beta \|f(x_p) - f(x_b)\|_2^2 \tag{3.11}$$

其中，x_p 表示中毒样本，x_b 表示一个训练集中的基础样本，x_t 表示目标测试样本，f 表示受害者的特征提取器。式(3.11)的目的在于令中毒样本和目标样本的特征分布尽量一致，同时通过限制中毒样本与基础样本之间的距离，确保中毒样本在视觉上仍然正常，从而能够被正确标记。

- 基于影响函数的投毒攻击：通常地，选择投毒的样本不同可能导致不同的攻击性能，因此，引入影响函数来提高投毒攻击的强度。影响函数是鲁棒性统计学的一种经典技术，展示了当训练样本微小变化时模型参数的变化，基于影响函数的投毒攻击可以帮助理解中毒样本对模型预测的影响，从而用于构造最高效的投毒攻击[47,51]。
- 后门攻击：在训练阶段，攻击者通过数据投毒的方法，利用带有触发器（诸如特定的图案、标记）的训练数据将隐藏的后门嵌入神经网络之中，攻击者可以通过修改带有触发器的样本的标签，实现后门注入[52-53]。在测试阶段，面对良性样本，模型后门不会被激活，模型表现正常；而面对带有触发器的中毒样本，模型中的后门将被激活，会将该样本分类到攻击者提前指定的类别之中，因此，后门攻击是一种隐蔽性很强的有目标数据投毒攻击。
- 本地模型投毒攻击：分布式学习可能会受到恶意参与者的投毒攻击，攻击者伪装成良性参与者，但上传毒化更新给中心聚合服务器，从而轻易影响全局模型的性能[54-55]。分布式学习框架为敌手进行模型投毒攻击提供了很多可操作的漏洞，一方面，在这个框架中，本地模型的训练样本不会被释放给可信的权威机构进行检查，因此，服务器无法确认客户端的更新是否真实和正确。另一方面，在该设置下，服务器很难区分来自对手的恶意更新和来自正常客户端的良性更新，因此难以检测分布式学习中的模型投毒攻击。

3.4.2 投毒攻击防御方法

投毒攻击揭示了数据驱动的机器学习模型训练过程中数据供应链的脆弱性，它强调了设计能抵御投毒攻击的机器学习系统以提高模型的鲁棒性的重要性。表3-4总结了投毒攻击的主要防御方法。

表 3-4 投毒攻击防御方法及其主要技术

防御方法	主要技术
中毒样本过滤（被动）	离群值过滤；基于集成的过滤；基于验证的过滤；基于 k 近邻的过滤
模型净化（被动）	客户端交叉验证；谱异常检测；验证数据集
数据预处理（主动）	数据增强
鲁棒性训练（主动）	鲁棒性过程；鲁棒性结构

根据防御者是否在事后采取补救行动或是在事前采取预防行动，可以将投毒攻击的防御方法分为被动防御和主动防御，其中被动防御又可以分为中毒样本过滤和模型净化的方法，而主动防御可以分为数据预处理和鲁棒性训练。

- 被动防御
  - 中毒样本过滤：防御者通过过滤算法清理训练数据集，以识别、移除或修正中毒样本。

  – 模型净化：防御者通过对受害模型内部参数检测异常，并修正其异常行为使其正常运行。
- 主动防御
  – 数据预处理：防御者通过数据清洗、增强和转换来对原始训练数据进行预处理，以防止投毒攻击。
  – 鲁棒性训练：防御者通过增强训练阶段模型的鲁棒性，使得投毒攻击难以成功。

被动防御侧重于检查已经实现的攻击，并对损失进行弥补。针对数据投毒攻击，只要在训练之前对中毒样本进行过滤，训练的模型就可以保证是没有被污染的；然而，模型投毒攻击将直接污染模型的参数，防御者必须进行模型净化，这增加了被动防御的挑战性。

1. 被动防御：中毒样本过滤

大多数数据集中不可避免地存在“脏数据”，这些“脏数据”可能包含异常事件或者恶意攻击引起的噪声，从而模糊了这个样本的特征和其对应标签之间的关系。当数据被投毒攻击污染时，通过过滤方法改善训练数据的质量是一种直观的解决方案，类似于离群值检测或者异常检测，实现针对中毒样本的识别，进而在训练过程开始之前实现重新标记或者移除。

- 离群值过滤：离群值过滤是最简单的投毒攻击防御方法之一，在一般情况下，中毒样本表现出的行为和离群值一样，通常远离每个类的质心，因此，消除这些离群异常值以防止数据中毒是一种直观的想法。通过计算每个类的质心，并且去除远离相应类质心的点以实现离群值过滤，从而可有效防御数据投毒攻击[56-57]。然而，如果中毒样本占比较多，每个类的质心可能都会偏离正确的路径，此时进行离群值过滤反而可能对模型性能造成更大的损害。
- 基于集成的过滤：集成方法的目标是将来自多个假设的预测集成以形成一个更好的预测，具体而言，防御者通过在原始数据集的不相交子集上进行训练以生成多个基础模型，在这些基础模型上训练测试训练集中的每个样本。如果大多数基础模型的预测与观察到的标签不同，那么认为该样本很可能是一个中毒样本[58]。然而，如果基础模型不能准确区分良性和中毒样本，数据不平衡可能导致过多良性样本被错误移除，从而降低模型性能。
- 基于验证的过滤：基于验证的过滤依赖于干净且标记正确的验证数据集，可通过验证数据集训练区分分类器或辅助模型来有效缓解投毒攻击[56,59]。然而，如果验证数据量有限，该方法表现可能难以达到预期。
- 基于 k 近邻的过滤：使用独立训练的 k 近邻分类器来检测中毒样本，将每个训练样本的标签与特征分布中的 k 个最近邻继续进行比较，随后消除或重新标记那些与其邻居标签不一致的可疑样本[56,60]。

2. 被动防御：模型净化

本节以分布式机器学习框架联邦学习为例，来说明被动防御中的模型净化技术。因为本地训练数据不对外公开，无法被服务器或任何第三方机构审查，基于中毒样本过滤的防御方法在联邦学习中不适用，因此，防御者必须检查所有来自本地的更新，以保护全局模型不受攻击。客户端交叉验证技术可评估各个更新在其他客户端的本地数据集上的表现，根据这些评估结果，服务器在聚合时动态调整每个更新的权重[61]。基于谱异常检测的框架可根据其低维嵌入区分异常的模型更新和良性的更新，在谱异常检测之后，将删除异常更新，只保留良性更新[62]。此外，研究者提出了一种基于验证数据集的模型净化方法，利用服务器上的验证数据集来训练模型，并根据每次更新与服务器模型的余弦相似度动态调整聚合权重[63]。

联邦学习中防御投毒攻击的主要思想是检查依赖于中央服务器的模型参数。基于分布式设置中的多源权重更新，来自良性用户的更新可以用于帮助识别恶意更新，从而提高分布式学习系统的鲁棒性和抗性。

对于未知投毒攻击的主动防御，一种有效的策略是采取积极的预防措施，这涉及在数据预处理阶段和模型训练方法上的改进，以增强系统对投毒攻击的抵御能力。

3. 主动防御：数据预处理

在数据预处理过程中，可以通过数据清洗、增强和转换对原始训练数据进行预处理，从而使得模型更加鲁棒。针对投毒攻击的防御方法可能会因剔除大量良性训练数据而导致模型性能显著下降，引起训练不平衡和过拟合。通过添加数据而非减少数据的方式同样可以使得模型的鲁棒性显著增加。数据增强方法可以在不牺牲性能的情况下，显著减弱投毒攻击的威胁[64]。前者能够对随机抽样的训练数据进行成对凸组合，并利用相应的标签凸组合进行标记，这种方法能够防止对带毒标签的记忆，从而提供了针对投毒攻击的鲁棒性，同时提高了模型的泛化能力。后者通过在一幅图像中随机选择补丁，并将这些补丁叠加到其他图像上。接着，标签根据补丁面积的比例进行混合，从而增强模型的鲁棒性并提高测试准确性。总体而言，这些数据增强策略有效地防御了数据投毒攻击，同时保持了高水平的自然验证准确性。

4. 主动防御：鲁棒性训练

鲁棒性指的是系统在执行过程中处理异常和错误输入的能力。因此，鲁棒训练的目标是使训练阶段更加健壮，从而使毒害攻击更难成功。

- 鲁棒性过程：对于结构比较简单的传统机器学习系统，防御者通过部分过程修改，如调整损失计算、特殊处理参数等提高鲁棒性[65-66]。
- 鲁棒性结构：深度神经网络在本质上比机器学习更加鲁棒，但仍然相当容易受到毒化攻击的影响。在这种情况下，防御者通过向原始网络添加结构模块来提高模型的鲁棒性[67-68]。

3.4.3 无人系统中的投毒攻击

无人系统容易受到投毒攻击的影响，投毒攻击可以误导无人系统分类模型的结果，如交通标志识别，从而影响自动驾驶系统的决策，进而导致不可预测的危险[2,69]。以交通标志识别任务为例，自动驾驶汽车利用深度神经网络对摄像机捕捉的交通标志图像进行分类，并利用智能控制系统根据预测结果控制智能汽车，该过程中，攻击者可以通过多种方式将中毒样本注入自动驾驶汽车模型。首先，这些深度学习模型使用大量从汽车用户收集的训练样本，难以确保所有样本均为良性。攻击者可以在收集阶段向原始训练集上传中毒样本，以影响模型结果。其次，这些模型需要根据新收到的训练样本定期进行更新，以应对不断生成的数据。当模型训练者使用带毒样本重新训练模型时，即使经过良性的训练过程，模型仍可能被感染。在推断时，中毒模型将目标样本误分类为指定的分类，例如，在样本肉眼看上去交通标志为“停止”时，但却决策为“加速”。

面向自动驾驶的一个具体投毒攻击案例如下：通过构建并放置正方形或者苹果公司标志之类的触发器，在原始输入图像的角落实施针对端到端自动驾驶的后门攻击，如果道路图像包含这些恶意触发器，车辆很可能会偏离预先规划的轨迹[2]，同时仅通过观察测试准确度的结果很难判定模型是否遭受了模型投毒攻击[70]。此外，可利用生成模型进行中毒攻击，诸如利用如GAN从车前玻璃图像中去除雨滴，当中毒样本被注入原始训练数据中，使得生成模型学习到从输入域到输出域的错误映射，当生成模型去除雨滴时，同时将红色交通灯变为绿色，或者改变限速标志上的数字，均可能对自动驾驶系统造成误导[71]。针对激光雷达感知系统，存在针对激光点云的后门攻击，具体地，对于某些激光雷达感知系统开发商或者自动驾驶汽车，从不同的来源（诸如不同的自动驾驶汽车用户）收集训练数据或者将训练工作外包给第三方，均导致攻击者有机会通过针对目标模型进行投毒攻击，将隐藏的触发模式注入受害者检测模型中；同时攻击者可以对少量点云样本进行投毒攻击，具体地，通过创建假车辆点簇并将它们隐藏在点云中，从而实现隐蔽性强的后门攻击[72]。针对无人机系统存在一种新的数据投毒攻击，具体地，攻击者针对无人机内部架构，通过有毒碰撞和转向角数据集，破坏无人机的自主导航系统模型，降低自主导航系统中神经网络模型的准确率，同时通过转向角分布图可视化和碰撞数据集饼图可视化的检测技术，可以防御数据投毒攻击[69]。自动驾驶汽车和无人机等无人系统中还存在一种地图数据投毒攻击，攻击者能够通过发送带毒信息以影响无人系统的地图数据库的精度，从而造成误导[73]。

3.5 多源数据融合安全

无人系统数据融合技术作为一种信息智能处理方法，集合了来自各类传感器、硬件设施及不同信息平台的多元数据资源，旨在全面理解系统所处环境的状态、任务需求及运行状况。通过深度融合各类数据，无人系统能够在更高的精度水平上认知周边环境，制定出更为精确和优化的决策方案，从而全面提升系统的整体效能和工作效率，达到超越单一传感器或信息来源所能提供的推理和判断能力。例如，在自动驾驶无人车辆场景中，数据融合技术扮演着至关重要的角色。车辆采集来自摄像头、激光雷达、GPS定位系统等多种传感器的数据信息，通过深度整合和协同处理多模态数据，自动驾驶车辆能够更准确地识别道路环境，从而实现更安全稳定的驾驶。相较于仅依赖单一传感器的数据分析，多源数据融合后的结论往往具备更高的准确性和可靠性，为无人系统的自主路径规划、决策制定和运动控制提供坚实的数据支撑。图3-6展示了数据融合的基本流程。

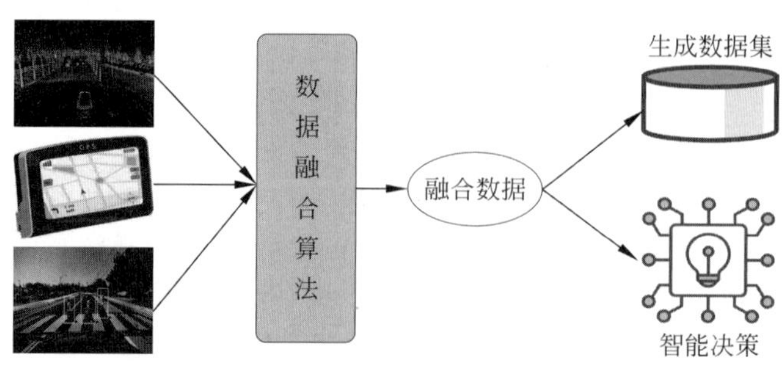

图 3-6 数据融合示意图

3.5.1 数据融合方法

典型的数据融合方法大致可以分为三类：基于概率的方法、基于证据推理的方法和基于机器学习的方法。

（1）基于概率的数据融合方法。基于概率的数据融合方法通过引入概率分布函数或者概率密度函数来处理数据的不完美，通过随机变量之间的依赖关系并建立不同数据集之间的关系，从大量的冗余数据中提取所需的关键特征。常见的方法如下。

- 贝叶斯推断：贝叶斯推断利用贝叶斯公式整合多个信息源的不确定信息。它通过更新后验概率，从先验概率和条件概率中提高对目标的可信度判断。尽管贝叶斯推断能高效地融合先验知识，但它在处理高维数据时的计算复杂度较高，且对先验概率的选择较敏感。
- 卡尔曼滤波：卡尔曼滤波结合了不同传感器的预测与观测结果，实现了精确的后验估计。这种方法能高效地实现实时数据融合与预测。然而，它不适用于非线性系统，且在处理高维状态空间时面临计算复杂性挑战。
- 马尔可夫模型：马尔可夫模型可以通过结合不同传感器的信息，更新状态转移概率和观测模型，从而提供准确的状态估计，其优点在于可以简单地实现序列数据处理，缺点在于对于初始条件设定敏感，同时在高维状态空间中存在计算复杂性高的问题。

（2）基于证据推理的数据融合方法。基于证据推理的数据融合方法的主要理论基础是 Dempster-Shafer (D-S) 证据理论。该理论通过引入主观信念函数来处理不确定信息，从而有效地表达现实世界的不确定性并使得证据推理在动态场景中得以应用，它的优点是能在信息缺乏的情况下高效地处理不确定性，主要缺点是在非线性场景下难以确定质量函数。

（3）基于机器学习的数据融合方法。机器学习可以基于已知数据进行分类和预测，并能够挖掘数据输入中的深层关系。近年来，机器学习已被广泛应用于数据融合领域，显著提高了数据融合方法的性能，常见的基于机器学习的数据融合方法可大致分为有监督机器学习数据融合、无监督机器学习数据融合以及模糊逻辑数据融合，具体说明如下。

- 有监督机器学习：通过 k 近邻、支持向量机（Support Vector Machine，SVM）、神经网络等有监督机器学习算法，将来自多传感器捕获的原始数据处理后作为算法输入，通过机器学习算法进行数据融合，输出具有高精度、高可靠性的数据。
- 无监督机器学习：无监督机器学习使用如 k 中心、k 均值、DBSCAN 等聚类算法，将来自不同来源的数据分组成簇。这些方法通过将相似的数据点集中处理，实现数据的有效合成，进而输出融合后的结果。
- 模糊逻辑：多传感器数据融合中，模糊逻辑对传感器输出进行模糊化处理，将测量值按不同级别分级并表示为相应的模糊子集。通过设定隶属函数并使用多值逻辑，这些函数被综合处理以输出一个明确的融合值。

3.5.2 多源数据融合需求

在无人系统中，多种传感器被部署用于感知或收集数据，通过进一步的数据融合和分析来提供对环境的理解，从而便于无人系统进行高效智能决策。无人系统中的感知数据具有如下特征。

- 数据量大：无人系统中，多类传感器（诸如摄像头、雷达等）对于周围环境不断进行感知和检测，产生了大量数据。由于传感器设备的存储和计算能力有限，无人系统中的数据融合面临难以区分虚假数据、多源数据导致的通信负担增加、融合准确率受到对不同传感器数据的信任过度或不足的影响等挑战。
- 多模态：无人系统包含多种传感器，产生的多模态数据因其类型、形式、表示、尺度和密度的差异，使得数据融合极为复杂。
- 隐私敏感：无人系统中传感器感知到的信息可能包含无人系统用户的隐私信息，例如，在自动驾驶或者无人机系统中，感知到的数据可能包括用户的位置和偏好等，存在隐私泄露的风险，多传感器数据融合更加剧了这种风险，在数据融合中保护隐私的同时确保融合准确性是具有挑战性的。
- 可靠性低：无人系统中的各种传感器可能遭受环境影响及受到恶意攻击，因此传感器感知到的数据可能是不精确、不确定的，数据的低可靠性为多源数据融合带来了额外的挑战。
- 动态变化：无人系统中的多种传感器随着环境变化实时进行感知，因此感知数据的动态变化和新鲜度也是影响多源数据融合质量的关键因素。

根据无人系统中感知数据的特征，可以总结出无人系统中安全可靠的多源数据融合需求如下。

上下文感知：多源数据融合应具备上下文感知能力，以支持高度智能的环境自适应和服务灵活性。其中，上下文指用于描述涉及实体的背景或情境的信息，而具备识别和适应上下文的能力即为上下文感知。上下文信息可能不是固定的与实体直接关联，并可能随时间变化。以位置信息为例，作为最常用的上下文信息之一，它决定了在自动驾驶路径规划中应该考虑哪些传感器。

隐私保护：在多类传感器设备收集和传输环境数据进行进一步数据融合与分析的过程中，可能会涉及敏感且隐私的信息。例如，在无人机系统中，传感器可能会记录用户的位置或偏好等私人信息，如果不采取适当的隐私保护措施，这些信息可能因隐私窃听而泄露。

可靠性：多源数据融合的结果通常直接导致特定的决策，如紧急响应、路径规划等。不可靠的融合结果可能令无人系统用户处于危险之中，可靠性是多源数据融合的最基本、最重要的要求之一，在融合结果进入决策系统之前，需要对融合结果进行可靠性评估。

实时性：无人系统的环境随着时间快速变化，需要短时间内进行实时数据融合和分析，以实现无人系统对于环境变化，特别是紧急情况下的快速响应。高效的数据融合能够优化融合中心或传感器的计算通信开销，进一步支持对于融合结果分析的快速响应，从而提供更好的用户体验。

鲁棒性：在无人系统中，数据融合可能遭受敌手的多种数据攻击（诸如虚假数据注入攻击），因此数据融合应具有抵抗各种攻击的鲁棒性，否则，各类攻击将加剧收集到的各类数据的不确定性，进而产生不正确的融合结果。

可验证性：无人系统或用户应可以验证数据融合的结果，一方面，这个要求使得用户能够评估数据融合结果的正确性；另一方面，可验证性可以帮助无人系统检查所收集数据的质量。例如，具有可验证性的数据融合可以帮助判断一条感知到的环境数据是否实际对最终决策产生了影响。

3.5.3 多源数据融合关键技术

为了实现安全可靠的多源数据融合，首先需要通过数据清洗、融合后的质量评估和验证确保融合结果的正确性和算法的鲁棒性；其次，保护过程中和结果中的隐私性至关重要，这需要在数据传输和存储中应用加密技术，并通过可信计算进行隐私数据融合，以及实施针对融合结果的细粒度访问控制。图3-7展示了多源数据融合流程及相应关键技术在数据融合的不同生命周期中的应用。

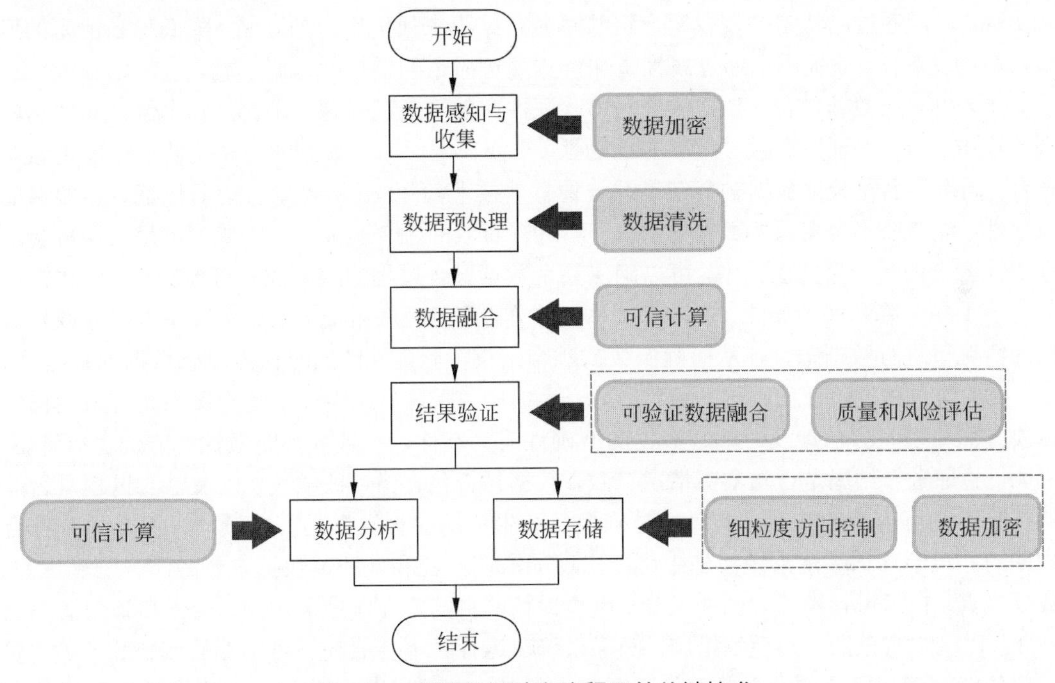

图 3-7 多源数据融合流程及其关键技术

（1）数据加密。密码学方法可以保证传感器数据的机密性和安全性能够有效地确保数据融合技术的隐私保护能力。对于传感器感知到的用于数据融合的数据，在数据传输过程中进行加密处理，通过安全协议进行传输；对于数据融合之后的结果，在数据存储时采用加密算法进行处理，防止无人系统被攻击导致隐私信息泄露。具体而言，传感器应采用SSL/TLS协议用于数据安全传输，并配合AES、RSA等加密算法，保障数据在传输过程中的安全。

（2）数据清洗。数据清洗一方面可以通过不良数据检测和数据降噪，提高感知数据的可靠性，进而提高数据融合结果的准确性和可靠性；另一方面可以对敏感数据进行数据脱敏，对敏感信息进行不可逆的处理，从而实现敏感数据的隐私保护。数据脱敏作为确保系统安全性和用户隐私的关键步骤，能够通过对敏感信息进行替换、模糊、遮挡等方式进行处理，从而避免在数据融合中泄露敏感数据。例如，在自动驾驶系统中，可以对摄像头捕获的敏感区域图像进行模糊处理或添加阻挡物，尤其是在涉及行人或车辆等隐私敏感区域。其中，数据脱敏的程度应在不影响无人系统性能的前提下，保证数据隐私。

（3）可信计算。可信计算技术指在计算机系统中保障计算过程和计算结果的可信性、完整性和机密性的一种技术。具体而言，在数据融合中，可信计算通过硬件安全技术、软件安全技术及安全协议等，在保证原始感知数据隐私的情况下，完成数据融合计算。同态加密是实现可信计算的重要技术之一。在数据融合领域，通常利用同态加密技术实现隐私保护的数据融合。尽管同态加密可以用于隐私保护的数据融合，但高昂的计算成本使其难以有效应用于实时无人系统场景中；在高度分布式地系统中，基于秘密共享的方案成为同态加密数据融合方案的一种可能的替代方案，其能够将数据在无人系统中进行融合，并降低了通信成本。

（4）细粒度访问控制。数据融合结果通常比原始数据包含更多有意义的信息，因此细粒度访问控制成为无人系统的基本要求，考虑到数据融合隐私和安全需求，有必要对多源数据融合后的结果进行安全灵活的细粒度访问控制。细粒度访问控制可以通过属性基加密的方式实现，可以通过向特定的授权用户组共享融合结果来保护用户的隐私，降低隐私泄露的风险，诸如文献[74]就提出了通过属性基加密实现可撤销的细粒度访问控制。

（5）可验证数据融合。数据融合的可验证性有助于追溯问题的根源，并定位针对数据融合的攻击。为了保证数据融合结果的正确性，需要在确保原始数据的隐私的情况下实现数据融合。同态签名是验证数据融合结果的一种有效技术，能够在数据融合前后保证数字签名的有效性，能够在不暴露原始数据的情况下，进行有效的融合验证。区块链技术是实现可验证性数据融合的另一个关键技术，可以确保整个数据融合过程的透明性和可追溯性。区块链中可进一步融合隐私保护算法（如同态加密、差分隐私等）和智能合约，实现在不泄露原始数据的情况下进行数据融合，从而确保数据融合结果可验证性的同时保障敏感数据的机密性。

（6）质量和风险评估。在多源数据融合系统中，质量与风险评估是确保系统有效运作的重要方面。质量评估涉及对融合数据的准确性、完整性、一致性和时效性等方面进行评估，例如，验证融合结果是否与实际情况一致，数据是否包含错误或缺失，以及融合过程是否能够按时产生可信赖的输出，其目的是确保系统生成的融合数据是高质量的、可靠的且符合预期的。风险评估关注系统实施中可能出现的潜在问题和威胁，包括安全漏洞、隐私泄露、数据失真、技术可行性等方面的风险，风险评估的目的是在实施前识别、量化和管理潜在的问题，以制定有效的风险缓解措施，确保系统在运行时不会面临不可接受的威胁和风险。质量评估能够确保融合的数据是可信赖和高质量的，提高决策和分析的准确性；风险评估有助于降低在系统实施和运行过程中可能发生的各种问题，确保融合数据的安全性和隐私性，确保数据融合系统的稳定性。两者共同保证了多源数据融合系统的可靠性和安全性。

3.6 案例分析

3.6.1 背景简介

联邦学习是一种新兴的协同机器学习范式，旨在解决“数据孤岛”问题，同时保护参与者本地数据的隐私。联邦学习可作为无人系统中实现可信分布式计算和隐私保护模型训练的重要技术，能够让自动驾驶车辆、无人机等无人系统共同训练全局模型，而无须与中央服务器共享其本地数据。在通常的联邦学习过程中，参与者使用中央服务器广播的全局模型在其本地私有数据集上进行训练，生成相应的本地更新，并将其上传到服务器；而中央服务器使用平均聚合策略，即对接收到的上传数据取平均值，生成用于更新全局模型的聚合模型。

然而，联邦学习中可能存在拜占庭参与者，可能通过上传恶意更新来实施模型投毒攻击，从而阻止全局模型正常收敛并且降低模型性能。研究表明，对于经典的模型投毒攻击，经典的平均聚合具有脆弱性[75]，即使只有一个拜占庭参与者，全局模型的性能也会受到影响。除了模型投毒攻击，模型训练过程中还存在的隐私威胁，诸如“诚实”但“好奇”的中央服务器。服务器可能会“诚实”地执行联邦学习步骤，聚合参与者的隐私更新，但对参与者的隐私数据产生“好奇心”，并通过梯度推断攻击试图推断敏感信息。研究表明，通过梯度推断攻击可以从更新或梯度中提取原始训练数据，造成严重的隐私威胁。

目前，学术界已经提出了几种针对模型投毒攻击的鲁棒联邦学习方案，主要分为两类：基于统计的方案和基于性能的方案。基于统计的方案通过排除与良性更新几何距离较远的更新来维护联邦学习的拜占庭鲁棒性，例如 Krum[75]、Median[76]、Trimmed mean[76]等。基于性能的方案通过减小性能较差的拜占庭参与者的更新对模型的负面影响。强化学习[77] 和余弦相似度比较[63] 是实现基于性能的拜占庭鲁棒联邦学习方案的两种主要技术。然而，所有现有的拜占庭鲁棒联邦学习方案都假设中央服务器是完全值得信赖的。它可以访问参与者的原始本地模型更新，并执行隐私攻击以提取参与者的敏感信息。此外，现有的方案在参与者数据高度非独立同分布（non-IID）的情况下会出现明显的性能下降。

此外，为了保护本地模型更新免受“诚实”但“好奇”的服务器攻击，在联邦学习过程中参与者会对其原始更新进行掩码或加密。然而，因为服务器无法在没有原始本地模型更新的情况下计算统计信息或评估更新的性能，本地模型更新的掩码或加密使得检测拜占庭攻击者变得困难。为了同时实现对本地参与者模型更新的隐私保护及针对模型投毒攻击的鲁棒性，需要实现在隐私情况下针对参与者模型更新的质量评估。当前方案主要使用安全多方计算（Secure Multi-Party Computation，MPC）和可信执行环境（Trusted Execution Environment，TEE）两种方式来实现隐私质量评估。MPC 允许所有参与者计算加密或掩码更新之间的欧几里得距离，用以检测被投毒的更新。此外，MPC 还支持用于聚合加密更新的拜占庭鲁棒方案。然而，在数据分布高度非独立同分布的情况下，现有方案无法保证针对多种攻击的有效防护。

本案例提出了 DRL-PBFL[78]，是一种通过深度强化学习（Deep Reinforcement Learning，DRL）来实现隐私保护的拜占庭鲁棒联邦学习方案。DRL-PBFL 能够有效抵御各种模型投毒攻击，包括针对该防御方案的定制投毒攻击，同时保证参与者的本地数据隐私，即防止“诚实”但“好奇”的服务器的梯度推断攻击。其主要思想是使用基于性能的加权聚合策略来聚合参与者的扰动后更新。本案例中，中心服务器端有一个具有有限大小的验证数据集，该数据集符合标准的数据分布，并用于评估更新的性能。直观地说，基于性能的加权聚合策略可以在联邦学习中高效识别拜占庭参与者并对其分配低权重，使得最终的全局模型能有效防御来自拜占庭参与者的模型投毒攻击。即使在参与者的数据分布高度非独立同分布的情况下，DRL-PBFL 方案也能有效地抵抗模型投毒攻击。聚合策略仅由全局模型在验证数据集上的性能决定，独立于参与者之间的本地数据分布，由于在验证数据集上无法直接评估掩码更新后的质量，利用深度确定性策略梯度（Deep Deterministic Policy Gradient，DDPG）强化学习技术，根据在验证数据集上的前后全局模型表现，计算中心服务器的加权聚合策略。为了解决由权重引起的扰动消除问题，本案例设计了一种基于拉格朗日插值的安全聚合算法，参与者使用拉格朗日多项式和当前聚合策略构建扰动，这些扰动在服务器聚合更新后被消除。

3.6.2 威胁模型和防御目标

在本案例中，联邦学习的主要安全威胁来自“诚实”但“好奇”的中心服务器和拜占庭恶意参与者。

- “诚实”但“好奇”的中心服务器：虽然中心服务器在联邦学习过程中会“诚实”地执行每一步训练，但它也可能对参与者上传的更新抱有“好奇心”，并尝试提取其隐私敏感信息。通过梯度推断攻击，服务器有可能利用参与者在联邦学习中上传的梯度数据，从而提取私人原始训练数据。
- 拜占庭恶意参与者：对手可能会妥协所有参与者中的一部分，即ε的比例（其中$\varepsilon \in (0,1)$）。拜占庭参与者旨在执行无目标模型投毒攻击，发布恶意更新以降低全局模型的性能，导致在测试数据集上出现较高的错误率。拜占庭参与者可以任意操纵本地更新以执行不同的模型投毒攻击。

在本案例中，假设拜占庭参与者遵守服务器制定的训练协议。从这一协议偏离将破坏训练过程，并使拜占庭参与者易于检测。考虑到可能存在的服务器与参与者之间的共谋威胁，本案例假设至少有一个被其他参与者视为值得信赖的参与者，该参与者在扰动计算期间充当中继计算节点（如社交网络中的领导者），其应具有较高的声誉，并与服务器保持独立，不参与任何共谋。

DRL-PBFL的防御目标是防止中心服务器通过梯度推断攻击侵犯隐私，并防止拜占庭恶意参与者进行模型投毒攻击导致的性能下降，可以将防御目标形式化为

$$\begin{aligned}&\min \sum_{x\in\mathcal{D}_r} \mathcal{L}(\hat{\theta}_g(x))\\ &\text{s.t. } \hat{\theta}_g = \theta_g + \mathcal{A}(f(\Delta\hat{\theta}_1),\cdots,f(\Delta\hat{\theta}_c),f(\Delta\theta_{c+1}),\cdots,f(\Delta\theta_n))\end{aligned} \tag{3.12}$$

其中，θ_g是每个通信轮次中的全局模型，$\mathcal{D}_r$是服务器的验证数据集，$\mathcal{L}$是损失函数，$\mathcal{A}$是拜占庭鲁棒的聚合机制，而f是参与者应用于扰动本地更新的掩蔽方法。假定前c个更新来自拜占庭参与者。通过这种机制，服务器可以获得针对特定任务的有效模型而无须访问参与者的原始更新，从而同时保障服务器的效益和参与者的隐私安全。

3.6.3 方案总体设计

为了实现3.6.2节的防御目标，本案例采用了基于拉格朗日的加权安全聚合方案和深度学习技术DDPG机制，以实现隐私保护和拜占庭鲁棒性的联邦学习，称之为DRL-PBFL。图3-8展示了DRL-PBFL在每轮通信中的工作流程。DRL-PBFL遵循常见的联邦学习框架，并集成了基于拉格朗日的加权安全聚合方案和一个DDPG组件作为优化器来更新聚合策略。

聚合策略定义为与参与者对应的本地模型更新的权重，反映了模型质量和数据质量。全局模型在验证数据集$\mathcal{D}_r$上的性能决定了聚合策略的更新方式。随着训练的进行，权重将被动态调整，良性参与者将获得更高的权重，而拜占庭参与者的权重将被相应降低。基于全局模型在$\mathcal{D}_r$上的性能，DRL-PBFL通过DDPG强化学习机制给出新的聚合策略和优化后的参与者的权重，以便所有无目标模型投毒攻击都无法成功。然而，由于本地模型更新可能已经被本地参与者扰动，如果不考虑权重的影响，则无法在聚合后消除扰动。由于权重会改变

聚合步骤中原始扰动的大小，仅采用简单的加权聚合方法无法有效消除扰动。这使得传统的安全聚合方案在此场景下不再适用。为满足扰动消除的需求，DRL-PBFL 提出了一种基于拉格朗日插值的安全聚合算法。该算法根据当前聚合策略 $\mathcal{P}=\{w_1,\cdots,w_i,\cdots,w_n\}$ 生成可消除的扰动。

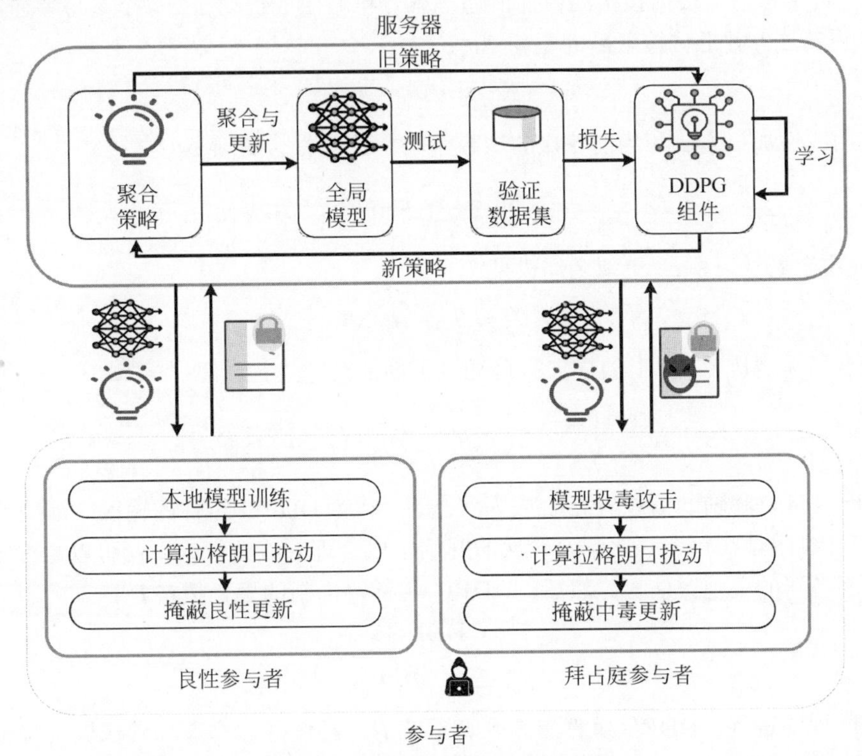

图 3-8 DRL-PBFL 工作流程

服务器首先初始化聚合策略 $\mathcal{P}$、全局模型 θ_g、验证数据集 $\mathcal{D}_r$ 和 DDPG 组件。在训练过程中，服务器与 n 个参与者之间进行多次通信交互。具体而言，每个训练轮主要包括以下步骤。

- 步骤 1：服务器广播全局模型 θ_g 和聚合策略 $\mathcal{P}$ 给参与者。
- 步骤 2：对于良性参与者，他们使用本地数据集训练本地模型并上传扰动后的更新；对于拜占庭参与者，他们通过生成各种模型投毒攻击并上传扰动后的拜占庭更新。这些扰动是根据当前聚合策略和拉格朗日插值方法计算得到的。
- 步骤 3：服务器接收所有扰动后的更新并根据聚合策略 $\mathcal{P}$ 进行聚合。接着，使用这些聚合后的更新来更新全局模型 θ_g。
- 步骤 4：服务器在验证数据集 $\mathcal{D}_r$ 上评估新的全局模型 θ'_g，并计算得到相应的损失 l_r。然后，将损失 l_r、旧策略 $\mathcal{P}$ 和辅助信息 $\mathcal{H}$ 输入 DDPG 组件，以生成新的聚合策略 $\mathcal{P}'$。
- 步骤 5：DDPG 组件通过内部强化学习过程更新其内部神经网络 $\{\mu,\mu',Q,Q'\}$。

对于本地训练，良性参与者首先创建一个本地模型 θ_l，该模型与原始全局模型 θ_g 相同，并使用随机梯度下降（Stochastic Gradient Descent，SGD）算法优化 θ_l 如下：

$$\theta'_l=\theta_l-\alpha\nabla_{\theta_l}J(\theta_l;x(i),y(i)) \tag{3.13}$$

其中，J 是损失函数，α 是学习率。然后，良性更新 $\Delta\theta_b$ 计算如下：

$$\Delta\theta_b = \theta_l' - \theta_g \tag{3.14}$$

与良性参与者不同，拜占庭参与者使用模型投毒攻击生成恶意的本地更新。

然后，每个参与者根据拉格朗日插值通过聚合策略生成扰动 p_i。每个参与者通过添加扰动 p_i 掩蔽更新 $\Delta\theta_i$ 并上传掩蔽后的更新 $\Delta\theta_i'$：

$$\Delta\theta_i' = \Delta\theta_i + p_i \tag{3.15}$$

服务器使用线性加权方法和当前轮次的聚合策略 $\mathcal{P}$ 计算聚合更新 $\Delta\theta$：

$$\Delta\theta = \sum_{i=1}^{n} w_i \Delta\theta_i' \tag{3.16}$$

$\Delta\theta$ 用于使用全局学习率 α_g 更新全局模型 θ_g：

$$\theta_g' = \theta_g - \alpha_g \Delta\theta \tag{3.17}$$

更新后的全局模型 θ_g' 在 $\mathcal{D}_r$ 上的损失 l_r 可通过下面的公式进行计算：

$$l_r = \frac{1}{N}\sum_{i=1}^{N} L(y_i, \theta_g'(x_i)), \quad (x_i, y_i) \in \mathcal{D}_r \tag{3.18}$$

损失 l_r、旧策略 $\mathcal{P}$ 和辅助信息 $\mathcal{H}$ 组合成为状态 S，作为DDPG 组件的输入。辅助信息 $\mathcal{H}$ 用于协助 DDPG组件在每个强化学习轮次的开始生成合理的聚合策略，$\mathcal{H}$ 可以是参与者的历史得分、服务器的主观评估等。然后，DDPG 组件输出新的聚合策略 $\mathcal{P}'$：

$$\begin{aligned} \mathcal{P}' &= \mathrm{DDPG}(S) \\ S &= (l_r, \mathcal{P}, \mathcal{H}) \end{aligned} \tag{3.19}$$

随着训练过程的进行，DDPG组件更新聚合策略 $\mathcal{P}$，降低拜占庭参与者在聚合步骤中的影响，并增强良性参与者的影响。

3.6.4 基于拉格朗日插值的安全聚合机制

本案例提出了一种基于拉格朗日插值的安全聚合算法，该算法根据当前的聚合策略 $\mathcal{P} = \{w_i\}$ 生成可消除的扰动。具体而言，假设有 n 个参与者，每个参与者都收到聚合策略 $\mathcal{P}$。这些参与者首先就一个常数项为0的 $(n-1)$ 次多项式 $f(x)$ 达成一致：

$$f(x) = c_1 x^{n-1} + c_2 x^{n-2} + \cdots + c_{n-2}x^2 + c_{n-1}x \tag{3.20}$$

其中，$c_1, \cdots, c_{n-1}$ 是 $f(x)$ 的参数。然后，每个参与者 i 选择一个满足以下条件的秘密参数 s_i：

$$w_i = c_1 s_i^{n-1} + c_2 s_i^{n-2} + \cdots + c_{n-2}s_i^2 + c_{n-1}s_i \tag{3.21}$$

根据拉格朗日插值法，拉格朗日基函数 $p_i(x)$ 可以写成：

$$\begin{aligned} p_i(x) &= \prod_{j\in\mathcal{B}_i} \frac{x - s_j}{s_i - s_j} \\ \mathcal{B}_i &= \{j | j \neq i, j \in \mathcal{D}_n\} \end{aligned} \tag{3.22}$$

其中，$\mathcal{D}_n$ 是参与者的序号集合。当 x 为0时，$p_i(0)$ 即为目标扰动，用 p_i 表示：

$$p_i = p_i(0) = \prod_{j\in\mathcal{B}_i} \frac{-s_j}{s_i - s_j} \tag{3.23}$$

为了进一步防止服务器与参与者之间的共谋，秘密参数 $\{s_i\}$ 不能直接在参与者之间传递。利用 Shamir 秘密共享（可加同态）和朴素的乘法秘密共享（可乘同态）来私下计算每个参与者 i 的 p_i。具体而言，对于每个参与者 i，其首先选择一个本地的掩蔽比例参数 η_i 来掩盖 s_i。然后，参与者 i 为其他参与者生成 s_i 的 Shamir 秘密份额 $\{j, s_{i,j}\}$ 和 η_i 的乘法秘密份额 $\{j, \eta_{i,j}\}$。接下来，秘密份额和掩蔽后的 $\eta_i s_i$ 被传输给相应的参与者。参与者 k 利用 Shamir 秘密共享的可加同态特性计算 $g_{i,j}^k$：

$$g_{i,j}^k = s_{i,k} - s_{j,k} \tag{3.24}$$

秘密份额 $\{g\}$ 被发送给一个被认为不会与服务器共谋的可信任参与者 l。l 在接收关于 $s_i - s_j$ 的足够秘密份额后，可以重建原始的秘密差值 $s_i - s_j$ 作为中继节点。然后 l 计算所有秘密差值的乘积，即 $\prod_{j \in \mathcal{B}_i} s_i - s_j$ 并将其发送给相应的参与者 i。因此，掩蔽后的 $\hat{p}_i$ 可以由参与者 i 计算：

$$\hat{p}_i = \prod_{j \in \mathcal{B}_i} \frac{-\eta_j s_j}{s_i - s_j} \tag{3.25}$$

为了获得原始扰动 p_i，需要移除比例参数的乘积 $\prod_{j \in \mathcal{B}_i} \eta_j$。每个参与者 i 利用朴素乘法秘密共享的可乘同态特性计算 $\tau_{i,j}$：

$$\tau_{i,j} = \prod_{k \in \mathcal{B}_j} \eta_{k,i} \tag{3.26}$$

$\tau_{i,j}$ 被发送给相应的参与者。通过这种方式，参与者 i 可以重建原始值 $\prod_{j \in \mathcal{B}_i} \eta_j$。最后，每个参与者 i 可以计算扰动 $p_i = \hat{p}_i / \prod_{j \in \mathcal{B}_i} \eta_j$，而不泄露秘密参数 s_i，从而防止服务器与参与者之间的共谋。

然后，p_i 被添加到更新中，以扰动式 (3.15) 中的原始更新。这些扰动在服务器聚合掩码更新时被消除。

$$\begin{aligned}
\Delta\theta &= \sum_{i=1}^{n} w_i \Delta\theta_i' \\
&= \sum_{i=1}^{n} w_i (\Delta\theta_i + p_i) \\
&= \sum_{i=1}^{n} w_i \Delta\theta_i + \sum_{i=1}^{n} w_i p_i \\
&= \sum_{i=1}^{n} w_i \Delta\theta_i
\end{aligned} \tag{3.27}$$

由于 $f(x)$ 的常数项为 0，根据拉格朗日插值的性质，很容易看出 $\sum_{i=1}^{n} w_i p_i$ 这一项也等于 0。

在 DRL-PBFL 中需要解决的一个关键问题是如何优化聚合策略 $\mathcal{P}$，以便每个参与者的权重 w_i 能有效反映其模型和数据质量，同时减轻拜占庭参与者的影响，并增加良性参与者对聚合更新 $\Delta\theta$ 的影响。强化学习是一种有效的通用人工智能方法，根据当前环境状态输出优化后的动作。深度 Q 网络（Deep Q-Network, DQN）是强化学习中最常用的算法之一，它可以解决高维空间中的问题。然而，由于 DQN 仅适用于离散动作空间而聚合策略 $\mathcal{P}$ 是连续的，故它不适用于 DRL-PBFL。在本案例中，使用 DDPG 算法来更新聚合策略。DDPG 是一种策略-价值算法，可以处理高维连续动作空间，DDPG 可以根据全局模型的性能有效地更新聚合策略。特别地，参与者的非独立同分布数据分布和拜占庭参与者的影响最终会降低全局模型在验证数据集上的性能，而性能是聚合策略优化过程中最关键的因素。现有的基于性能的方案通常依赖于本地更新和全局更新之间的相似性，这在数据非独立同分布场景中不适用。因此，DRL-PBFL 在数据非独立同分布场景中比其他方案更能取得令人满意的性能。

DDPG 组件使用通用的 DDPG 架构，包括决策网络 $\mu(S|\theta_\mu)$、目标决策网络 $\mu'(S|\theta_{\mu'})$、评估网络（Q 网络）$Q(S,a|\theta_Q)$、目标评估网络 $Q'(S,a|\theta_{Q'})$、随机过程噪声生成器 $\mathcal{N}_t$ 和经验回放缓冲区 $\mathcal{R}$。图 3-9展示了 DDPG 组件的架构。S 和 a 分别表示状态和动作，θ 表示 DDPG 组件中网络的参数。将聚合策略的更新过程建模为具有状态空间 $\mathbb{S}$、动作空间 $\mathbb{A}$、奖励函数 R、初始状态分布 $P(S_1)$ 和转移动力学 $P(S_{t+1}|S_t,a_t)$ 的马尔可夫决策过程，下标 t 表示通信轮数。通信轮数 t 的状态 S_t 表示元组 $S_t=(l_r,\mathcal{P},\mathcal{H})$，如式 (3.18) 和式 (3.19) 所示。动作 a 是一个 n 维向量，其中 n 是参与者的数量。输出的动作 a 可以通过归一化转换为聚合策略 $\mathcal{P}$。奖励函数 R 反映状态的变化，并为聚合策略的更新提供启发。轮次 t 的奖励 r_t 由本轮次的全局模型损失 $l_r(\theta'_g)$、上轮次的全局模型损失 $l_r(\theta_g)$ 和当前最佳模型损失 $l_r(\theta_g^{\text{best}})$ 决定：

$$r_t=(l_r(\theta_g)-l_r(\theta'_g))-(l_r(\theta'_g)-l_r(\theta_g^{\text{best}}))\tag{3.28}$$

损失 l_r 根据式 (3.18) 计算，最佳模型 θ_g^{best} 在训练过程中由中心服务器记录，θ_g^{best} 表示在验证数据集 $\mathcal{D}_r$ 上具有最低测试损失的当前全局模型。对于初始状态分布 $P(S_1)$，$\mathcal{P}$ 被初始化为 $w_1=w_2=\cdots=w_n$ 和 $w_1+w_2+\cdots+w_n=1$，l_r 取决于模型参数的随机初始化。对于 $P(s_{t+1}|S_t,a_t)$，S_{t+1} 的 $\mathcal{P}$ 是 a_t 的归一化，l_r 取决于全局模型的更新方式。

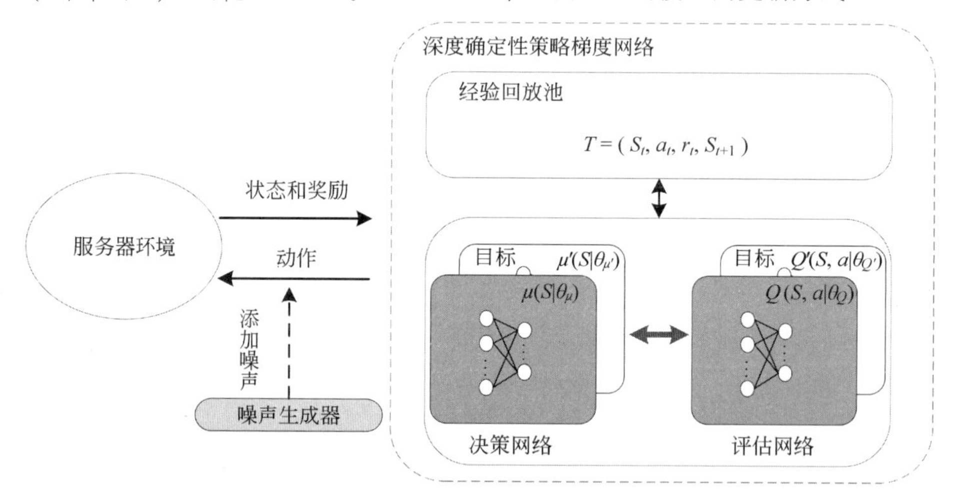

图 3-9 DDPG 组件概览

整个 DDPG 策略更新过程分为两个阶段。第一阶段是填充经验回放缓冲区 R。填充过程有两种可能的情况：如果有相同任务和相同参与者的历史信息，可以将信息直接处理成缓冲区所需的数据格式，并填充到缓冲区中；或者存在一个预热期来填充回放缓冲区。对于预热期，动作 a_t 由决策网络 $\mu(S|\theta_\mu)$ 根据当前状态 S_t 和探索噪声 $\mathcal{N}_t$ 生成：

$$a_t=\mu(S_t|\theta_\mu)+\mathcal{N}_t\tag{3.29}$$

动作 a_t 用于更新聚合策略 $\mathcal{P}$。然后，观察并计算奖励 r_t 和下一状态 S_{t+1}，分别如式 (3.28)

和式 (3.18) 所示。这样，可得到一个转移元组 T：

$$T = (S_t, a_t, r_t, S_{t+1}) \tag{3.30}$$

T 存储在经验回放缓冲区 $\mathcal{R}$ 中。探索噪声 $\mathcal{N}_t$ 可以生成随机策略，其中将高权重分配给良性参与者，低权重分配给拜占庭参与者，将生成具有高奖励的经验，反之亦然。这些经验在 $\mathcal{R}$ 中帮助 DDPG 组件训练神经网络并识别参与者中的拜占庭参与者。当 $\mathcal{R}$ 的大小达到一定阈值时，预热期结束，动作 a_t 的选择不再涉及探索噪声：

$$a_t = \mu(S_t|\theta_\mu) \tag{3.31}$$

在每个通信轮期间，从 $\mathcal{R}$ 中随机抽取包含 N 个转移元组 (S_i, a_i, r_i, S_{i+1}) 来更新决策网络和评估网络。由目标评估网络 $\theta_Q{}'$ 输出的元组 (S_i, a_i, r_i, S_{i+1}) 的下一个 Q 值 v_i 如下：

$$v_i = r_i + \gamma Q'(S_{i+1}, \mu'(S_{i+1}|\theta_{\mu'})|\theta_{Q'}) \tag{3.32}$$

其中，v_i 被称为下一个 Q 值批次。可以通过最小化 Q 值批次和下一个 Q 值批次之间的损失来更新评估网络 θ_Q：

$$L = \frac{1}{N}\sum_i (v_i - Q(S_i, a_i|\theta_Q)) \tag{3.33}$$

使用策略梯度算法来更新决策网络 μ。μ 的策略梯度可以估计为

$$\nabla_{\theta_\mu} J \approx \frac{1}{N}\sum_i \nabla_a Q(S_i, a_i|\theta_Q)\nabla_{\theta_\mu}\mu(S_i|\theta_\mu) \tag{3.34}$$

使用 Adam 优化器更新决策网络 μ 和评估网络 Q。最后，软更新目标决策网络 μ' 和目标评估网络 Q'：

$$\begin{aligned} \theta_{Q'} &= \tau\theta_Q + (1-\tau)\theta_{Q'} \\ \theta_{\mu'} &= \tau\theta_\mu + (1-\tau)\theta_\mu \end{aligned} \tag{3.35}$$

其中，τ 设置为 0.001。

总体而言，需要多个周期来完成 DDPG 内部神经网络和联邦学习的全局模型 θ_g 的收敛，一旦 θ_g 收敛，将得到最终的聚合策略 $\mathcal{P}_{\text{final}}$。

3.7 本章小结

本章首先针对无人系统感知安全的现状，从安全威胁、安全案例、安全攻击和对应防御等角度进行了概述，随后，针对无人系统中的传感器攻击、对抗性样本攻击及投毒攻击进行了详细介绍，最后，针对多源数据融合安全，从融合方法、安全融合需求和安全关键技术进行详细介绍。此外，针对基于联邦学习的无人系统中的拜占庭攻击进行了案例分析，具体如下。

（1）无人系统中的传感器包括激光雷达、雷达、摄像头、定位系统、惯性测量单元等。针对这些传感器的攻击可大致分为干扰攻击和欺骗攻击，前者的目的是使传感器失效或降低其性能，后者的目的是操纵传感器所接收的数据，使系统做出错误的判断或反应。

（2）对对抗性样本攻击进行了定义说明，随后根据攻击目标、敌手能力等介绍了对抗性样本攻击的不同分类，并且根据不同的对抗性样本攻击原理介绍了相应的典型对抗性样本

攻击。介绍了对抗性样本攻击的主要防御技术，包括梯度掩蔽/模糊，对抗性防御及对抗性样本检测，并且介绍了相应的实现技术。结合实例说明了对抗性样本攻击在无人系统中的攻击流程和危害性。

（3）对于投毒攻击的基本定义进行了详细说明，随后根据攻击面、攻击目标、攻击者知识、攻击者的方法和能力等介绍了不同分类的投毒攻击，并介绍了典型的投毒攻击实现方法。介绍了多种针对投毒攻击的主动防御和被动防御方法，并结合实例说明了投毒攻击在无人系统中的危害性。

（4）对无人系统中的数据融合技术进行了详细说明，介绍了三类典型数据融合方法。根据无人系统中感知数据的特性，介绍了多源数据融合需求，并且详细说明了多种实现安全可靠多源数据融合所需的关键技术。

（5）介绍了基于深度强化学习的拜占庭鲁棒联邦学习，针对无人系统中的投毒攻击及防御进行了案例分析。

在下一章中，将对无人系统中自主决策层中协同决策、动态攻防对抗、决策可信性评估等进行深入介绍。

3.8 习题

1. 无人系统的感知是指什么？常用的感知传感器有哪些？请列举至少三种传感器，并简要描述它们在典型无人系统中的作用。

2. 什么是无人系统中的数据融合？为什么它对于提高系统的整体感知能力至关重要？

3. 考虑无人驾驶汽车在雾霾天气下进行自动驾驶的情境。讨论在这种特定环境中，数据融合过程中可能面临的挑战，如传感器数据不准确或不完整等。并探讨解决这些挑战的潜在方法。

4. 以城市交通环境为背景，设计一个无人车辆的感知系统。考虑各种环境因素，如交通拥堵、多种天气条件、行人和非机动车辆的存在等，并提出确保系统可靠性的策略。

5. 分析当前的技术趋势，如多模态大模型在感知安全中的应用，并思考这些技术将如何改变未来无人系统的感知安全。

第4章 无人系统决策安全

亘古至今，人类一直将智慧视为探索未知的关键。让我们从两位智慧的象征——佛教的文殊菩萨和古希腊神话中的墨提斯——出发，深入理解无人系统中的智能决策。在佛教文化中，文殊菩萨被视为智慧的化身，指引众生修行和领悟真理、以智慧克服困难、明辨真伪。在古希腊神话中，墨提斯作为第一代智慧女神，具有非凡的智慧和预言能力，能够预测未来并做出明智决策以规避危险。在现代无人系统的世界里，这种古老的智慧转化为决策算法的设计与实施。无人系统，诸如自动驾驶汽车、无人机和智能机器人，依赖于复杂的决策算法来处理时变的环境信息以预测可能的结果，基于这些预测迅速做出执行相应的决策。但这些依赖决策算法与决策数据易受攻击与破坏，面临诸多安全威胁，例如GPS欺骗会误导自动驾驶汽车偏离导航路线，对抗样本攻击会破坏无人机返库标识识别等。这些威胁会导致无人系统做出不符合预期的错误决策，进而引发安全问题。本章将带领读者进一步探索无人系统中的决策安全。

本章要点

- 无人系统的决策类型、安全威胁与挑战。
- 无人系统典型的协同决策方法。
- 无人系统动态攻防对抗中的典型威胁及相关防御方法。
- 无人系统中基于交互对象、交互模式和时间尺度的决策可信性评估方法。

4.1 无人系统决策安全现状概述

4.1.1 无人系统决策模式类型

无人系统执行的任务往往具有复杂多变性，同时节点的移动性和通信网络结构不稳定等动态任务环境，给无人系统的动态决策带来了挑战。此外，不同的任务对决策模式的安全性与响应速度及系统鲁棒性都提出了额外的需求。由此，在无人系统实际应用场景中，依据不同的任务场景选择合适的决策模式可有效提升无人系统效能。无人系统决策模式依据其中心化程度、系统安全性需求及任务响应需求的不同，可分为集中式决策、分布式决策、混合式决策。下面将介绍具体的决策类型，表4-1比较了无人系统中不同决策模式的异同。

表 4-1　无人系统决策类型对比

决策类型	中心化程度	安全性	响应速度	优　势	局限性
集中式决策	高	低	低	具备全局视角，有助于全局优化	对单点故障敏感，决策延迟大，响应速度较低
分布式决策	低	高	高	具有高鲁棒性和快速响应能力	决策结果可能不一致，环境敏感，通信负载较高
混合式决策	中	中	中	结合全局优化和局部响应的优点，适用于大规模系统和快速变化的环境	决策系统复杂度较高，通信开销较大

- 集中式决策：在集中式决策中，各个无人设备节点不直接进行决策，而是通过一个中心控制节点来协调整个系统的行为，从而实现全局最优决策。中心节点利用数据链路获取其他节点的感知数据，基于全局感知信息设计整体优化目标，并通过数据链路将决策信息从中心节点传达至系统内的各个节点。中心节点还起着系统内各个节点之间协商的桥梁作用。当系统内的节点需要全局信息来应对新的决策需求时，中心节点能够支持节点之间的信息沟通与协商，并完成协同决策。尽管集中式决策具有全局视角，能够实现系统内的宏观优化决策，但其安全性较低。这是因为集中式决策过于依赖中心节点，导致易于产生单点故障，若中心节点遭受攻击，将导致整个系统失去决策能力，因此决策的容错性较低。此外，由于中心节点需要收集所有节点的全局信息，集中式决策通常导致任务的响应延迟较大，通信链路的负载也较高，存在决策复杂度高和任务响应速度慢等局限性。因此，集中式决策更适用于对全局优化要求高，但安全容错性与时效性要求较低的无人系统任务场景。
- 分布式决策：分布式决策将决策权下放至网络内各个无人设备节点，使得每个节点能够基于自身感知数据和局部沟通信息进行自主协商，以实现局部最优的决策。无人设备节点利用各类传感器感知任务环境，并通过数据链路与相邻节点共享数据，从而优化决策。这种决策方式无须依赖中心节点，即使部分节点受到攻击或故障，系统中的其他节点仍能够进行自主决策，因此具有较高的鲁棒性。此外，由于决策权下放至各节点，分布式决策能够快速响应任务需求，无须全局协商。然而，在分布式决策中，节点仅依赖局部感知数据，缺乏全局视角，容易导致相互矛盾的决策，难以实现全局最优。因此，分布式决策更适用于对鲁棒性和时效性要求较高、可接受局部最优的无人系统任务场景。
- 混合式决策：混合式决策结合了集中式和分布式决策的优势，采用分层决策思想，以最大程度实现任务全局优化决策和快速响应。该决策模式设计了三层决策架构，包括上层集中式决策、中层局部协商式决策及下层执行决策。下层执行决策层中的节点不直接做出决策，而是获取自身节点的传感器信息，然后将信息传递给上层决策节点，按照上层决策结果执行。中层局部协商式决策层内的节点通过数据链路收集邻域内下层节点的感知信息，并与同层其他节点进行信息共享，通过融合局部信息来进行协商决策。上层集中决策层内的节点汇总局部融合感知信息与协商决策结果，在全局视角下进行决策优化，并将结果反馈至中层节点，以引导和优化局部决策。相较于单一的集中式或分布式决策，混合式决策提升了系统决策的灵活性和适应性，特别是在大规模、复杂的多无人系统中。面对复杂任务环境下多变的资源约束，混合式决策在实现任务决策响应速度与全局优化的动态平衡方面具有显著优势。此外，混合式决策避免了集中式决策的单点故障，提高了系统的安全性和鲁棒性，同时优化了分布式决策的局部决策视野，利用上层全局优化节点引导了决策可靠性反馈。然而，由于引入了分层决策机制，混合式决策增加了各成员节点之间的通信频率和系统通信开销。同时，不同层级的决策需要运行不同的决策策略，使得系统的决策复杂度进一步增加。因此，混合式决策更适用于大规模无人系统，并且更适用于任务环境变化较快的决策场景。

4.1.2 无人系统决策安全威胁

在日益智能化的背景下，具有自主运动和决策能力的智能无人系统在安全决策推理层面面临着诸多安全威胁，从而严重影响无人系统正确获取、处理和分析数据的能力，导致无人系统做出不符合任务需求与预期的决策，本节主要讨论无人系统中潜在的决策安全威胁。

- 单点故障攻击：单点故障攻击是针对集中式决策系统中的关键节点或决策中心发起的攻击，其目的是使整个系统无法正常运行或丧失决策能力。攻击者可能利用诸如拒绝服务攻击（Denial of Service，DoS）和分布式拒绝服务攻击（Distributed Denial of Service，DDoS）等手段，向决策系统的关键节点发送大量请求，导致目标节点超负荷运行或资源耗尽，进而严重影响甚至完全瘫痪整个系统的决策能力。例如，在无人车集中式云端决策中，攻击者可能通过控制大量僵尸无人车节点，持续向云端服务器发起请求，直至超出服务器的连接容量，导致无人车节点无法正常接入系统。
- 计算机软件病毒：计算机软件病毒是一种恶意软件，能够自我复制并传播到决策系统中，对无人系统持续运行造成干扰，破坏决策数据并拒绝决策请求。攻击者可利用逻辑炸弹、特洛伊木马等手段感染自动化决策节点，并潜伏其中。在关键时刻，这些恶意软件可能被触发，导致无人系统决策节点不可用，从而破坏决策的安全性和稳定性。例如，在多无人机编队表演中，攻击者可以通过植入木马来感染无人机飞行控制系统，并在检测到碰撞危险时使无人机飞控系统瘫痪。
- 软硬件漏洞利用：软硬件漏洞是指在决策系统的软件或硬件中存在的安全漏洞或缺陷，可能被攻击者利用来执行未经授权的操作、窃取敏感决策信息或破坏无人系统的正常功能。攻击者可通过渗透测试、漏洞扫描或嗅探技术发现无人决策系统在软硬件层面的编程或逻辑错误，从而完成对系统的侵入，进而影响或破坏系统的正常决策能力。例如，在智慧工厂中，攻击者可利用零日漏洞攻击决策系统所在的服务器，导致服务器硬件遭受运算过载，最终引发智慧工厂的机器人生产陷入停滞。
- 数据注入与欺骗：数据注入与欺骗是指攻击者在数据传输或存储过程中植入虚假数据，以欺骗无人系统的决策推理层。攻击者可能通过中间人攻击、数据篡改等各种手段，在数据流中注入虚假信息，以扰乱系统的数据处理和决策过程。这种攻击可能会导致无人系统基于错误的数据做出错误的决策，从而影响系统的任务执行。例如，若自主驾驶车辆接收到虚假的传感器数据，可能会导致其错误的行驶决策，从而危及乘客和其他道路用户的安全。

- 模型对抗性攻击：模型对抗性攻击是一种针对机器学习决策模型的攻击手段，攻击者会向智能无人系统的训练数据中注入恶意样本，以误导模型学习，生成对抗样本，从而投毒无人系统的决策模型。攻击者可能会利用各种手段，如对训练数据的篡改、注入对抗性样本等，来影响无人系统的学习和决策过程，该攻击可能会导致系统做出不可信、有偏见的决策，例如在机器学习模型中，攻击者可能通过向训练数据中注入特定的样本，使模型产生错误的分类结果。
- 女巫攻击：女巫攻击是一种针对分布式决策系统的攻击手段，攻击者通过创建大量虚假身份，并将其连接到真实节点，以模糊真实节点和虚假身份之间的界限。攻击者可能会利用无人系统认证漏洞获取虚假身份，并将这些身份引入系统中，以获取足够的网络影响力。通过女巫攻击，攻击者可以破坏分布式决策系统的决策一致性和可信度，导致系统做出不明智的决策，例如在分布式投票决策系统中，攻击者可能通过操纵虚假身份的投票来影响最终结果。
- 信息物理融合式攻击：信息物理融合式攻击旨在破坏决策系统中计算、通信和控制等组件间的相互依赖性和互联性，完成对网络通信的干扰，控制命令的篡改及对物理设备的破坏。攻击者可通过物理干扰、侧信道等攻击手段入侵决策系统的控制链路，截获并篡改决策变量，向决策端提供错误的环境信息，最后破坏决策硬件基础设施。例如，攻击者通过物理干扰无人驾驶车的激光雷达、毫米波雷达及GPS信号，破坏自动驾驶导航的可用性，结合恶意代码远程侵入获取无人车的转向控制权，进而导致无人车在路面上做出不可控的危险驾驶行为。

4.1.3 无人系统决策安全挑战

无人系统的决策安全面临多方面挑战，本节主要从决策鲁棒性、决策可信性、决策公平性、软硬件安全及信息物理融合安全五方面进行详细说明。

- 决策鲁棒性：无人系统的决策算法需要具备鲁棒性，即使在面对未知、异常或恶意输入时也能够正确运行。攻击者可能会利用对抗性样本或恶意输入来针对系统的算法，导致系统做出错误的决策。例如攻击者在基于机器学习算法的决策系统中注入精心构建的未知、异常或恶意输入，实现决策操纵，使无人系统做出危害性举动。
- 决策可信性：无人系统的决策推理与决策输入、输出数据需要具备可信性，不仅需要确保从各种传感器和数据源收集的决策依赖数据的可信性和防篡改性，还需要保证决策模型不会被投毒，决策输出不能被敌手篡改。例如具备自主决策的无人机与无人车的传感器信号被干扰或数据被篡改，可能会导致其错误地识别道路标志、飞行障碍，进而发生交通事故。此外，无人系统的决策推理过程需要具备可解释性。
- 决策公平性：无人系统的决策算法不能存在偏见或歧视性，进而导致不公平的决策结果，需要在决策模型的设计与训练阶段保证公平，不能使用受污染或带有偏见的数据集。例如无人机的决策算法在目标识别方面存在偏见，可能会导致系统错误地将无辜的目标识别为敌方目标，导致误伤。
- 软硬件安全：无人系统运行决策算法的软件与硬件组件可能存在漏洞，进而容易成为恶意攻击的目标，例如拒绝服务攻击、操纵入侵攻击等。攻击可能会直接影响系统的决策能力，使其无法正常运行或做出错误决策。例如黑客可能会入侵无人机节点的网络通信模块，干扰无人机群正常协商沟通，从而破坏决策过程。

- 信息物理融合安全：无人系统决策依赖的计算、通信和控制组件需要保证安全，包括决策通信链路需要进行加密、认证和访问控制，重要决策传感器、执行器需要定期进行漏洞扫描与安全加固，避免攻击者破坏决策系统的安全性。例如攻击者入侵并破坏无人协同驾驶汽车的雷达与V2X（Vehicle-to-Everything）通信，从而导致车队内部发生碰撞事故。

4.2 无人系统协同决策

在智慧城市、灾难救援等场景中往往需要多无人系统进行协同运作，由此产生了多无人系统，即由多个无人设备组成的系统。这些无人设备能够协同工作，执行各种任务，以完成特定的目标，多无人系统的核心组件包括无人系统、交互机制和协同决策机制。其中，协同决策机制是多无人系统的核心组件，负责制定系统整体的决策和执行策略，这包括在特定环境中执行任务的方式、资源分配、路径规划等。决策机制通常借助于人工智能技术，以使系统能够适应不同的场景和动态环境，它通常涉及集体决策和个体决策，集体决策指多个设备共同参与制定决策，个体决策指每个设备独立做出自己的决策。

本节将探讨多无人系统的协同决策机制，如图4-1所示，具体介绍基于博弈论的协同决策以及基于群体智能的协同决策。

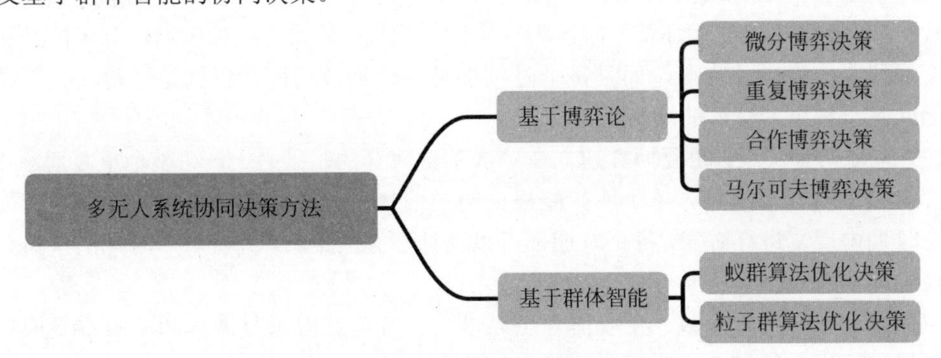

图 4-1　多无人系统协同决策方法分类

4.2.1 基于博弈论的协同决策

博弈论是研究决策者在相互影响下进行决策的数学模型和分析方法。在多无人系统中，各个智能无人设备通常会面临共同的任务目标，但由于资源有限、环境变化等因素，它们可能存在冲突或竞争关系。基于博弈论的协同决策机制旨在通过制定适当的策略，使多无人系统中的各个设备能够协同工作，最大化整体性能或达到一定的均衡状态。目前，面向多无人系统的基于博弈论的协同决策方法可大致分为四类：微分博弈决策、重复博弈决策、合作博弈决策及马尔可夫博弈决策。

（1）微分博弈决策。微分博弈是一种动态博弈模型，它强调了时间的连续性和参与者在

连续时间内的决策过程。在微分博弈中，智能体共同控制由微分方程描述的决策系统，即

$$x_t = f(x_t, u_t^1, u_t^2, \cdots, u_t^N, t) \tag{4.1}$$

其中，f 是系统的动态函数，描述了系统状态 x_t 如何随时间 t 变化。u_t^i 表示智能体 i 在时间 t 所作的决策，N 表示参与博弈的智能体的数量。在博弈的时间范围 T 内，多智能体优化的目标函数为

$$F_i = \int_0^T g_i(t, x_t, u_t^i)\,\mathrm{d}t, 1 \leqslant i \leqslant N \tag{4.2}$$

其中，F_i 是第 i 个智能体的目标函数，T 是博弈的时间范围，g_i 是第 i 个智能体的收益函数，依赖于时间 t、系统状态 x_t 和所有智能体的输入决策变量 u_t^i。

智能体通过获取状态信息和其他智能体的决策信息，以优化目标函数来确定其决策。若仅有两个参与者，它们的目标函数求和为零，则称为零和微分博弈，而在其他情况下，则为非零和博弈。解决微分博弈问题不仅需要考虑状态方程和目标函数，还需要系统的状态信息。常见的信息结构包括开环信息结构和状态反馈信息结构，假设 $v(t)$ 为 t 时刻智能体可用的信息，开环信息结构的 $v(t)$ 仅包含初始状态 x_0 和当前时刻 t，状态反馈信息结构的 $v(t)$ 则仅包含当前系统状态 x_t 和当前时刻 t。对于微分博弈而言，两种不同的信息结构通常会导致不同的微分对策。

策略是一种将智能体的动作与可用信息相关联的规则。对于开环和闭环两种信息结构，会产生两种不同的策略。开环策略根据初始状态 x_0 和当前时刻 t 进行策略选择，而状态反馈策略则根据当前系统状态 x_t 和当前时刻 t 选择策略。开环策略意味着在初始时刻，智能体已经确定了之后时刻的轨迹，即每个时刻的控制是预定的，而状态反馈策略则对系统状态的反应是预先确定的。开环策略的优点是求解速度快，但若状态受到干扰，则状态反馈策略会更优。另外，开环策略只能保证整个时段为一个纳什均衡，而状态反馈策略计算出的结果不仅在整个时段是一个纳什均衡，而且每个时刻都是一个纳什均衡，也就是子博弈完美纳什均衡，因此是一种更为精炼的均衡。

（2）重复博弈决策。重复博弈建立在单次基础博弈的基础之上，在整个重复博弈中，基础博弈会被重复一定次数。重复博弈能根据历史信息进行动态博弈决策，参与的智能体能在多个时期内反复进行博弈，每个时期都可以选择不同的策略，并且每个时期的决策可能受到之前时期决策的影响。

根据博弈重复的阶段数，重复博弈可以进一步分为有限重复博弈和无限重复博弈。有限重复博弈适用于建模协商阶段数已确定的博弈问题，参与者在每个阶段都无法通过偏离阶段博弈的纳什均衡来获得收益。因此，基础博弈的纳什均衡序列构成了有限重复博弈的纳什均衡，无限重复博弈则适用于建模协商阶段数不确定且一直持续进行的博弈问题。

在多无人系统决策的场景中，博弈模型在各个阶段时刻发生变化，但无人设备的行动集合（例如无人车的驾驶行动集合）保持不变。由此可根据当前系统环境状态（例如无人车队所在的交通状态）在每个阶段更新博弈收益。具体而言，以多无人车协同智能驾驶为例，博弈的收益函数旨在使车辆尽可能地优化交通效率，减少拥堵，并提高整体行驶安全性。

重复博弈的目标是求解未来离散时间步的博弈均衡，首先需要依据如下公式更新无人车系统状态：

$$x_{t+1} = f(x_t, s_t) \tag{4.3}$$

其中，x_t 表示第 t 时刻的系统环境状态，s_t 表示第 t 时刻无人车的决策，f 表示状态更新的函数，通常由无人车的运动学或动力学模型决定。随后定义如下无人车收益函数：

$$R(s_t,x_t)=g(s_t,x_t) \tag{4.4}$$

其中，$R(s_t,x_t)$ 表示第 t 时刻的收益函数，依赖于当前决策 s_t 和状态 x_t，g 表示收益函数，目标是优化交通效率、减少拥堵、提高行驶安全性等。依据定义的无人车收益函数，进行如下无人车最优决策序列求解：

$$(s_1^*,s_2^*,\cdots,s_N^*)=\arg\max_{(s_1,s_2,\cdots,s_N)}\sum_{t=1}^{N}R(s_t,x_t) \tag{4.5}$$

其中，$(s_1^*,s_2^*,\cdots,s_N^*)$ 表示从当前时刻 s_1 到预测终止时刻 s_N 的最优决策序列，$\sum\limits_{t=1}^{N}R(s_t,x_t)$ 表示整个预测时域内的累积收益。在下一时刻，所有无人车的状态都会被重新测量，然后以测量状态作为新的初始状态重新求解 x_{t+1}。

这种设计为开环的纳什均衡引入了状态反馈，同时预测时域始终是从当前时刻到未来时刻的一段时间，以确保始终能够有有效的预测效果。

（3）合作博弈决策。合作博弈决策通过多方智能体合作实现最优解，通过分析合作的益处，并分配收益来确保每个智能体都有动机参与协作。

在基于合作博弈的多智能体协作中，需要确保没有参与者可以通过离开所在联盟来获得更好的回报，算法流程如下。

令 N 表示 n 个博弈参与者的集合，$v:2^N\to\mathbb{R}$ 是合作博弈的特征函数，其将每个博弈参与者子集映射到实数，表示博弈中每个可能合作联盟的价值。首先，合作博弈目标是求得其核心解，即求得的解需同时满足如下条件：① 合理性，对于每个联盟 $S\subseteq N$，存在一个支付向量 $(x_1,x_2,\cdots,x_n)$ 使得 $\sum\limits_{i\in S}x_i\geqslant v(S)$。② 稳定性，没有参与者可以通过离开当前联盟来获得更好的回报，即不存在 $i\in N$ 和 $S\subseteq N\backslash\{i\}$，使得 $x_i+\sum\limits_{j\in S}x_j<v(S\cup\{i\})$。

随后，通过线性规划构建博弈问题，给定特征函数 $v(S)$，考虑如下博弈问题：在约束条件为对每个联盟 $S\subseteq N$，都有 $\sum\limits_{i\in S}x_i\geqslant v(S)$，以及每个 x_i 都取非负实数值时，参与者的总支付 $\sum\limits_{i\in N}x_i$ 最小。

最后，使用Simplex算法等线性规划求解器来解决上述线性规划博弈问题，得到博弈最优解 $(x_1^*,x_2^*,\cdots,x_n^*)$。若解 $(x_1^*,x_2^*,\cdots,x_n^*)$ 满足线性规划的所有约束条件，即对每个联盟 $S\subseteq N$，都有 $\sum\limits_{i\in S}x_i\geqslant v(S)$，则 $(x_1^*,x_2^*,\cdots,x_n^*)$ 就是该合作博弈的一个核心解。

（4）马尔可夫博弈决策。马尔可夫博弈决策基于马尔可夫决策过程，将多无人系统建模为一个马尔可夫博弈，无人设备在不同状态下根据概率分布选择行动策略。

在马尔可夫决策过程中，智能体通过与环境交互执行一系列顺序的决策，以最大化长期回报而不断进行试验和学习。马尔可夫决策过程由一个包含五个要素的五元组 M 构成，即

$$M=\langle S,A,P,R,\gamma\rangle \tag{4.6}$$

其中，S 表示环境的状态空间，A 表示智能体的动作空间，P 表示状态转移概率矩阵，即在当前状态 s 下执行动作 a 后，智能体转移到下一个状态 $\acute{s}$ 的概率分布，$R=F(s,a,\acute{s})$，表示奖励函数，即智能体获得的回报，由智能体当前状态 s、执行动作 a 与下一状态 $\acute{s}$ 共同决定，

$\gamma \in [0,1]$ 表示折扣因子。

在交互式环境中，马尔可夫决策过程为强化学习算法提供了训练的场所，但直接应用于多智能体决策场景却存在困难。相比之下，博弈论虽然可以分析多个智能体的行为，但其传统理论主要依赖于模型的分析与设计，难以高效应对复杂动态的大规模场景。由此，马尔可夫博弈将马尔可夫决策的思想融入博弈论中，以在大规模复杂动态场景下优化多智能体协同决策。

相似地，马尔可夫博弈由一个包含六个要素的六元组 $\overline{M}$ 构成，即

$$\overline{M} = \langle N, S, \{A^i\}_{i\in\{1,\cdots,N\}}, \boldsymbol{P}, \{R^i\}_{i\in\{1,\cdots,N\}}, \gamma\rangle \tag{4.7}$$

其中，N 表示参与协同决策博弈的无人设备总数，当 $N=1$ 时马尔可夫博弈即为马尔可夫决策过程，S 表示状态空间，A^i 表示第 i 个无人设备的动作空间，P 表示状态转移概率矩阵，R^i 表示第 i 个无人设备的奖励函数，γ 表示博弈的折扣因子。

在马尔可夫博弈中，各方参与博弈的无人设备的目标均为最大化个体收益，常求解其纳什均衡解，此时一个无人设备的策略是对其他无人设备策略的最佳反应。多智能体强化学习常用于求解马尔可夫博弈，可求解得出每个无人设备的最优策略，并由此解决多个无人设备在共享随机环境中的顺序决策问题。

4.2.2 基于群体智能的协同决策

群体智能是指通过模拟自然界中的群体行为和智能体之间的交互，从而实现智能体集体行动的一种方法。在多无人系统中，群体智能被应用于决策过程，使得系统中的各个无人系统能够相互协作、共同工作，并最大限度地实现系统整体性能的优化。目前，面向多无人系统的基于群体智能的协同决策方法主要包括两类：蚁群算法优化决策和粒子群算法优化决策。

（1）蚁群算法优化决策。蚁群算法基于蚂蚁在寻找食物时留下的信息素和蚁群成员之间的相互通信来实现优化问题的求解，其基本思想是通过蚂蚁在解空间中的随机搜索和信息素的引导，逐步找到问题的最优解或较好的解。在多无人系统中，蚁群算法可以用于优化协同决策过程，实现系统中各个无人节点的协作和优化。具体来说，蚁群算法可以被应用于多无人车/机的路径规划、资源分配、任务分配等问题中，以实现系统整体性能的最大化或者满足特定的约束条件。

蚁群算法的数学模型如下：

$$\tau_{i,j}(t+n) = \rho \times \tau_{i,j}(t) + \Delta\tau_{i,j} \tag{4.8}$$

$$\Delta\tau_{i,j} = \sum_{k=1}^{m} \Delta\tau_{i,j}^{k} \tag{4.9}$$

$$M_{i,j}^{k}(t,\alpha,\beta) = \frac{(\tau_{i,j}(t))^{a}(\eta_{i,j})^{\beta}}{\sum\limits_{k\in \text{allowed}_k} (\tau_{i,k}(t))^{a}(\eta_{i,k})^{\beta}} \tag{4.10}$$

$$p_{i,j}^{k}(t) = \begin{cases} M_{i,j}^{k}(t,\alpha,\beta), & \text{若} j \in \text{allowed}_k \\ 0, & \text{否则} \end{cases} \tag{4.11}$$

其中，$\tau_{i,j}(t)$ 代表 t 时刻路径 (i,j) 上的信息素强度，n 代表时间步长，$\rho \in [0,1]$ 表示信息素残留度，$1-\rho$ 表示信息素挥发度。$\Delta\tau_{i,j}^k$ 表示蚂蚁 k 在时间段 $(t,t+n)$ 内沿着路径 (i,j) 移动时单位路径上的信息素残留，$\eta_{i,j}$ 为路径 (i,j) 的能见度，α 和 β 是控制路径信息素和影响能见度的参数。$M_{i,j}^k(t,\alpha,\beta)$ 为蚂蚁 k 在时刻 t 从城市 i 到城市 j 的移动概率，$p_{i,j}^k(t)$ 表示蚂蚁 k 在时刻 t 选择路径 (i,j) 的概率。allowed_k 表示蚂蚁 k 当前可以选择的路径集合，即所有未被蚂蚁 k 访问过的城市的集合，且 $\text{allowed}_k = \{j \mid j \notin F_k\}$，其中 F_k 是蚂蚁 k 的禁忌表，记录了蚂蚁 k 已经访问过的所有城市，防止蚂蚁在一次遍历中重复访问同一个城市。

蚁群算法按照如下流程执行：首先随机将蚂蚁分置在不同城市，每个城市之间都设置一个初始信息素强度 $\tau_{i,j}(0)$。对于每个蚂蚁 k 而言，其都维系一个禁忌表 F_k。随后，蚂蚁依据转移概率函数 $p_{i,j}^k(t)$ 在不同城市间周游旅行，直到每个蚂蚁禁忌表都包含所有已知城市。接着，借助每只蚂蚁 k 的历史旅行路径更新式 (4.9) 内的信息素 $\tau_{i,j}^k$，记录得到蚂蚁找到的城市间最短路径。然后不断重复蚂蚁周游旅行直到找到最佳路径。

蚁群算法可在多无人系统中进行路径最优规划、任务最优分配、资源优化分配以及网络路由优化。

- 路径最优规划：蚁群算法通过模拟蚂蚁在寻找食物时的行为，多个无人设备可以相互通信，根据信息素浓度和能见度等因素选择最优路径，从而实现协同行动和任务执行。
- 任务最优分配：蚁群算法将多个任务分配给多个无人设备，使得任务执行效率最大化或者满足特定的约束条件。蚁群算法可以帮助无人设备动态地选择任务，并根据任务之间的关联性和优先级进行合理分配。
- 资源优化分配：蚁群算法可以用于优化多无人系统中包括能源、通信带宽、传感器覆盖范围等方面的资源分配，通过模拟蚂蚁在寻找食物时的行为，系统可以动态地调整资源的分配，以满足系统整体性能的最大化或者特定的约束条件。
- 网络路由优化：蚁群算法可以用于优化网络路由，即确定最优的通信路径，以最大化数据传输速率、最小化能量消耗或者最小化延迟等目标。通过模拟蚂蚁在寻找食物时的行为，系统可以动态地调整网络路由，以适应不断变化的网络环境和通信需求。

（2）粒子群算法优化决策。粒子群算法基于对鸟群寻找食物时群体搜索行为的模拟，是一种全局随机搜索算法。粒子群算法中，将鸟抽象为粒子组成算法解空间，不同粒子不断更新速度与位置以模拟鸟群搜索最优解。粒子群算法的基本思想是通过个体粒子的协同合作，利用全局最优解和个体最优解的信息来引导搜索过程，从而达到优化目标的目的。在多无人系统中，粒子群算法被应用于协同决策的过程中，以实现系统中各个无人系统的相互协作、共同工作，并最大限度地优化系统整体性能。

在粒子群算法中，设定每个粒子 i 的当前位置为 x，当前速度为 v，粒子自身找到的最佳位置为 p_i，种群的最佳位置为 p_g。在每个时间步骤 t，每个粒子按如下公式更新速度 $v_i(t+1)$ 和位置 $x_i(t+1)$：

$$v_i(t+1) = \alpha v_i(t) + c_1 r_1(p_i - x_i(t)) + c_2 r_2(p_g - x_i(t)) \tag{4.12}$$

$$x_i(t+1) = x_i(t) + v_i(t+1) \tag{4.13}$$

其中，α 为惯性因子，c_1、c_2 为加速因子，r_1 和 r_2 为 0 到 1 之间的随机数。

粒子需在解空间内进行优化搜索，即粒子在不同方向上均限制有最远和最近位置，同时，粒子 i 的速度限制 $\hat{v}_i$ 如下：

$$\hat{v}_i = \begin{cases} v_{\max}, \hat{v}_i > v_{\max} \\ -v_{\max}, \hat{v}_i < -v_{\max} \end{cases} \tag{4.14}$$

其中，$v_{\max}$ 为设定的最大速度向量，当粒子速度过大时，可以对速度向量进行调整，使其逐渐回归到合适的速度范围内。具体做法是通过逐步减小速度向量的大小，直到其不再超过最大速度阈值为止。除了限制最大正向速度外，有时也需要对负向速度进行限定，以确保粒子不会在搜索过程中过快地向负方向移动。这种限制可以有效地防止粒子在搜索过程中发生震荡或远离最优解的情况。

应用案例：基于粒子群算法的多机航迹规划

由于粒子群算法使用全局随机搜索导致其得到的解通常为种群最优解，而在多机航迹规划问题中，其种群最优解不是全局最优，导致基于粒子群算法的多机航迹规划解无法对齐近似最优。由此，在多机航迹规划场景中，需联合莱维飞行策略进行求解，即引入非固定步长随机游走来扩大搜索空间，跳出局部最优，求解全局最优。

莱维分布的飞行步长计算式如下：

$$L(\lambda) = \frac{\mu}{|v|^{\frac{1}{\beta}}} \tag{4.15}$$

其中，β 是莱维分布的稳定指数，μ 和 v 满足正态分布即 $\mu \sim N(0, \varrho_u^2), v \sim N(0, \varrho_v^2)$，标准化参数 ϱ_v 常设为1，ϱ_u 则由如下公式定义：

$$\varrho_u = \left[\frac{\Gamma(1+\beta)\sin(\frac{\pi\beta}{2})}{\Gamma(\frac{1+\beta}{2})\beta \cdot 2^{\frac{\beta-1}{2}}}\right]^{\frac{1}{\beta}} \tag{4.16}$$

其中，Γ 表示伽马函数。粒子采用如下策略进行位置更新：

$$x_i^{k+1} = x_i^k + \varepsilon L(\lambda) \tag{4.17}$$

其中，x_i^k 和 x_i^{k+1} 为粒子 i 在 k 和 $k+1$ 层循环中的位置，参数 ε 用于控制更新步长。

4.3 动态攻防对抗

在由多个无人设备构成的多无人协同系统中，可以将其分为感知层、网络层和应用层。随之而来的安全威胁也被划分为不同层级的多维安全威胁。无人设备、传感器、通信网络等元素之间的紧密协作使得无人系统更加灵活，但同时也引入了更为复杂的安全挑战。感知层的无人机数据、网络层的通信协议与信息，以及应用层的软件与算法等多源数据在无人协同系统中所面临的安全威胁具有特殊性。本节将首先介绍无人协同系统中面临的多维攻击威胁，然后分别针对无人协同系统的感知层、网络层和应用层介绍防御对抗手段。

4.3.1 无人协同系统多维攻击威胁

在无人协同系统中，部署在地面控制站的协同控制器使用嵌入式传感器提供的转向命令和信号来操控智联无人设备，它还提供执行器的更新信息，以调整其速度和轨迹。针对协同控制器的攻击是一种常见的针对无人协同系统的攻击，它可能改变任务指令或参数，从而干扰无人设备的正常控制。通常可以使用板载软件或硬件工具来防止此类攻击，例如警告生成、控制器估计或实时监控，以便迅速对可能的风险做出响应。如图4-2所示，常见的针对无人协同系统的安全攻击主要包括四类：决策篡改攻击、操纵协同控制器攻击、注入伪造控制数据攻击和供电攻击。表4-2提供了对无人协同系统多维攻击威胁的总结。

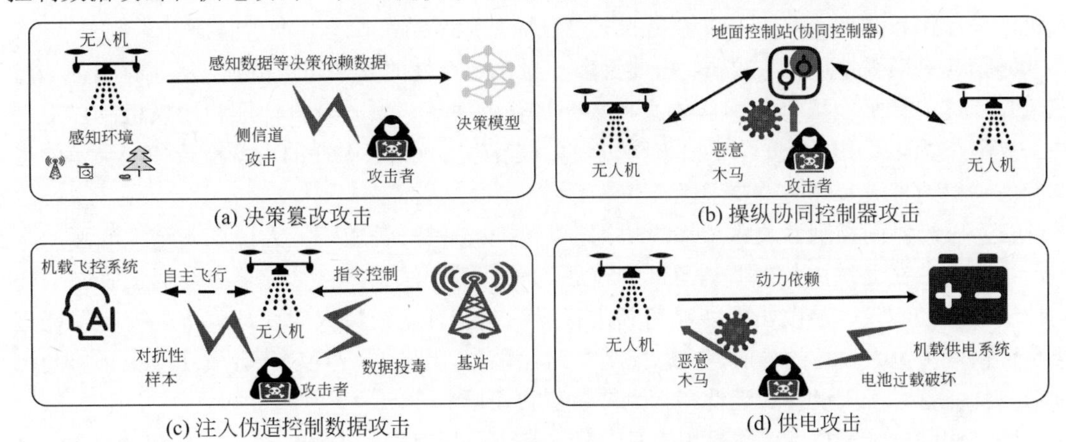

图 4-2　无人协同系统的典型攻击威胁示意图

表 4-2　无人协同系统安全攻击分类

攻击类型	攻击目标	攻击危害	防御措施
决策篡改攻击	无人协同系统决策依赖传感器	篡改、修改或伪造决策依赖传感器内容，以误导决策模型	加密决策依赖传感器数据和数据传输，实施身份认证和授权机制以限制访问权限，定期的设备检查和安全审计
操纵协同控制器攻击	协同控制器	注入虚假信息或通过恶意软件等非法手段接管协同控制器的控制权，使攻击者能够对其进行操纵或执行未经授权的任务	强化通信加密、实施认证和授权机制，定期更新协同控制器软件
注入伪造控制数据攻击	无人设备飞行/驾驶控制系统	破坏无人设备控制系统，导致无人设备飞行/驾驶失控	实施数字签名和认证机制，交叉飞控数据验证
供电攻击	无人设备供电系统	破坏无人设备电池的正常功能和可用性，导致无人设备无法工作	硬件级电池保护与软件过载保护

（1）决策篡改攻击。篡改攻击是一种针对无人协同系统决策依赖传感器的恶意行为，其目的是通过篡改、修改或伪造决策依赖传感器内容，以误导决策模型，最终达成非法目的。这类攻击通常涉及对摄像头、镜头或摄像设备等决策依赖传感器进行非法访问，以更改实际场景的呈现或传达虚假信息。

以无人机协同系统为例，为了保证飞行期间的安全导航和避免碰撞，无人机通过摄像头捕获视频并依靠摄像头捕获的视频进行导航和防撞。攻击者可能采用多种方式实施操纵拍摄镜头攻击，其中包括物理攻击，诸如在镜头前放置遮挡物或故意损坏摄像设备，使得拍摄内容失真或不可信。同时，攻击者可能通过网络攻击手段侵入摄像设备，篡改拍摄的图像或视频，或者在数据传输过程中截获并修改图像数据，这种攻击形式可能用于隐匿信息、伪造事件或者进行欺骗。攻击者还可能将篡改攻击与GPS欺骗攻击相结合，以控制飞行中的无人机，与操作系统攻击不同，攻击者的主要目标是危及导航安全并产生碰撞。

为了应对操纵拍摄镜头攻击，需要采取一系列综合性的安全防护措施，从而有效降低潜在风险。这包括加密依赖传感器数据和数据传输的决策，实施身份认证和授权机制以限制访问权限，以及采用物理安全手段来防范设备被篡改。此外，定期的设备检查和安全审计也是确保拍摄内容真实性的重要手段。

（2）操纵协同控制器攻击。操纵协同控制器攻击是一种威胁无人设备安全性的恶意行为，该攻击旨在通过注入虚假信息或通过恶意软件等非法手段接管部署在地面控制站的协同控制器的控制权，使攻击者能够对其进行操纵或执行未经授权的任务。协同控制器能直接负责管理多无人设备的导航、姿态控制和路径规划。因此，一旦攻击者成功操纵了协同控制器，就能够对无人设备的运动和行为产生直接影响。

操纵协同控制器攻击可能采用多种手段，其中包括对控制信号的干扰、截获和篡改，以及通过侵入系统网络或物理接触手段获取控制权。攻击者可能试图修改导航指令、姿态控制参数或轨迹计划，导致无人设备偏离原定轨迹，执行恶意任务，甚至造成无人设备的失控。这种类型的攻击具有极大的危害性，不仅对无人设备本身构成威胁，还可能引发重大安全和隐私问题。操纵协同控制器攻击可能用于执行间谍活动、物理破坏或恶意监视等目的，对国家和社会安全产生潜在威胁。

为了对抗操纵协同控制器攻击，需要采取综合性的安全策略和技术手段，从而确保无人设备协同决策过程的安全性和稳定性。这包括强化通信加密、实施认证和授权机制、加强网络安全防护、定期更新协同控制器软件及进行协同控制器固件的安全审计等。

（3）注入伪造控制数据攻击。注入伪造控制数据攻击是一种专注于干扰无人设备正常运行的恶意行为，攻击者通过伪造数据，破坏无人设备控制系统，导致无人设备产生误导性的信息，可能引发严重的安全问题。

在无人设备控制系统中注入错误的传感器数据读数会对外部传感器构成潜在威胁。以无人机为例，攻击者可以通过访问机载飞行控制器系统或利用系统调用来更改传感器读数，将虚假的传感器数据注入无人机系统。这种注入虚假数据的行为可能导致无人机受到不准确的环境信息的影响，进而危及飞行安全。在该攻击中，无人设备控制传感器数据被故意篡改，这可能包括GPS、惯性测量单元、气压计等不同的传感器，通过在这些传感器的输出中注入虚假数据，影响无人设备控制系统对于无人设备位置、速度、姿态等关键信息的准确认知，导致无人设备控制系统误判无人设备的位置、高度或运动状态，从而引发无人设备控制的失控行为。

为了防范注入伪造控制数据攻击，需要采取一系列综合性的安全措施，包括加密传感器数据的传输、实施数字签名和认证机制以验证数据的真实性、使用另一组传感器收集读数来交叉验证数据、通过控制不变方法对无人设备的物理特性进行建模以及对传感器系统进行定期的安全审计。通过这些措施，可以有效提高无人设备对潜在注入伪造控制数据攻击的抵御能力，确保其正常和安全运行。

（4）供电攻击。供电攻击是一种专注于破坏或干扰无人设备电池性能的恶意行为，旨在影响设备的电源供应、延缓电池寿命，甚至可能导致设备故障或安全风险。攻击者可以采取多种方式来破坏无人设备电池的正常功能和可用性，包括物理损坏、恶意软件、电化学干扰等。

一种常见的攻击方式是物理损坏，攻击者可能试图通过过度充电、过度放电、高温或物理破坏等手段，引发电池的性能下降，甚至导致电池过热、漏液或爆炸。该攻击不仅损坏设备，还可能对用户的安全构成直接威胁。供电攻击也可以通过物理篡改或将合法电池与故障电池交换，以使整个无人协同系统内的无人设备失效。攻击者可能会试图欺骗传感器或注入恶意软件来损害无人设备的其他组件，进而导致无人设备电池耗尽。另一种攻击方式是通过恶意软件，攻击者可能植入恶意代码以增加电池的使用频率、改变充电和放电模式，以达到缩短电池寿命或提高设备能耗的目的，该攻击形式在智能手机、可穿戴设备等电池驱动的设备中尤为常见。攻击者也可以在电池中植入恶意组件或修改其内部结构和参数，这可能导致电池过热、短路、电量不稳定等问题，从而危及无人设备飞行的安全和稳定性。此外，电化学干扰是一种更为隐蔽的攻击方式，攻击者可能试图通过引入特定化学物质，干扰电池内部的化学反应过程，从而影响电池的性能和稳定性。这种方式通常需要更高的专业知识，然而一旦成功，可能对无人设备的电源供应和整体稳定性产生重大影响。

为了防范电池供电攻击，需要采取一系列综合的安全措施，包括物理安全措施，如防水、防高温设计，以及设备硬件的电池保护电路。例如，可以在电池管理系统中使用安全电路，并在无人协同任务期间实时监控电池的放电过程。加强软件安全性，定期更新设备固件，使用可信任的应用程序和操作系统也是关键步骤。此外，利用机器学习技术可以自动检测无人设备电池耗尽攻击，提高对电池安全的识别能力。通过上述综合性的措施，可以有效提高电池系统对各类潜在攻击的抵御能力，增强无人设备电池的安全性和可靠性，确保设备的正常、安全运行与任务的成功完成。

4.3.2 面向无人协同系统感知层的防御

基于规则、签名和深度学习相结合的混合入侵检测方法在应对日益复杂和多样化的网络入侵威胁方面具有重要意义，特别适用于无人协同系统中的感知层防御。该方法独特之处在于将传统的规则和签名检测技术与深度学习算法相融合，从而充分发挥两者的优势，提高对各种攻击形式的检测准确性和覆盖范围。通过综合利用规则和签名检测的高效性及深度学习的适应性，混合入侵检测方法能够克服各自方法的局限性，提供更全面和准确的入侵检测。

基于规则的入侵检测方法通过预定义规则集合对网络流量进行检查，可以涵盖常见攻击模式的特征。然而，规则检测方法往往难以适应未知威胁和复杂攻击模式，因此需要与其他技术相结合以提高检测的全面性。基于签名的入侵检测依赖于已知攻击的特征或模式的数据库，通过匹配现有的攻击签名来识别威胁。虽然这种方法对已知攻击有很好的识别效果，但对于新型攻击和零日漏洞通常难以提供有效防御，因此仍需结合其他技术以提高检测的广度。最后，借助深度学习模型，可以学习和理解大规模网络流量中的复杂模式和异常行为。

应用案例：无人机网络虚假数据注入威胁防御

引入基于深度学习的入侵检测框架来防御无人机网络虚假数据注入攻击威胁。如图4-3所示，该框架以循环神经网络（Recurrent Neural Network，RNN）为基础，涉及从网络收集数据并使用大数据分析进行异常检测。数据收集是通过每个无人机机载传感器执行的，它记录无人机实时感知信息，它还涉及一个流处理模块，用于收集无人机的通信信息，包括入侵检测相关信息。该信息被输入两个用于数据分析的RNN模块，并进行训练，其中一个RNN模块位于无人机终端，另一个模块位于基站。

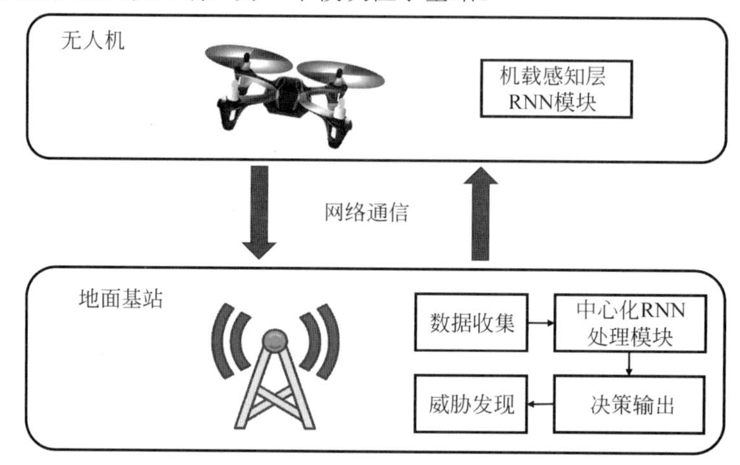

图 4-3　无人机网络虚假数据注入威胁防御

RNN可有效用于语音合成、时间序列预测、视频处理和自然语言处理等不同应用。RNN采用多层感知机设计，具有循环结构，网络通过学习正常行为以检测偏差，该算法接收从无人机流量中提取的参数，这些参数被传递给预测功能，试图发现异常，一旦出现异常行为，系统将向控制器发出警报以供决策。

数据收集器的主要功能是在数据输入RNN模块之前处理数据，该模块还负责对数据包提取必要的特征，诸如传输速率、接收速率、传输与接收比率、源IP、目标IP、传输模式和活动持续时间等。框架设计为在批处理和流数据模式下工作，因此，框架中存在两个收集器模块，每个无人机都包含一个数据收集器模块，另一个位于基站中。在批量数据处理中，收集器被配置为将数据保存在缓冲区中，然后再将其传递给RNN模块，缓冲区大小也取决于要处理的批量大小。在数据流模式下，数据收集器将数据作为流馈送到RNN模块。在无人机中，数据收集器负责收集通信模块的数据以满足RNN模块的要求。

此外，无人机的数据采集模块负责将采集到的数据与无人机的RNN模块决策一起传输到基站采集模块，基站数据收集器模块接收所有无人机的数据及其决策，并处理所有接收到的数据，将其传递给基站上的集中式RNN模块进行决策验证，然后将最终决策转发给决策者模块进行进一步处理。基站上部署了一个集中式RNN模块，该模块可以批量或流式运行，它根据配置的模式（批量或流式）接收来自数据收集器模块的无人机流量。集中式RNN将根据收集到的总体数据做出全局决策，以检查哪架无人机受到损害。由于流量来自不同的无人机，集中式RNN将比无人机的终端RNN接受更多的模型训练。

4.3.3　面向无人协同系统网络层的防御

受限玻尔兹曼机（Restricted Boltzmann Machine，RBM）是一种有效应对无人协同系统网络层的攻击对抗的方法，RBM是一种概率生成模型，可以用于学习数据的概率分布，并提取其中的特征。在协作式无人系统中，通过对网络流量进行监测和分析，RBM可以帮助识别异常流量模式，包括潜在的攻击行为。

RBM由可见层和隐藏层组成，其中可见层包含多个可见单元，由于RBM模型通过矢量化方法将输入特征转换为可见单元，这些单元的状态可以被观察到。而隐藏层则包含许多隐藏单元，这些单元的状态是未知的，但可以通过训练RBM的权重来获取它们。可见单元和隐藏单元的联合配置 (v,h) 具有如下的能量函数：

$$\text{Energy}(v,h) = -\sum_{1\leqslant i\leqslant n_v} p_i \times v_i - \sum_{1\leqslant j\leqslant n_h} q_j \times h_j - \sum_{1\leqslant i\leqslant n_v}\sum_{1\leqslant j\leqslant n_h} h_j \times \Theta_{i,j} \times v_i \tag{4.18}$$

其中，$\Theta_{i,j}$ 是可见单元 v_i 和隐藏单元 h_j 之间的权重，p_i 是可见单元 v_i 的偏置，q_j 是隐藏单元 h_j 的偏置，n_v 和 n_h 分别表示可见单元和隐藏单元的数量。接着，通过能量函数定义可见向量和隐藏向量的联合概率分布：

$$p(v,h) = \frac{1}{z} \times \mathrm{e}^{-\text{Energy}(v,h)} \tag{4.19}$$

其中，配分函数 z 表示关于所有可能的可见向量和隐藏向量对的 $\mathrm{e}^{-\text{Energy}(v,h)}$ 之和，即

$$z = \sum_{v,h} \mathrm{e}^{-\text{Energy}(v,h)} \tag{4.20}$$

应用案例：无人车网络操纵威胁防御

如图4-4所示，利用RBM对无人车网络流量进行建模和分析，从而识别可能的网络操纵行为。首先，RBM通过学习正常的网络流量模式，建立起正常行为的模型；然后，当网络流量发生异常时，RBM能够检测到与正常模式不符的情况，并发出警报，通过监测流量数据中的异常模式，可以及时发现并应对网络操纵威胁。

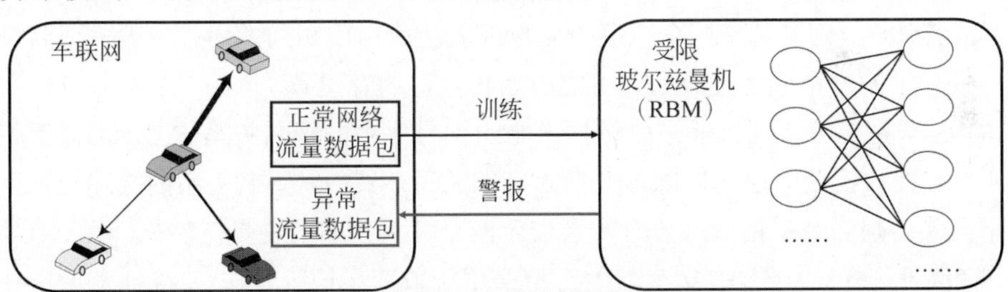

图 4-4 无人车网络操纵威胁防御

为了训练RBM，采用B-采样（B-Sampling）算法来训练参数进行采样，该算法对训练样本进行随机抽样，并利用吉布斯采样来估计梯度，从而更新模型参数。B-Sampling算法的目标是最大化对数似然函数 $\log P(v)$，其中 $P(v)$ 是式(4.18)中可见单元的概率分布，使用梯度上升法来最大化对数似然函数，需要先计算梯度。通过吉布斯采样来计算梯度，首先更新隐藏单元状态，根据当前的可见单元状态 v 和模型参数 Θ，计算隐藏单元的条件概率分布 $P(h|v)$，然后从该分布中采样得到新的隐藏单元状态 h。随后更新可见单元状态，根据新的隐藏单元状态 h 和模型参数 Θ，计算可见单元的条件概率分布 $P(v|h)$，然后从该分布中采样得到新的可见单元状态 v。进一步地，分别计算权重 Θ_{ij}、可见单元偏置项 p_i 及隐藏单元偏置项 q_j 的偏导数。最后，通过梯度上升法来更新模型参数 Θ、可见单元偏置项 p 及隐藏单元偏置项 q_j。这样，通过使用吉布斯采样生成模型样本，并计算梯度估计，然后使用梯度上升法来更新模型参数，可以最大化对数似然函数来训练RBM，从而区分无人车网络中的正常网络流量与操作网络流量，及时发现并应对网络操纵威胁。

4.3.4 面向无人协同系统应用层的防御

无人协同系统在应用层主要面临恶意软件的威胁，常采用代码分析捕获恶意软件二进制代码中的攻击性特征，以进行防御对抗。主流的代码分析技术包括数据流分析、别名分析、污点分析及符号执行等。

（1）数据流分析。数据流分析主要分为前向数据流分析与后向数据流分析，均用于收集程序中变量的使用、定义及它们之间的依赖关系等信息。对于前向数据流分析，其基本原理可描述为

$$\mathrm{OUT}_n = \mathrm{TRANS}_n(\mathrm{IN}_n) \tag{4.21}$$

$$\mathrm{IN}_n = \mathrm{JOIN}_{q\in \mathrm{pred}_n}(\mathrm{OUT}_q) \tag{4.22}$$

其中，n 是程序中的一个基本块（或语句），IN_n 是基本块 n 的输入集合，表示块 n 的输入变量，OUT_n 是基本块 n 的输出集合，表示块 n 的输出变量。TRANS_n 是块 n 的转移函数，连接运算符 JOIN 通过联合块 n 的所有前辈节点 $q \in \mathrm{pred}_n$ 的出口状态，从而产生块 n 的入口状态。通过不断更新基本块的输入和输出集合，直到达到收敛，即输入和输出集合不再发生变化，从而得到每个基本块的输入和输出信息。

后向数据流分析与前向数据流分析过程相反，其基本块的结束点作为输入状态，入口点作为输出状态，转移函数通过遍历基本块内语句的反向序列来获取信息。此外，后向数据流分析一般通过后序遍历函数的控制流图来传播信息，而前向数据流分析则是通过后序遍历控制流图的逆序列来传播信息。

（2）别名分析。别名是指两个或多个变量或表达式引用相同的内存位置。别名分析的目标是确定程序中的变量或表达式是否可能引用相同的内存位置。

具体而言，别名分析通过静态分析技术来识别程序中的别名关系，它会跟踪程序中的指针赋值语句，并分析这些语句以确定变量之间的关系。其中，别名关系的描述包括两种：别名对和指向集。别名对是指通过一对变量表示两个互为别名的变量，例如，在 C/C++编程语言中，赋值语句 p = &x,x = &y，其中 & 符号用于取变量地址操作，$*$ 符号表示指针所指向的值，$*$p、x、$*$x 和 y 均为别名，其别名关系可以描述为 $\{<*\mathrm{p}, \mathrm{x}>, <*\mathrm{x}, \mathrm{y}>, <**\mathrm{p}, \mathrm{y}>\}$。指向集是指一个指针和其所指向的对象的集合，例如，赋值语句 p = &x,x = &y，其包含的别名关系可以描述为 $\mathrm{p} \longrightarrow \{\mathrm{x}, \mathrm{y}\}$。别名分析方法通过判断两个指针的指向集是否存在交集来查询两个指针是否可能互为别名，相比于别名对，指向集消耗更少的内存资源。别名分析在恶意软件防御中通常用于识别恶意代码中可能存在的漏洞或攻击向量，例如，分析恶意软件二进制代码中的指针操作，以确定是否存在潜在的缓冲区溢出漏洞。

（3）污点分析。污点分析追踪程序中变量的数据流，以验证污点数据是否能够在不经过安全检查的情况下，通过程序的执行路径从污点源传播到污点汇聚点。污点分析可简化为一个三元组 $<\mathrm{sources}, \mathrm{sinks}, \mathrm{sanitizers}>$，其中 sources 代表污点源，即可能被攻击者控制的输入数据，例如网络数据接收函数 recv；sinks 表示污点汇聚点，即安全敏感操作，包括不安全的内存拷贝（例如 strcpy 函数）、向外泄露隐私数据等；sanitizers 表示无害处理，用于对可控输入数据进行安全检查，例如字符串长度检查和数据加密，以防止数据传播对软件系统的信息安全造成危害。

污点分析技术通过标记程序中的敏感数据，通常是用户输入或其他敏感信息，如密码、密钥等，然后跟踪这些标记随着程序执行过程中的传播路径，检测潜在的安全风险。当污点数据与不受信任的数据源进行交互，或者当污点数据被不安全地传递到安全敏感操作（如数据库查询、文件写入）时，就可能存在安全漏洞。污点分析可以帮助识别无人协同系统中的恶意软件行为，如恶意代码注入、数据泄露、身份盗窃等。通过追踪敏感数据的流动路径，可以检测到恶意软件对系统安全的威胁。

（4）符号执行。符号执行的核心思想是以符号值替代输入的具体数值，从而模拟程序的执行过程。在符号执行中，对于程序的输入或是无法确定的变量都会用符号值来表示。初始时，这些符号值没有任何约束；当程序遇到分支跳转时，会生成对符号值的约束，并将这些约束保存到当前路径的约束集中。在纯粹的静态符号执行中，每个条件分支点都会生成一个新的执行器，用于分别探索不同的分支路径。随后，符号执行会通过约束求解器来验证每个路径约束的可解性，若路径约束是可解的，则说明该路径是可达的，并且可以通过求解约束来生成相应的测试用例。理论上符号执行可以覆盖程序的所有路径，并且对于每一条路径都可以生成满足约束的测试用例。

符号执行可以用于分析无人协同系统中的恶意代码，通过模拟执行程序并收集约束条件，符号执行可以帮助检测恶意软件可能存在的漏洞或恶意行为。此外，它还可用于发现无人协同系统应用层中的潜在漏洞，通过对程序进行符号执行，可以找到导致安全漏洞的输入条件，并生成能够触发这些漏洞的测试用例。

应用案例：空天地一体化网络恶意软件植入威胁防御

空天地一体化网络常遭受大量恶意软件植入攻击，以获取网络中无人设备的控制权。如图4-5所示，通常采用代码分析方法来提取恶意软件的特征向量，并借助支持向量机、决策树和随机森林等技术对这些特征进行学习、区分和防御。

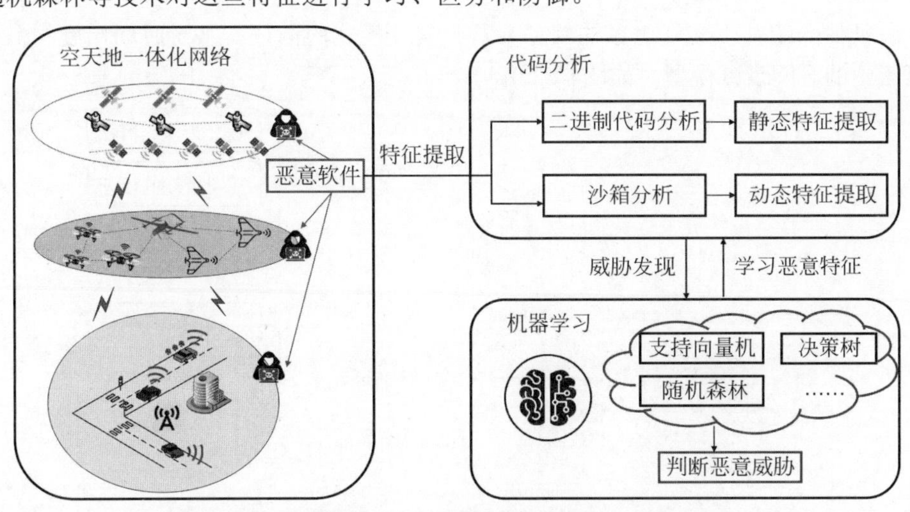

图 4-5　空天地一体化网络恶意软件植入威胁防御

具体而言，首先从应用层恶意软件的二进制代码中提取静态特征，这包括从二进制文件中提取可打印字符串信息（Printable String Information，PSI），并将其用作静态特征。然而，代码混淆技术可能在二进制文件中插入许多不需要的PSI，因此并非所有提取的PSI都对分类有意义。为此，对提取的PSI进行处理，仅输出包含对分类有意义的字符串。随后，根据出现频率对提取的PSI进行排序，并将低于特定阈值的PSI消除。接着，创建称为特征列表的PSI全局列表，其中包含从数据集中的每个可执行文件（恶意软件和良性文件）中选择的所有字符串。将每个恶意软件和良性文件与列表进行比较，并用二进制向量表示，其中二进制向量表示恶意软件样本包含或不包含的字符串，记录为真/假二进制值。

随后，从应用层恶意软件的代码执行中提取动态特征，包括执行期间进行的应用程序编程接口（Application Programming Interface，API）调用、注册表修改、堆内存地址和进程地址等信息。API由操作系统提供，用于通过应用程序的系统调用来访问低级硬件，攻击者使用同一组API进行恶意活动。因此，仅通过日志中是否存在API不足以预测给定文件是否是恶意软件，需要进一步考虑API调用顺序。为此，使用基于n-gram的方法来分析称为API-call-grams的调用序列，随着n-gram大小的增加，同一类文件之间相似的n-gram数量会变少。

特征向量的创建如下：从处理后的调用序列日志中为每个文件生成API调用元组。对于每个n元语法集进行排序，并消除低于阈值的元语法。创建两个API-call-gram表，其中的条目是来自对应二进制文件的n-gram集中的API-call-grams数据集。因此，该表包含API调用图的全局列表，再将该列表按频率排序，并消除一些频率较低的API调用图。最后，创建的特征向量同时包含静态特征和动态特征，这些集成的特征向量用于对二进制文件进行分类，通过机器学习模型进行特征学习，以区别恶意软件与正常软件，并用于扫描检测应用层中恶意软件植入的威胁。

4.4 决策可信性评估

本节具体介绍基于交互对象的信任、基于交互模式的信任、基于时间尺度的信任以及信任更新中的时间衰减模型，如图4-6所示。

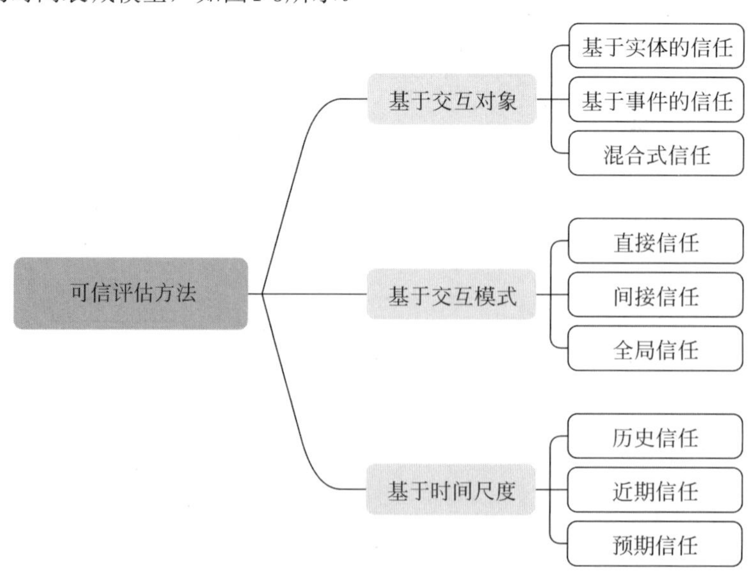

图 4-6 无人系统可信评估方法分类

4.4.1 基于交互对象的信任

在信任管理领域，基于实体的信任（Entity-Based Trust）和基于事件的信任（Event-Based Trust）是两个重要的概念，它们从不同的角度评估和建立信任，以确保交易或交互的安全性和可靠性。

（1）基于实体的信任。基于实体的信任是一种以实体（如个人、组织、设备等）的固有属性或历史行为为基础来建立信任的方式。这种信任模型强调实体的身份验证和信誉评估，通常涉及以下方面。① 身份验证：确保交互的实体是其声称的身份，这通常涉及使用密码、数字证书、生物识别技术等手段来验证身份。② 信誉评估：通过评估实体过去的行为、交易历史、推荐信等信息来确定其可信度，诸如在线市场可能会使用买卖双方的评级和评价系统。基于实体的信任更多地应用于需要强身份验证和长期关系维护的场景，如金融交易、企业合作等。

基于实体的信任是指根据实体的历史行为、属性或声誉等因素来评估其可信度的方法。在无人系统（如无人机、自动驾驶车辆等）的应用中，基于实体的信任对于确保系统的安全性和可靠性至关重要。这种信任模型依赖于对实体过去行为的观察和分析，以此来预测其未来的行为是否可信。

应用案例：无人配送系统中的信任评估

假设在一个无人机配送系统中，需要评估每个参与系统的无人机实体的信任度，以决定是否将高价值的配送任务分配给它。在基于实体的信任评估中，主要包含以下四个步骤。

① 实体属性评估。考察无人机实体的基本属性，如身份角色、传感器精度等。具体地，假设无人机实体 E 拥有属性集合 $A=\{a_1,a_2,\cdots,a_n\}$，每个属性 a_i 对应一个权重 w_i，实体属性评估得分 R_a 可以表示为

$$R_a(E)=\sum_{i=1}^{n} w_i\cdot \mathrm{Val}(a_i) \tag{4.23}$$

其中，$\mathrm{Val}(a_i)$ 是属性 a_i 的评价值。

② 历史表现评估。对无人机实体 E 过去完成任务的成功率进行统计分析。设 $B=\{b_1, b_2,\cdots,b_n\}$ 为其历史行为记录的集合。其中，n 为评估周期内无人机完成的任务总数，s 为成功完成的任务数，则无人机的成功率 R_s 可以表示为

$$R_s(E)=\frac{s}{n} \tag{4.24}$$

③ 声誉评分。基于客户反馈或第三方评价系统给出的声誉评分。假设无人机实体 E 的声誉评价来源于其服务的 k 个无人车客户，每个源 R_k 提供一个反馈评分 r_k，评分范围在 0 到 10 之间，声誉得分 S_R 可以表示为加权平均：

$$R_f(E)=\sum_{k=1}^{K} w_k\cdot r_k \tag{4.25}$$

其中，w_k 是每个评价源的权重。

④ 综合信任度计算。结合历史表现评估和声誉评分来计算无人机实体 E 的总信任度。设定实体属性、历史表现和声誉评分的权重分别为 w_a、w_s 和 w_f（$w_a+w_s+w_f=1$），则无人机实体 E 的综合信任度可以表示为

$$T(E) = w_a \cdot R_a(E) + w_s \cdot R_s(E) + w_f \cdot R_f(E) \tag{4.26}$$

其中，权重的设定反映了对属性评估、历史表现和声誉评分的重要性的不同偏重程度。此外，实际场景中需加入调节因子以保持三者在同一量纲。通过基于实体的信任模型，无人配送系统可以更客观、准确地评估每个无人机的可信度，从而做出更合理的任务分配决策，以提高整个系统的效率和安全性。

（2）基于事件的信任。与基于实体的信任不同，基于事件的信任侧重于评估具体事件或行为的信任度，而不是依赖于实体的固有属性或过往表现。这种信任模型适用于那些实体身份不易确定或者不那么重要的情况，通常涉及以下方面。① 事件验证：关注特定事件的真实性、完整性和未被篡改的证据，例如，区块链技术通过共识机制来确保交易记录的可信。② 行为分析：分析事件的行为模式，如访问控制决策、网络流量分析等，来识别恶意行为或异常活动。基于事件的信任则更适用于开放环境下的临时交互或匿名交易，如大范围物联网设备间的匿名通信，或者在去中心化的区块链应用中确保交易的有效性。

基于事件的信任关注于评估和分析特定事件或行为的信任度，而非单纯依赖于实体的固有属性或声誉。该信任模型依赖于事件的上下文、结果及与之相关的证据，适用于动态且复杂的交互环境。诸如在协同故障感知时，高速移动的陌生无人车之间及无人车与路侧智能单元之间可通过基于事件的信任来评估和管理道路故障事件的可信度。

应用案例：无人车队的协同避障

如图4-7所示，考虑一个无人车队进行城市巡航的场景，车队中的无人车需要实时共享交通状况信息以协同避障。在该过程中，基于事件的信任模型可以用来评估来自其他无人车的信息的可信度。

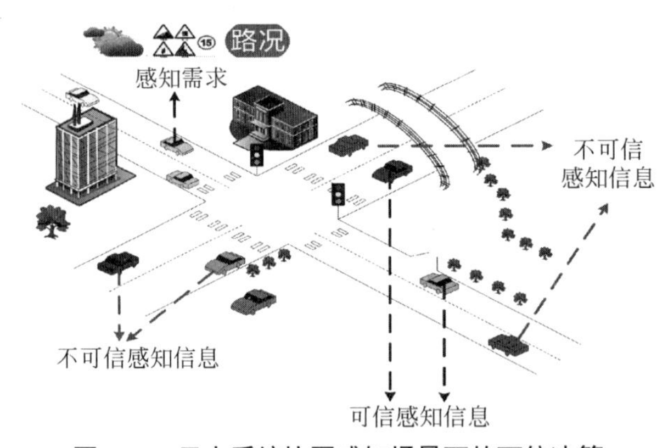

图 4-7　无人系统协同感知场景下的可信决策

① 事件信息收集。每辆无人车上的传感器收集交通状况信息，如前方是否有障碍物（即事件b）等。

② 信息可信度评估。根据收集的事件信息及发送该信息的无人车的历史准确率来评估该信息的可信度。设$p(b_i)$表示第i辆车报告事件b的准确率，可以基于历史数据统计得到。若无人车报告相同事件的次数为n_i，其中准确的次数为a_i，则$p(E_i)$可以表示为

$$p(b_i) = \frac{a_i}{n_i} \tag{4.27}$$

③ 综合信息可信度计算。当多辆无人车报告相同的事件时，综合考虑所有报告来确定

事件的总体可信度。假设有 N 辆车报告了相同的事件 b，综合可信度 $T(b)$ 可以采用加权平均的方法计算：

$$T(b) = \sum_{i=1}^{N} p(b_i) \cdot w_i \tag{4.28}$$

其中，w_i 是权重因子，可以根据无人车的其他属性（如任务相关传感器精度）来分配。通过基于事件的信任模型，无人车队可以更准确地判断哪些交通状况信息是可信的，从而做出更合理的避障决策，提高整个车队的安全性和效率。

（3）混合式信任。混合式信任是一种综合性的信任评估方法，它结合了基于实体的信任和基于事件的信任两种模型，以提供更全面、更准确的信任度评估。这是由于在复杂的交互环境中，仅依靠单一的信任评估方式可能无法完全捕捉所有的信任维度，因此通过融合两种模型的优势来强化信任评估机制。其中，基于实体的信任关注实体（如个人、组织、设备等）的固有属性或历史表现，如可靠性、声誉等因素；基于事件的信任则侧重于评估具体事件或行为的信任度，不直接依赖于实体的固有属性，而是根据事件的上下文和结果来决定信任度。

在无人系统领域，混合式信任模型更适用于那些既需要考虑操作实体的可信度，又需要对实体间交互的具体事件进行评估的场景。例如，在无人车队协作中，不仅需要评估每个无人车的可靠性（即基于实体的信任），还需要根据它们在特定任务中的表现（即基于事件的信任）来动态调整信任度。一个简化的混合式信任计算方法可以表示为

$$T_{\text{hybrid}} = \alpha \cdot T_{\text{entity}} + \beta \cdot T_{\text{event}} \tag{4.29}$$

其中，T_{hybrid} 代表混合式信任度，T_{entity} 代表基于实体的信任度，T_{event} 代表基于事件的信任度。α 和 β 是权重系数，用于平衡两种信任度的影响，$\alpha + \beta = 1$。

通过考虑实体的固有属性和具体事件的上下文信息，混合式信任提供了更全面的信任评估。混合式信任模型为理解和管理复杂交互系统中的信任关系提供了一个强大的工具，尤其适用于那些对信任度要求高且交互模式复杂的应用场景，如协作式智能无人交通系统等。同时，可以根据不同场景和需求调整基于实体信任和基于事件信任的权重，提高模型的自适应性。然而，混合式信任模型的实现和管理比单一信任模型更为复杂，需要更多的计算资源和智能算法支持。

4.4.2 基于交互模式的信任

在无人系统服务中，基于交互模式的信任对于促进节点间的合作、信息分享和交易至关重要。基于交互模式的信任是一个涉及如何在实体间建立和评估信任的重要概念，主要分为直接信任（Direct Trust）和间接信任（Indirect Trust）两种形式，这种分类方式侧重于信任形成的过程，以及信任信息的来源。直接信任和间接信任的结合使用可以提高系统整体信任评估的准确性和可靠性。

（1）直接信任。直接信任是基于个体之间直接交互的经历而形成的信任，这种信任来源于个体对彼此之间的在线上或线下社交交互及任务交互中的直接观察和经验评估，如合作的成功率、交互的质量和频率等。直接信任的特点如下。① 主观个体化：它基于个体之间具体的交互行为，因此是高度个体化和主观化的。② 历史经验性：由于直接来源于个人的经验，这种信任通常主观被视为更为可靠和准确的。③ 时间动态性：随着更多的交互发生，

直接信任的水平可以增加或减少，反映了信任关系的动态变化。

直接信任基于实际的交互经验，其优点在于真实性和准确性。然而，直接信任模型也存在局限性。一方面由于缺乏直接的交互历史，新的或未知的实体难以快速建立信任；另一方面，由于直接信任存在主观个体性，不同主体对于同一个其他个体的直接信任可能相差甚远。

应用案例：无人机协同物资配送

如图4-8所示，考虑无人机用于医疗物资等紧急物资配送的场景。在该无人机网络中，每个无人机可能基于过去与其他无人机的协作经历来建立直接信任，这影响了它们之间任务分配的决策。

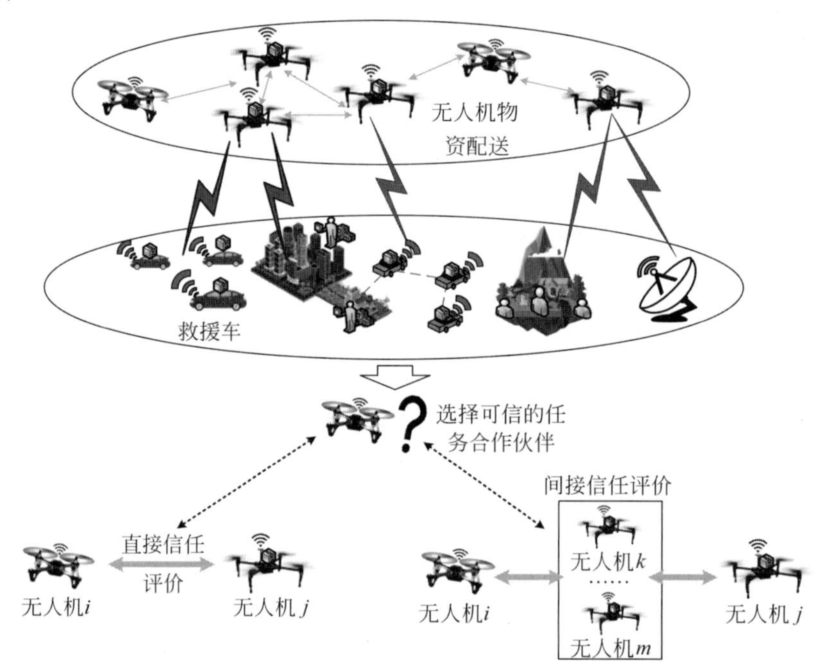

图 4-8　无人机协同物资配送场景下的直接信任评估与间接信任评估

① 信任评分。每个无人机根据与其他无人机的直接协作历史进行信任评分。信任评分通常由交互满意度决定。满意度函数衡量了一次交互中智能体对其交互对象的满意度。令 $\mathrm{Sat}_{i,j}^{t}$ 表示无人机 i 和 j 在第 n 次交互中的满意度评分函数。通常地，令满意度值在 $[0,1]$ 区间，即

$$\mathrm{Sat}_{i,j}^{t}=\begin{cases}0,\ \text{完全不满意}\\1,\ \text{完全满意}\\\in(0,1),\ \text{其他}\end{cases}\tag{4.30}$$

② 基于贝叶斯的信任计算。假设无人机 i 在之前的 N 次任务中与无人机 j 协作，其中满意的交互次数为 $\alpha_{i,j}$，不满意的交互次数为 $\beta_{i,j}$。若与无人机 j 的第 n 次交互中，无人机 i 的满意度大于其预设阈值，则定义为一次满意的交互，否则定义为一次不满意的交互。诸如成功完成协作任务为一次满意的交互，任务失败则为不满意的交互。基于贝叶斯推理模型[79]，直接信任值可以定义为Beta分布的形式，即 $\mathrm{DT}_{i,j}\sim\mathrm{Beta}(\alpha_{i,j},\beta_{i,j})$。Beta概率密度函数 $g(\theta|\alpha,\beta)$ 可以通过使用伽马函数 Γ 来表达，即

$$g(\theta|\alpha,\beta)=\frac{\theta^{\alpha-1}(1-\theta)^{\beta-1}}{\int_0^1 \mu^{\alpha-1}(1-\mu)^{\beta-1}\mathrm{d}\mu}=\frac{\Gamma(\alpha+\beta)}{\Gamma(\alpha)\Gamma(\beta)}\theta^{\alpha-1}(1-\theta)^{\beta-1} \tag{4.31}$$

其中，$0 \leqslant \theta \leqslant 1$。因此，直接信任可以表述为Beta概率密度函数的期望值，即

$$\mathrm{DT}_{i,j}=\mathbb{E}\left[g(\theta|\alpha_{i,j},\beta_{i,j})\right]=\frac{\alpha_{i,j}}{\alpha_{i,j}+\beta_{i,j}} \tag{4.32}$$

初始时（即历史交互次数为0时），由于缺乏直接观察，假设每个无人机具有相同的先验知识Beta(1,1)。为了提高信任评估的准确性和鲁棒性，本案例设计了一个改进的贝叶斯推理模型。通常，每个无人机的信任值增长缓慢，但当无人机行为不当时，其信任值可以迅速被摧毁。这里引入一个惩罚因子$\gamma > 1$来惩罚无人机的不满意交互行为，其优势在于，一方面，若检测到无人机的不满意交互行为，它可以显著降低该无人机的信任值；另一方面，即使该无人机在下一个时间段内表现出满意交互行为，其直接信任值也将以缓慢的速度完成恢复。无人机i的直接信任值可以被重写为

$$\mathrm{DT}_{i,j}=\frac{\alpha_{i,j}}{\alpha_{i,j}+\gamma\beta_{i,j}} \tag{4.33}$$

③ 信任阈值设定。设定一个信任阈值$T_{\text{threshold}}$，只有当另一无人机的信任评分高于这个阈值时，才会考虑将任务分配给它。

④ 任务分配决策。基于直接信任评分，做出是否将任务分配给特定无人机的决策。对于所有候选的满足$\mathrm{DT}_{i,j} > T_{\text{threshold}}$的无人机，无人机$i$选择将任务分配给具有最大直接信任值的无人机$j$。通过使用直接信任模型，无人机网络可以更有效地进行任务分配，优先考虑那些在过去协作中表现可靠的无人机，这不仅提高了任务完成的效率和成功率，而且增强了整个无人机网络的可靠性和稳定性。

（2）间接信任。间接信任，又称为推荐信任，是通过任务网络中其他成员或社交网络中相连的实体等第三方的推荐和评价形成的信任。这种信任不是基于个人直接的交互经验，而是依赖于其他人的意见和反馈。间接信任使得信任的传播和扩展成为可能，但同时也可能受到推荐信息准确性和可靠性的影响。间接信任的特点如下：① 社会性：它依赖于任务网络以及社交网络中的信息流动，反映了社交关系对信任评估的影响。② 可扩展性：间接信任允许个体评估那些与其无直接交互经验的其他个体的信任度。③ 不确定性：由于间接信任不是基于个人的直接经验，它可能包含更高的不确定性和潜在风险。

间接信任允许实体在缺乏直接交互经历的情况下，依靠社区或网络中其他成员的经验来形成信任判断。间接信任是基于第三方的推荐或评价来建立的信任，而不是直接从个体之间的互动经验中获得。间接信任模型在无人系统中特别适用于新加入的或之前未直接交互过的实体时，可以帮助快速评估一个未知的或新加入实体的可信度。间接信任评估中，还需要对来自其他评价源的推荐数据计算其可靠度，以防止虚假甚至恶意推荐。

应用案例：无人机协同物资配送

如图4-8所示，假设一个无人车网络中的无人车需要根据其他无人车的推荐来选择数据共享的伙伴。该场景下，间接信任成为评估其他无人机可靠性的关键机制。

① 收集推荐信任分数。无人机i基于从其他无人机收到的所有推荐信任分数，来计算对无人机j的间接信任分数。令集合$\mathcal{A}_j$表示该无人机网络中所有与无人机j有过交互的无人机的集合。$\mathrm{DT}_{k,j}$表示收到的来自无人机$k \in \mathcal{A}_j$关于无人机j的推荐信任分数。

② 推荐者的可信度评估。诚实的无人机一般总是给出真实的推荐，而恶意无人机可能给出虚假的推荐。因此，可信度作为推荐的权重，用来衡量其他无人机推荐信任的可靠性。本案例中，无人机 i 对无人机 k 的可信度与两个无人机之间的直接信任值和评分相似度值有关，可以通过下式得到：

$$\mathrm{cr}_{i,k} = \mathrm{DT}_{i,k} \cdot \mathrm{sim}_{i,k} \tag{4.34}$$

其中，$\mathrm{sim}_{i,k}$ 是无人机 i 和无人机 k 之间的评分相似度。通常地，用户对同一类事物的评价越接近，它们之间的相似度越大。使用 Pearson 相关系数来衡量无人机 i 和无人机 k 之间的评分相似度，通过比较对两者都交互过的无人机的评分，无人机 i 和无人机 k 之间的相似度值为[80]：

$$\mathrm{sim}_{i,k} = \frac{\sum\limits_{m \in \mathcal{M}_{i,k}} (r_{i,m} - \overline{r_i})(r_{k,m} - \overline{r_k})}{\sqrt{\sum\limits_{m \in \mathcal{M}_{i,k}} (r_{i,m} - \overline{r_i})^2} \cdot \sqrt{\sum\limits_{m \in \mathcal{M}_{i,k}} (r_{k,m} - \overline{r_k})^2}} \tag{4.35}$$

其中，$r_{i,j}$ 和 $r_{k,j}$ 分别是无人机 i 和无人机 k 对无人机 j 的评分向量（即式 (4.30) 所定义的满意度）。$\overline{r_i}$ 和 $\overline{r_k}$ 分别表示无人机 i 和无人机 k 所给评分的平均值。$\mathcal{M}_{i,k}$ 是与无人机 i 和无人机 k 都交互过的无人机的集合。

③ 计算间接信任度。无人机 i 对无人机 j 的间接信任度可以通过下式获得

$$\mathrm{IT}_{i,j} = \frac{\sum\limits_{i,k \in \mathcal{A}_j, k \neq i} \mathrm{cr}_{i,k} \cdot \mathrm{DT}_{k,j}}{\sum\limits_{i,k \in \mathcal{A}_j, k \neq i} \mathrm{cr}_{i,k}} \tag{4.36}$$

因此，可以确保来自更可信推荐者的推荐在计算间接信任分数时具有更高的权重。通过该方式，网联无人机可以利用间接信任评估机制，根据网络内其他无人机的推荐来选择最可靠的协作伙伴，从而提高网络的安全性和效率。这种基于间接信任的方法特别适用于那些无法直接获得交互经验的新加入网络的无人机，帮助它们快速融入网络并开始高效的协作。

（3）全局信任。全局信任是通过综合直接信任和间接信任得出的综合信任评估，它考虑了来自个人直接经验的信任评价和来自网络其他实体的间接信任评价，以形成对某个实体全面的信任判断。全局信任旨在提供更全面和准确的信任评估，特别是在动态和开放的网络环境中，从而帮助智能体在广泛的交互中做出更好的信任决策。然而，依然存在诸多挑战，包括如何有效地聚合和评估来自不同源的信任信息，以及如何识别和减轻诸如信任操纵或虚假推荐等恶意行为的影响。

在设计信任管理系统时，需要掌握直接信任和间接信任的不同特点及其对信任建立过程的影响，这要求对信任的动态性、多维性和社会性要有深入的认识，以及开发出能够准确评估和利用这些不同类型信任的算法。

应用案例：无人机协同物资配送

无人机 i 对无人机 j 的全局信任度是直接信任度和间接信任度的组合，可以表示如下：

$$\mathrm{tr}_{i,j} = \mu \cdot \mathrm{DT}_{i,j} + (1 - \mu) \cdot \mathrm{IT}_{i,j} \tag{4.37}$$

其中，μ 是权重参数，可以表示为

$$\mu = \frac{1 - \mathrm{e}^{-N}}{1 + \mathrm{e}^{-N}} \tag{4.38}$$

式 (4.38) 意味着，随着无人机 i 与无人机 j 的直接交互次数的增加，直接信任会变得更加准

确和可靠，从而导致在上述方程中直接信任的影响值不断增加。

4.4.3　基于时间尺度的信任

基于时间尺度的信任是信任管理领域的一个重要概念，适用于时间跨度较大的环境中。基于时间尺度的信任可以分为近期信任、历史信任和预期信任三种。在实际应用中，根据具体的需求和环境条件，可以调整历史信任和近期信任的权重，以便更准确地预测和评估预期信任。基于时间尺度的信任模型在时变的系统和环境中，特别是在无人系统这类需要快速适应环境变化的技术领域中，具有巨大的应用价值。

（1）近期信任。近期信任关注最近一段时间内的交互经历，它反映了实体在短期内的行为变化和可靠性。与历史信任相比，近期信任更加灵活和敏感，能够迅速捕捉到实体行为的最新改变。该信任类型对于那些环境快速变化或者需要即时反应的场景特别重要。在无人系统的应用中，近期信任可以用来评估无人终端设备最近的性能和稳定性，从而做出快速的信任决策。令 $\mathrm{RT}_{i,j}^{W}$ 表示智能体 i 对智能体 j 在给定的时间窗口 W 内的近期信任值。诸如，时间窗口 W 可表示为过去的一小时、一天、一个月等。近期信任可由基于交互对象的信任或基于交互模式的信任计算得出，具体计算方式取决于其应用场景。诸如协同自动驾驶场景下，车队中的无人车需要实时共享传感器收集的交通状况信息以提升恶劣天气和传感器盲点等情况下的驾驶安全性。如图4-9所示，结合基于实体的信任和给定的时间窗口，可以快速计算协同自动驾驶场景下的协作式自动驾驶车辆的近期可信程度，从而提升整体协同自动驾驶系统的可信性。

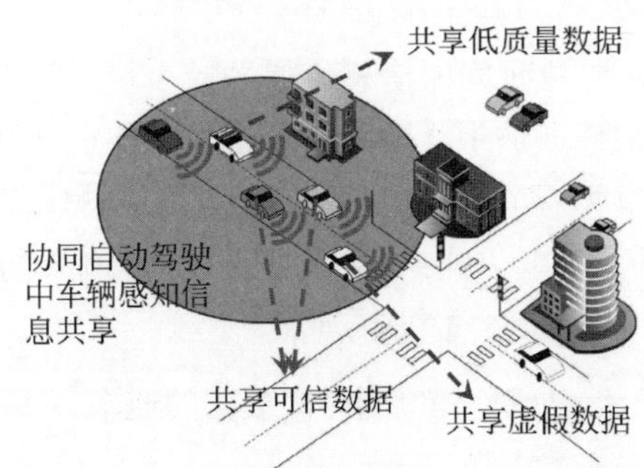

图 4-9　协同自动驾驶场景下的可信决策

（2）历史信任。历史信任是基于长期交互历史和经验构建的信任度评估，它反映了一个实体或系统在过去一段时间内行为的可靠性和稳定性。历史信任的建立需要累积大量的历史交互数据，反映了一个实体长期行为的稳定性和可预测性。在无人系统中，历史信任可以帮助评估智能体在长期执行任务过程中的可靠性和效率。

随着时间的流逝，近期信任将会成为历史信任。因此，可以通过使用指数平均更新函数来定义历史信任，通过动态调整信任值以反映最新的行为变化，同时保留对历史行为的考虑。这样不仅减少了与存储之前的近期信任相关的存储开销，而且为所有之前的近期信任值分配了与时间相关的权重。令 $\mathrm{HT}_{i,j}^{t}$ 表示智能体 i 对智能体 j 的历史信任值，即

$$\mathrm{HT}_{i,j}^{t}=\frac{\lambda \mathrm{HT}_{i,j}^{t-W}+\mathrm{RT}_{i,j}^{W}}{2} \tag{4.39}$$

其中，$\lambda(0\leqslant\lambda\leqslant1)$ 是遗忘因子，用来降低旧经验的权重。基于历史信任可以方便地跟踪一

个智能体的过去行为，使其不能仅仅通过在最近的交互中合作就欺骗其他智能体相信它是可信的。可以看出，历史信任依靠长期的数据和行为分析来评估智能体或无人系统的可靠性，强调了持续合作行为在建立信任中的重要性。

（3）预期信任。预期信任结合了历史信任和近期信任，通过综合考虑长期和短期行为表现，用于预测实体在未来的行为可靠性和信任度。预期信任试图提供一个更准确的信任预测，考虑了实体过去的稳定性和最近的行为趋势。在无人系统中，预期信任有助于预测无人设备在未来任务中的表现，为任务分配和系统管理提供依据。通常地，预期信任可以表示为历史信任和近期信任的加权和的形式，即

$$\mathrm{ET}_i = \omega \cdot \mathrm{HT}_i + (1-\omega) \cdot \mathrm{RT}_i \tag{4.40}$$

其中，ET_i 是无人车 i 的预期信任度，ω 是权重参数，用于平衡历史信任和近期信任的影响。

4.4.4 信任更新中的时间衰减模型

在信任更新中，通常最新的交互评分、交互行为等交互信息比旧的交互信息有更高的价值。时间衰减模型用于考虑时间对信任评估的影响，常见的时间衰减模型包括线性衰减和指数衰减。

（1）线性衰减模型。在信任评估中，线性衰减模型假设交互评分、交互行为等信息的重要性随时间以线性方式减少，即随着时间的推移，旧信息对当前信任度的影响逐渐减弱。若该信息在时间 $t=0$ 的价值是 V_0，则在时间 t 的价值 $V(t)$ 可以表示为

$$V(t) = V_0 - kt \tag{4.41}$$

其中，k 是线性衰减率，表示单位时间内信息价值的减少量。

（2）指数衰减模型。在信任评估中，指数衰减模型则假设交互评分、交互行为等信息的重要性随时间指数减少，这意味着最近的信息对信任度的影响比较早之前的信息大得多。同样地，若该信息在时间 $t=0$ 的价值是 V_0，则在时间 t 的价值 $V(t)$ 可以表示为

$$V(t) = V_0\mathrm{e}^{-\lambda t} \tag{4.42}$$

其中，λ 是指数衰减常数，表示信息或信任度随时间衰减的速率，e 是自然对数的底。如图4-10所示，λ 越大，信任衰减越快。

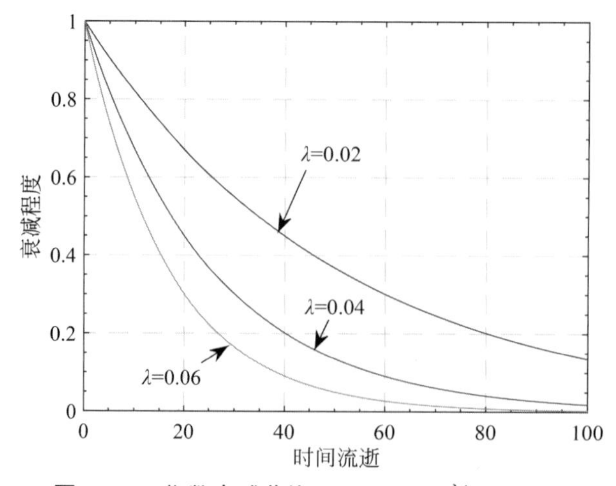

图 4-10　指数衰减曲线 $V(t)=V_0\mathrm{e}^{-\lambda t}$，$V_0=1$

4.5 案例分析

4.5.1 背景简介

由于无人机的无线接入开放性及安全脆弱性，使得各类基于无人机的应用面临诸如通信劫持、窃听、拒绝服务和数据窃取等各种网络攻击的威胁。为应对不断增长的网络威胁，作为一种主动式防御技术[81]，低/中交[illegible]提供了一种高效低成本的无人机安全防护方法。蜜罐是指可以模仿真实环境[illegible]引诱攻击者，从而不断获取攻击行为数据，使得防御[illegible]资源消耗的高交互式蜜罐相比，低/中交互式蜜罐通[illegible]可以提供轻量级的防御能力，适合于无人机等移动和[illegible]派在小型四旋翼无人机上搭建了一个名为HoneyD[illegible]以Wi-Fi、蓝牙及MAVLink等无人机通信协议。当前[illegible]化部署，而忽视了无人机蜜罐系统的协同数据共享对[illegible]

随着当前网络攻击呈现出分布[illegible]续性威胁和分布式拒绝服务攻击），有必要在无人机[illegible]（如攻击交互日志、命令行输入和TCP连接等）来部[illegible]全局态势感知。然而，参与这种协同防御机制不仅[illegible]资源（如蜜罐执行和通信的成本），还会导致潜在的[illegible]路线）。在没有足够的激励补偿下，理性的无人机个体[illegible]外，恶意的无人机可能会传播虚假攻击信息来误导[illegible]有效的激励机制来激励无人机在联合防御中的协作[illegible]罐数据共享激励机制，主要存在以下挑战。首先，无[illegible]通信延迟、蜜罐数据成本和隐私成本等多维隐私信息[illegible]网络运营者的多维信息不对称性，导致如何公平且最[illegible]。其次，由于无人机网络拓扑和攻击者攻击行为的[illegible]要及时地聚合处理以生成实时防御策略，如何在时[illegible]部署激励机制成为挑战。最后，部分无人机可能会发[illegible]合防御中获益，从而抑制诚实无人机的积极性。

本案例[84]提出了一种[illegible]且最优的无人机蜜罐数据协同共享方案，以实现跨层[illegible]利用蜜罐技术与博弈理论，设计了基于蜜罐博弈的主[illegible]无人机向网络运营者共享蜜罐数据。其次，针对无[illegible]意愿低和公平性差等问题，构建了不完全信息下基于契约理论的无人机最优[illegible]其中网络运营者为不同类型的无人机设计多维契约来补偿无人机的参与损失，接着从理论上求解了存在无人机多维隐私信息下的最优数据-支付契约，并设计了自适应的动态指派算法以便于实际部署。

4.5.2 无人机模型

（1）网络模型。如图4-11所示，异构蜂窝网络包含一个宏基站（Macro Base Station，MBS）、M个小基站（Small Base Station，SBS）和I个无人机。在宏基站（表示为Λ）的通信覆盖范围内的无人机和小基站的集合分别为$\mathcal{I}=\{1,\cdots,i,\cdots,I\}$和$\mathcal{M}=\{1,\cdots,m,\cdots,M\}$。在网络中，地理分散的小基站通过高速有线回程链路与宏基站连接。每个基站m的通信范围被认为是一个半径为r_m的圆形区域。每架无人机都安装了丰富的传感器用于环境感知和任务执行，并配备了蜂窝通信和自组网通信模块以支持无人机到无人机（UAV-to-UAV，U2U）和无人机到蜂窝（UAV-to-Cellular，U2C）通信链路。此外，每架无人机都配备了一个低/中交互式蜜罐系统，以模拟真实无人机系统同时对捕获的攻击行为进行记录和分析。令S_i表示无人机i的私有的有效防御数据（Valid Defense Data，VDD）大小，即无人机蜜罐设备收集的攻击交互记录（如IP/TCP连接、端口号、命令行输入、文件系统更改数据等）的大小。无人机一般具有差异化的蜜罐系统配置和通信能力，导致无人机在蜜罐数据的收集成本和数据共享的通信延迟上有所不同。无人机的异质性由其二维隐私信息区分：边际VDD成本和通信延迟。令$\mathcal{J}=\{1,\cdots,j,\cdots,J\}$表示无人机的类型集合。将具备$\theta_j\triangleq q(C_j,T_j)$的无人机称为类型$j$无人机。其中，$C_j$表示类型$j$无人机在VDD生成与传输过程及其隐私损失的单位成本[83]。T_j表示类型j无人机向网络运营者传输VDD大小S_j的通信延迟。假设每个无人机的类型在一次联合防御的过程中保持不变。地面蜂窝网络作为空中无人机网络的协调者，可以通过A2G链路与无人机通信，从而对无人机进行控制，并进行无人机任务数据处理及安全策略配置。网络运营者（表示为O，部署于宏基站侧）一般通过外部安全服务提供商获取网络攻击数据来制定防御策略。在该方案中，网络运营者还可从部署了蜜罐系统的无人机终端处获取实时网络攻击数据，以便快速准确地识别当前攻击模式并更好地感知网络全局态势。

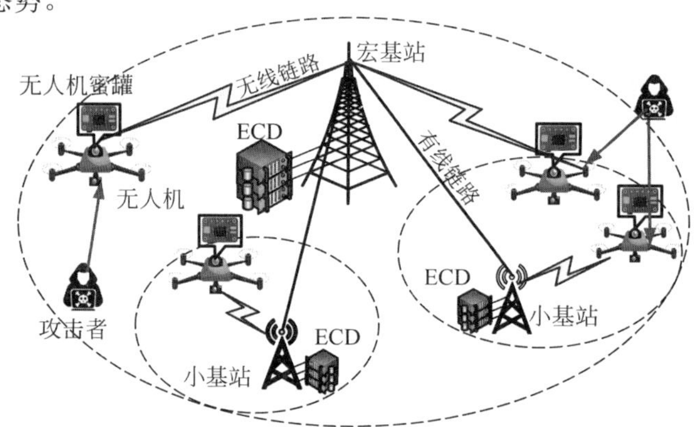

图 4-11 异构蜂窝网络中无人机通信模式示意图

（2）通信模型。在任务区域，无人机悬停在任务位置上空以收集感知数据并通过U2C链路将飞行数据、感知与任务数据及蜜罐数据上传到基站侧（即宏基站或小基站）。同时，无人机可以通过蜂窝到无人机（Cellular-to-UAV，C2U）链路从基站获取航线及任务调度等控制指令。此外，无人机之间可以通过建立U2U链路进行无线通信。在每个时隙，无人机通过U2C或U2U链路传输数据。基于文献[85]，为提高无人机网络的通信服务质量，定义U2C和U2U通信模式的选择标准如下：

- U2C通信模式：具有高信噪比U2C链路体验的无人机（即 $\gamma_{\text{U2C}} \geqslant \gamma_{\text{th}}$）可通过U2C通信直接将数据上传到基站。其中，$\gamma_{\text{th}}$ 是信噪比阈值。
- U2U通信模式：当直接U2C链路的信噪比体验较低时，此时通过U2C链路很难提供高数据速率来支持数据的及时传输。因此，U2C链路的信噪比体验较低（即 $\gamma_{\text{U2C}} < \gamma_{\text{th}}$）的无人机可以使用U2U通信，并将数据传输到运行在U2C通信模式下的相邻无人机，然后可以通过该中继无人机将数据中继至基站。

关于U2C信道建模，采用空对地传播模型[86]来对U2C/C2U链路传输中的路径损耗进行建模，并分为视距（Line-of-Sight，LoS）和非视距（Non-Line-of-Sight，NLoS）两种情况讨论其路径损耗。对于U2U通信信道，采用自由空间路径损耗模型[87]，即无人机 i 和无人机 j 之间的U2U路径损耗 $\Xi_{i,j}^{\text{U2U}}(t)$ 是LoS主导的且与距离相关。对于运行在U2C模式下的无人机，需要选择合适的基站进行关联。采用广泛使用的最大信噪比关联方案[88]实现无人机-基站关联，其中每个无人机对所有候选基站的参考信号接收功率（Reference Signal Received Power，RSRP）进行评估，并与可提供最大期望信号强度的基站（即小基站或宏基站）关联。具体而言，无人机周期性地扫描相邻基站并维护候选关联基站列表，它可以通过发送切换请求来重新选择具有最高RSRP的目标基站。然后，目标基站通过骨干网从当前服务基站同步所需的基本信息以实现注册、鉴权、业务流协商等。

4.5.3 基于蜜罐博弈的无人机协同防御模型

为了激励无人机共享本地蜜罐数据以提升整体防御性能，如图4-12所示，网络运营者为所有类型的无人机提供了一系列定制化的契约菜单 $\Phi = \{T_{\max}, \{\Phi_j\}_{j\in\mathcal{J}}\}$ 以补偿无人机差异化的参与损失，契约菜单包括最大通信延迟 $T_{\max}$（适用于所有无人机类型）和 J 个契约项 $\{\Phi_j\}_{j\in\mathcal{J}} = \{S_j, R_j\}_{j\in\mathcal{J}}$（每个针对一种无人机类型）。其中，每个契约项 $\Phi_j = \{S_j, R_j\}$ 指定了类型 j 无人机所需贡献的VDD数量 S_j 和相应契约奖励（即支付值）R_j 之间的关系。对于任何未能在契约时间 $T_{\max}$ 内及时交付指定VDD量的无人机，网络运营者提供一个零支付的契约项。下面首先给出了蜜罐博弈的形式化定义，接着设计了博弈中参与者的效用函数，最后详述了不完全信息下的最优化问题和最优多维契约设计。

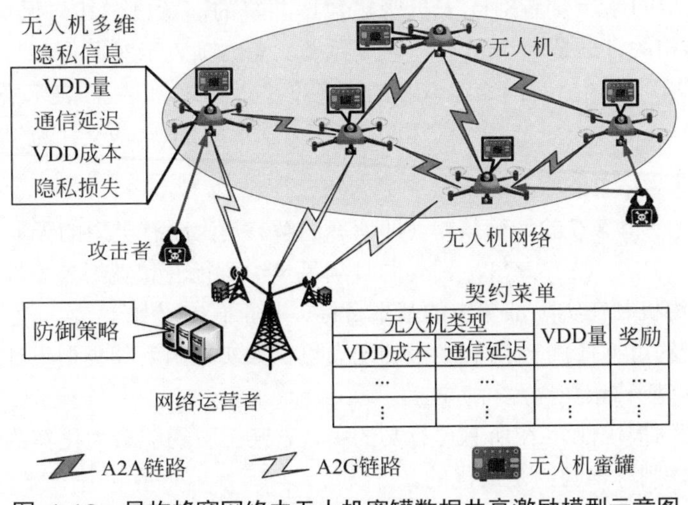

图 4-12 异构蜂窝网络中无人机蜜罐数据共享激励模型示意图

定义 4.1 (蜜罐博弈) 在无人机向网络运营者共享其本地蜜罐数据过程中，定义了一个蜜罐博弈$\mathcal{G} = \{\{\mathcal{J}, O\}, \{T_{\max}, \{S_j, R_j\}_{j\in\mathcal{J}}\}, \{\{\mathcal{U}_j\}_{j\in\mathcal{J}}, \mathcal{U}_O\}\}$来形式化地表述网络参与者之间合作与竞争的交互关系，具体包括如下主要组成部分。

- 博弈参与者：蜜罐博弈$\mathcal{G}$的参与者包括具有不同VDD成本和延迟类型（即θ_j）的无人机集合$\mathcal{J}$及网络运营者O。
- 博弈策略：在蜜罐博弈$\mathcal{G}$中，网络运营者的策略是决定最大通信延迟$T_{\max}$并为所有类型的无人机设计一组可行的VDD——奖励契约项$\{S_j, R_j\}_{j\in\mathcal{J}}$以最大化自身总体效用。每个类型的无人机的策略是选择一个最优契约项以最大化自身效用。
- 博弈效用：类型j无人机和网络运营者在博弈中的效用函数分别表示为$\mathcal{U}_j$和$\mathcal{U}_O$。

（1）无人机效用函数。类型j无人机选择契约项$\varPhi_j = \{S_j, R_j\}$时的效用可表示为其收入与成本之差：

$$\mathcal{U}_j\left(\varPhi_j\right) = \begin{cases} R_j - C_j^1 S_j - C_j^2 S_j - C_0, & T_j \leqslant T_{\max} \\ -C_j^1 S_j - C_j^2 S_j - C_0, & T_j > T_{\max} \end{cases} \tag{4.43}$$

式(4.43)中，C_j^1表示类型j无人机生成和传输单位VDD的成本，其值与无人机的蜜罐配置及通信能力有关。C_j^2表示类型j无人机在VDD共享中的单位隐私成本。C_j^1和C_j^2均为无人机的隐私信息。这里，$C_j = C_j^1 + C_j^2$。C_0是无人机的本地蜜罐系统部署成本。此外，在异构蜂窝网络中，考虑无人机数据传输的两种模式（即U2C和U2U），将蜜罐数据上传到宏基站Λ的传输时间T_j为

$$T_j = \kappa_j \frac{S_j}{\gamma_{j,\Lambda}} + (1-\kappa_j)\left(\frac{S_j}{\gamma_{j,j'}} + \frac{S_j}{\gamma_{j',\Lambda}}\right) \tag{4.44}$$

其中，$\gamma_{j,\Lambda}$和$\gamma_{j',\Lambda}$分别表示U2C信道下无人机j/j'和宏基站Λ之间的数据传输速率。$\gamma_{j,j'}$表示U2U信道下无人机j和j'之间的数据速率。

（2）网络运营者效用函数。网络运营者的效用是在协同防御中的总体满意度减去其总的支付奖励：

$$\mathcal{U}_O(\varPhi) = \sum_{j\in\mathcal{J}} \varpi \frac{N_j}{T_j} \log\left(1 + 1_{T_j\leqslant T_{\max}} S_j\right) - 1_{T_j\leqslant T_{\max}} N_j R_j \tag{4.45}$$

其中，第一项表示网络运营者对无人机蜜罐数据共享的满意度，其与无人机贡献的VDD大小及通信延迟相关，ϖ是一个正的满意度系数。第二项表示对所有参与无人机的总支付奖励。可利用自然对数函数对网络运营者的满意度进行建模[89]。N_j表示类型j无人机的数量，满足$\sum\limits_{j\in\mathcal{J}} N_j = I$。$1_{T_j\leqslant T_{\max}}$是一个指示函数，若$T_j \leqslant T_{\max}$成立，则其值为1；否则其值为0。

（3）设计目标。博弈$\mathcal{G}$的均衡策略（即博弈的解）是为所有类型的无人机设计相应的最优契约，即$\varPhi^* = \{T_{\max}, \{S_j^*, R_j^*\}_{j\in\mathcal{J}}\}$，同时满足契约可行性和契约公平性。契约可行性和契约最优性是契约机制在实际部署中的基本目标，其正式定义如下。

定义 4.2 (契约可行性) 若所有类型的无人机在如实采用为其类型设计的契约项时，其效用最大且非负，则称该契约是可行的。

定义 4.3 (契约最优性) 在所有可行契约中，若某个契约能最大化契约设计者（即网络运营者）的效用，则称该契约是最优的。

基于显示原理[90]，一个契约满足契约可行性等价于：对于所有类型的无人机，个体理

性（Individual Rationality，IR）和激励相容（Individual Compatible，IC）约束同时满足。IR和IC约束的定义如下。

定义 4.4 (个体理性约束)　当且仅当每种类型为j的无人机在如实采用为其类型设计的契约项$\varPhi_j=(S_j,R_j)$时可获得非负效用，则称该契约满足个体理性。即

$$\mathcal{U}_j\left(\varPhi_j\right)\geqslant 0,\forall j\in\mathcal{J} \tag{4.46}$$

定义 4.5 (激励相容约束)　当且仅当每种类型为j的无人机更偏向于如实采用为其类型设计的契约项$\varPhi_j=(S_j,R_j)$而非其他契约项时，则称该契约满足激励相容。即

$$\mathcal{U}_j\left(\varPhi_j\right)\geqslant\mathcal{U}_j\left(\varPhi_{j'}\right),\forall j,j'\in\mathcal{J},j\neq j' \tag{4.47}$$

4.5.4　不完全信息下最优多维契约设计问题求解

本案例考虑不完全信息场景下的蜜罐博弈均衡求解。在不完全信息场景下，网络运营者只了解无人机的总数（即I）和无人机的类型分布（即$p_j=\{\frac{N_j}{I}\}_{\forall j\in\mathcal{J}}$），但不知道某个无人机属于何种类型[84]。

问题 1（不完全信息场景下契约设计者的最优化问题）:

$$\max_{\varPhi}\ \mathcal{U}_O\left(\varPhi\right)$$
$$\text{s.t.}\begin{cases}0\leqslant S_j\leqslant S_{\max},\forall j\in\mathcal{J}\\ \text{IR 约束式 (4.46)},\forall j\in\mathcal{J}\\ \text{IC 约束式 (4.47)},\forall j\in\mathcal{J}\end{cases} \tag{4.48}$$

其中，第一个约束表示每个类型的无人机贡献的VDD数量受上限$S_{\max}$和下限0的约束，第二个约束为个体理性约束，第三个约束为激励相容约束。

由于问题1中存在J^2个IR和IC约束，因此当J很大时很难直接求解。在下文中，首先使用引理4.1和定理4.1将IR和IC约束缩减为较少数量的等效约束。然后，给定任意单调的VDD大小序列$\mathbf{S}$，定理4.2给出了最优奖励策略$\mathbf{R}^*(\mathbf{S})$。接着，基于定理4.1和4.2，将问题2.2转化为具有简化约束的等价问题2.3，并在引理4.2中推导出没有单调性约束的松弛问题的最优VDD大小序列$\widetilde{\mathbf{S}}^*$。最后，基于定理4.3提供的基本原理，设计了一个最优动态分配算法，以获得原始问题2中的最优VDD大小策略$\mathbf{S}^*$和最优奖励策略$\mathbf{R}^*(\mathbf{S}^*)$。

引理 4.1　若所有类型的无人机都满足式(4.47)中的IC约束，则式(4.46)中的IR约束可被替换为$\mathcal{U}_1(\varPhi_1)\geqslant 0$。

证明：由于所有无人机类型都满足IC约束，可得

$$R_j-C_jS_j-C_0\geqslant R_1-C_jS_1-C_0\geqslant R_1-C_1S_1-C_0 \tag{4.49}$$

这意味着若类型1无人机满足IR约束，则所有类型的无人机都将满足IR约束。证毕。

根据引理4.1，可进一步推导出定理4.1来刻画契约可行性。

定理 4.1　契约$\varPhi=\{T_{\max},\{\varPhi_j\}_{j\in\mathcal{J}}\}$满足契约可行性，当且仅当它满足以下条件。

（1）$\forall j\notin\mathcal{J}',S_j=R_j=0$。

（2）$\forall j\in\mathcal{J}'$，以下三个条件成立：

$$\begin{cases} 0 \leqslant S_1 \leqslant \cdots \leqslant S_{J'} \,\&\, 0 \leqslant R_1 \leqslant \cdots \leqslant R_{J'} & (4.50) \\ R_1 - C_1 S_1 - C_0 \geqslant 0 & (4.51) \\ C_j\left(S_j - S_{j-1}\right) \leqslant R_j - R_{j-1} \leqslant C_{j-1}\left(S_j - S_{j-1}\right),\ j = 2, 3, \cdots, J' & (4.52) \end{cases}$$

证明：显然，对于任意未参与的无人机（$\forall j \notin \mathcal{J}'$），其最优契约VDD大小和支付奖励均为0（即$S_j = R_j = 0$）。仅考虑能够及时将其足额VDD传输至网络运营者的无人机类型（$\forall j \in \mathcal{J}'$）。满足契约可行性意味着IR和IC约束都得到了满足，需要证明式(4.50)~式(4.52)等价于式(4.46)~式(4.47)中的IR和IC约束。

(1)必要性：需要证明若IR和IC约束对所有类型的无人机均成立，则式(4.50)~式(4.52)自动成立。首先，根据类型1无人机的IR约束，可得$R_1 - C_1S_1 - C_0 \geqslant 0$，如式(4.51)所示。其次，根据类型$j$和类型$k$无人机($j \neq k$)间的IC约束，分别可得$R_j - C_jS_j \geqslant R_k - C_jS_k$和$R_k - C_kS_k \geqslant R_j - C_kS_j$。根据以上两个约束，可推导出$(C_j - C_k)(S_j - S_k) \leqslant 0$。由于$C_1 > C_2 > \cdots > C_{J'}$和$S_j \geqslant 0$，可得$0 \leqslant S_1 \leqslant S_2 \leqslant \cdots \leqslant S_{J'}$。此外，根据$R_j - C_jS_j \geqslant R_k - C_jS_k$，可得

$$C_j(S_j - S_k) \leqslant R_j - R_k \leqslant C_k(S_j - S_k) \tag{4.53}$$

即，$0 \leqslant R_1 \leqslant R_2 \leqslant \cdots \leqslant R_{J'}$。因此，得到单调性条件式(4.50)。考虑两个相邻契约项间的IC约束，分别可得$R_j - C_jS_j \geqslant R_{j-1} - C_jS_{j-1}$和$R_{j-1} - C_{j-1}S_{j-1} \geqslant R_j - C_{j-1}S_j$。根据以上两个约束，可以推导出$C_j\left(S_j - S_{j-1}\right) \leqslant R_j - R_{j-1} \leqslant C_{j-1}\left(S_j - S_{j-1}\right)$，如式(4.52)所示。因此，式(4.50)~式(4.52)是IR和IC约束同时成立的必要条件。

(2)充分性：通过数学归纳法来证明。若式(4.50)~式(4.52)成立，则所有类型的无人机都满足IR和IC约束。令$\mathcal{A}(q)$表示契约Φ的一个子集，它由Φ中的前q个契约项组成，即$\mathcal{A}(q) = \{(S_j, R_j) | j = 1, 2, \cdots, q\}$。令$\mathcal{J}(q) = \{1, 2, \cdots, q\}$。当$q = 1$时，由于只存在一种无人机类型，因此契约可行性等价于该类型满足IR约束。显然，根据式(4.51)，可得$R_1 - C_1S_1 - C_0 \geqslant 0$。因此，$\mathcal{A}(1)$满足契约可行性。

接下来，需要证明，若$\mathcal{A}(q)$满足契约可行性，则$\mathcal{A}(q+1)$也满足契约可行性。这等价于证明以下两方面：① 对于新类型$q+1$的无人机，IR和IC约束同时满足，即

$$\begin{cases} R_{q+1} - C_{q+1}S_{q+1} \geqslant 0 & (4.54) \\ R_{q+1} - C_{q+1}S_{q+1} \geqslant R_j - C_{q+1}S_j, \forall j \in \mathcal{J}(q) & (4.55) \end{cases}$$

并且 ② 类型$q+1$存在时，对于所有的无人机类型$j \in \mathcal{J}(q)$，IC约束依然满足，即

$$R_j - C_jS_j \geqslant R_{q+1} - C_jS_{q+1}, \forall j \in \mathcal{J}(q) \tag{4.56}$$

第 ① 部分的证明：由于$\mathcal{A}(q)$满足契约可行性，因此对于任意无人机类型$k \in \mathcal{A}(q)$，类型q无人机都满足IC约束，即 $R_q - C_qS_q \geqslant R_k - C_qS_k$。根据式(4.52)的左边部分，可得$R_{q+1} \geqslant R_q + C_{q+1}(S_{q+1} - S_q)$。可得

$$\begin{aligned} R_{q+1} - C_{q+1}S_{q+1} &\geqslant R_q - C_{q+1}S_q \\ &\geqslant R_k - C_{q+1}S_q + C_q(S_q - S_k) \\ &\geqslant R_k - C_{q+1}S_q + C_{q+1}(S_q - S_k) \\ &= R_k - C_{q+1}S_k, \forall k \in \mathcal{A}(q) \end{aligned} \tag{4.57}$$

因此，对于类型为$q+1$的无人机，IC约束得到了满足。

由于IR约束适用于所有类型为k的无人机，可以进一步得到$R_k - C_kS_k - C_0 \geqslant 0, \forall k \in \mathcal{A}(q)$。此外，由于$k < q+1$，可得$C_k > C_{q+1}$。因此可得

$$\begin{aligned} R_{q+1} - C_{q+1}S_{q+1} &\geqslant R_k - C_{q+1}S_k \\ &\geqslant R_k - C_kS_k \geqslant 0, \forall k \in \mathcal{A}(q) \end{aligned} \tag{4.58}$$

根据式(4.58)，类型为$q+1$的无人机满足IR约束。

第②部分的证明：由于$\mathcal{A}(q)$满足契约可行性，IC约束对任意类型$k \in \mathcal{A}(q)$仍然满足，即$R_k - C_kS_k \geqslant R_q - C_kS_q$。根据式(4.52)的右边部分，可得$R_{q+1} \leqslant R_q + C_q(S_{q+1} - S_q)$。可得

$$\begin{aligned} R_k - C_kS_k &\geqslant R_{q+1} - C_kS_q - C_q(S_{q+1} - S_q) \\ &\geqslant R_{q+1} - C_kS_q - C_k(S_{q+1} - S_q) \\ &= R_{q+1} - C_kS_{q+1}, \forall k \in \mathcal{A}(q) \end{aligned} \tag{4.59}$$

综上，可以得到：$\mathcal{A}(1)$满足契约可行性，若$\mathcal{A}(q)$满足契约可行性，则$\mathcal{A}(q+1)$也满足契约可行性。基于数学归纳法，可得$\mathcal{A} = \mathcal{A}(J')$满足契约可行性。

对于任意未参与的无人机类型$j \notin \mathcal{J}'$，定理4.1表明所需的最优契约VDD大小和奖励均为0。对于任意参与的无人机类型$j \in \mathcal{J}'$，式(4.50)和式(4.52)等价于IC约束，而式(4.51)等价于IR约束。式(4.50)意味着网络运营者应该要求具有较小边际成本的无人机提供更多数量的VDD，同时向其提供更高的奖励支付。式(4.51)表示若具有最高边际成本的无人机满足IR约束，则所有类型的无人机将自动满足IR约束。式(4.52)表示相邻项间的IC约束，它意味着若IC约束在类型j和类型$j-1$的无人机之间成立，则类型j无人机和任意其他类型的无人机之间的IC约束将自动成立。

推论 4.1 对于任意可行契约$\{S_j, R_j\}_{j \in \mathcal{J}'}$，不同类型的无人机的效用满足下式：

$$\mathcal{U}_1(\Phi_1) < \cdots < \mathcal{U}_j(\Phi_j) < \cdots < \mathcal{U}_{J'}(\Phi_{J'}), \forall j \in \mathcal{J}' \tag{4.60}$$

证明： 由定理4.1可知，要求更多奖励的无人机必须能够提供更多的VDD数据，即$R_j \geqslant R_k$和$S_j \geqslant S_k$同时满足。当$C_j < C_k$时，可得

$$\begin{aligned} \mathcal{U}_j(\Phi_j) = R_j - C_jS_j - C_0 &\geqslant R_k - C_jS_k - C_0 \quad \text{(IC)} \\ &> R_k - C_kS_k - C_0 = \mathcal{U}_k(\Phi_k) \end{aligned} \tag{4.61}$$

因此，可以得出：当$C_k > C_j$时，$\mathcal{U}_k(\Phi_k) < \mathcal{U}_j(\Phi_j)$。由于$C_1 > C_2 > \cdots > C_{J'}$，因此有$\mathcal{U}_1(\Phi_1) < \cdots < \mathcal{U}_j(\Phi_j) < \cdots < \mathcal{U}_{J'}(\Phi_{J'})$，$\forall j \in \mathcal{J}'$。

给定任意单调不减的VDD大小序列$\mathbf{S}$，定理4.2给出了网络运营者的最优奖励策略$\mathbf{R}^*(\mathbf{S})$。

定理 4.2 给定满足$0 \leqslant S_1 \leqslant \cdots \leqslant S_{J'} \leqslant S_{\max}$的任意VDD大小序列$\mathbf{S} = \{S_j\}_{j \in \mathcal{J}'}$，唯一的最优奖励策略$\mathbf{R}^* = \{R_j^*\}_{j \in \mathcal{J}'}$为：

(1) $\forall j \notin \mathcal{J}', R_j^*(\mathbf{S}) = 0$。

(2) $\forall j \in \mathcal{J}'$，

$$R_j^*(\mathbf{S}) = \begin{cases} R_{j-1}^*(\mathbf{S}) + C_j(S_j - S_{j-1}), & j = 2, 3, \cdots, J' \\ C_jS_j + C_0, & j = 1 \end{cases} \tag{4.62}$$

证明：显然，对于$\mathcal{J}$或$\mathcal{J}'$中的无人机类型，最优契约奖励等于0。对于集合$\mathcal{J}'$中的无人机类型，需要分别证明其最优性和唯一性。

（1）最优性：显然，当给定单调VDD大小策略时，式(4.62)中的奖励策略满足定理4.1中的式(4.51)和式(4.52)。接下来，利用反证法证明式(4.62)中的奖励策略可以最大化网络运营者的效用。给定固定的VDD大小策略$\mathbf{S}$，可以通过最小化$\sum_{j=1}^{J'} N_j R_j$来最大化网络运营者的效用。假设存在一个奖励序列$\widehat{\mathbf{R}} = \{\hat{R}_j\}_{j\in\mathcal{J}'}$使得$\sum_{j=1}^{J'} N_j \hat{R}_j < \sum_{j=1}^{J'} N_j R_j^*$。因此，至少存在一个奖励$\hat{R}_j$满足$\hat{R}_j < R_j^*$。根据定理4.1，为保证契约可行性，$\widehat{\mathbf{R}}$应满足：

$$\hat{R}_{j-1} + C_j(S_j - S_{j-1}) \leqslant \hat{R}_j < R_j^* \tag{4.63}$$

根据式(4.62)，式(4.63)中的不等式可重新表述为

$$\hat{R}_{j-1} < R_j^* - C_j(S_j - S_{j-1}) = R_{j-1}^* \tag{4.64}$$

继续上述过程直到$j=1$，最终可得$\hat{R}_1 < R_1^* = C_1 S_1 + C_0$，而这违反了类型为1的无人机的IR约束。因此，不存在奖励策略$\widehat{\mathbf{R}}$，这意味着式(4.62)中的奖励策略是最优的。

（2）唯一性：采用反证法来证明式(4.62)中最优奖励策略的唯一性。首先假设存在一个奖励策略$\widehat{\mathbf{R}} = \{\hat{R}_j\}_{j\in\mathcal{J}'} \neq \mathbf{R}^*$使得$\sum_{j=1}^{J'} N_j \hat{R}_j = \sum_{j=1}^{J'} N_j R_j^*$。因此，至少存在一个奖励$\hat{R}_j$，使得$\hat{R}_j \neq R_j^*$。不失一般性，假设$\hat{R}_j > R_j^*$。因此，必然存在另一个奖励$\hat{R}_k$满足$\hat{R}_k < R_k^*$。使用相同的方法，得到一个矛盾的结论，这意味着最优契约奖励策略是唯一的。

定理4.2表明，最优契约奖励策略与无人机共享的VDD大小呈正相关，从而保证了最优契约的奖励公平性。根据定理4.1与定理4.2，问题1可改写为以下简化问题。

问题2（IR和IC约束简化后的最优化问题）：

$$\begin{aligned} &\max\nolimits_{\Phi}\ \mathcal{U}_O(\Phi) \\ &\text{s.t.}\begin{cases} \text{C1}: 0 \leqslant S_1 \leqslant \cdots \leqslant S_{J'} \leqslant S_{\max} \\ \text{C2}: R_1 - C_1 S_1 - C_0 = 0 \\ \text{C3}: R_j - C_j S_j = R_{j-1} - C_j S_{j-1}, \forall j < J' \end{cases} \end{aligned} \tag{4.65}$$

此外，$\forall j \in \mathcal{J}'$，式(4.62)中的最优奖励策略可以通过迭代重新表述如下：

$$R_j^*(\mathbf{S}) = \begin{cases} C_j S_j + \sum_{k=1}^{j-1} (C_k - C_{k+1}) S_k + C_0, & j = 2, \cdots, J' \\ C_j S_j + C_0, & j = 1 \end{cases} \tag{4.66}$$

引理4.2 松弛最优的契约VDD大小策略可通过求解没有单调性约束C1的问题2的松弛问题来获得，即

$$\widetilde{S}_j^* = \arg\max_{0\leqslant S_j \leqslant S_{\max}} \left(\varpi N_j \frac{1}{T_j}\log(1+S_j) - C_j S_j \sum_{k=j}^{J'} N_k + C_{j+1} S_j \sum_{k=j+1}^{J'} N_k\right), \forall j \in \mathcal{J}' \tag{4.67}$$

证明：将式(4.66)中的最优奖励策略$R_j^*(\mathbf{S})$代入式(4.45)中网络运营者的效用函数

$\mathcal{U}_O(\varPhi)$，可得

$$\mathcal{U}_O(\mathbf{S},\mathbf{R}^*)=\sum_{j\in\mathcal{J}'}\varpi\frac{N_j}{T_j}\log(1+S_j)-\sum_{j\in\mathcal{J}'}N_jR_j^* \tag{4.68}$$

式 (4.68) 的最后一项可以改写为

$$\begin{aligned}
\sum_{j\in\mathcal{J}'}N_jR_j^*&=N_1R_1^*+\sum_{j=2}^{J'}N_jR_j^*\\
&=\sum_{j=1}^{J'}N_jC_jS_j+\sum_{j=2}^{J'}N_j\sum_{k=1}^{j-1}(C_k-C_{k+1})S_k+\sum_{j=1}^{J'}N_jC_0\\
&=\sum_{j=1}^{J'}N_jC_jS_j+\sum_{j=1}^{J'-1}(C_j-C_{j+1})S_j\sum_{k=j+1}^{J'}N_k+\sum_{j=1}^{J'}N_jC_0\\
&=\left(\sum_{j=1}^{J'}N_jC_jS_j+\sum_{j=1}^{J'-1}C_jS_j\sum_{k=j+1}^{J'}N_k\right)-\sum_{j=1}^{J'-1}C_{j+1}S_j\sum_{k=j+1}^{J'}N_k+\sum_{j=1}^{J'}N_jC_0\\
&=\sum_{j=1}^{J'}C_jS_j\sum_{k=j}^{J'}N_k-\sum_{j=1}^{J'}C_{j+1}S_j\sum_{k=j+1}^{J'}N_k+\sum_{j=1}^{J'}N_jC_0
\end{aligned} \tag{4.69}$$

因此，不考虑单调性约束 C1 的问题2的松弛问题可重新表述为

$$\max_{S_j}\sum_{j=1}^{J'}\left(\varpi\frac{N_j}{T_j}\log(1+S_j)-C_jS_j\sum_{k=j}^{J'}N_k+C_{j+1}S_j\sum_{k=j+1}^{J'}N_k-N_jC_0\right) \tag{4.70}$$

其中，对于任意的 $j\in\mathcal{J}'$，N_jC_0 均为常数。因此，通过求解式 (4.67) 中的优化问题，可以得出松弛最优的契约 VDD 大小 $\widetilde{S}_j^*$。

显然，式 (4.67) 是一个单变量优化问题。定义函数 $G(S_j)$ 如下：

$$G(S_j)=\varpi\frac{N_j}{T_j}\log(1+S_j)-C_jS_j\sum_{k=j}^{J'}N_k+C_{j+1}S_j\sum_{k=j+1}^{J'}N_k \tag{4.71}$$

由 $\dfrac{\mathrm{d}^2G(S_j)}{\mathrm{d}S_j^2}=-\dfrac{\varpi N_j}{T_j(1+S_j)^2}<0$ 可知，$G(S_j)$ 是关于 S_j 的严格凸函数。因此，松弛最优的契约 VDD 大小 S_j^* 求解如下：

$$\widetilde{S}_j^*=\min\left\{S_{\max},\max\left\{\widehat{S}_j^*,0\right\}\right\} \tag{4.72}$$

其中，$\widehat{S}_j^*$ 是满足 $\dfrac{\mathrm{d}G(S_j)}{\mathrm{d}S_j}=0$ 的点，即

$$\widehat{S}_j^*=\begin{cases}\frac{\varpi}{T_jC_j}-1, & j=J'\\ \dfrac{\varpi N_j}{T_j\left(C_j\sum\limits_{k=j}^{J'}N_k-C_{j+1}\sum\limits_{k=j+1}^{J'}N_k\right)}-1, & j=1,2,\cdots,J'-1\end{cases} \tag{4.73}$$

令 $\mathbf{S}^*=\{S_j^*\}_{j\in\mathcal{J}'}$ 表示可行的最优契约 VDD 序列。若 $\widetilde{\mathbf{S}}^*=\{\widetilde{S}_j^*\}_{j\in\mathcal{J}'}$ 是非递减序列（即单调性约束 C1 成立），则 $\widetilde{\mathbf{S}}^*$ 正是问题2的解（即 $\widetilde{\mathbf{S}}^*=\mathbf{S}^*$）。然而，单调性约束 C1 在一般情况下的无人机类型分布中可能不成立，因此需要对 VDD 大小序列进行动态最优分配与调整。基于文献[89]，给出以下定理来设计该机制。

定理 4.3 令$\Gamma_n(y), n=1,\cdots,N$是关于$y$的凸函数，并且$\tilde{y}_n^*=\arg\max_{y_n}\Gamma_n(y_n)$。若$\tilde{y}_1^*\leqslant\tilde{y}_2^*\leqslant\cdots\leqslant\tilde{y}_N^*$，则$y_1^*=y_2^*=\cdots=y_N^*$，其中

$$\{y_n^*\}=\arg\max_{\{y_n\}}\sum_{n=1}^{N}\Gamma_n(y_n), \forall n=1,2,\cdots,N \qquad (4.74)$$
$$\text{s.t. } y_1\geqslant y_2\geqslant\cdots\geqslant y_N$$

证明：具体证明过程见文献[89]。显式地，式(4.74)中的问题是单变量优化问题，可以通过二分查找法等方法求解。

具体来说，对于任意递减子序列$\{\widetilde{S}_m^*,\widetilde{S}_{m+1}^*,\cdots,\widetilde{S}_n^*\}\subseteq\mathbf{S}^*$，其所有元素都可通过求解以下单变量优化问题来实现动态最优调整：

$$S_l^*=\arg\max_{\widetilde{S}_l}\sum_{l=m}^{n}G(\widetilde{S}_l), \forall l=m,m+1,\cdots,n \qquad (4.75)$$

蜜罐博弈中最优契约计算的整体过程如下。首先，针对未参与的无人机（包括不参与的和未及时传输 VDD 的无人机），设置零支付契约。接着，针对参与协同防御的无人机，根据式(4.72)和式(4.73)计算松弛最优的契约VDD大小策略$\widetilde{S}_j^*$。在最优VDD大小序列动态分配过程中，其最大迭代次数为$J'-1$，获得最优VDD大小序列$\mathbf{S}^*$后，通过式(4.66)计算最优契约奖励R_j^*。在每轮基于蜜罐数据共享的协同防御中，每个参与的无人机都按照契约蜜罐数据大小上传VDD数据，并在及时传输完成后从网络运营者处获得对应的契约奖励。

4.6 本章小结

本章首先针对无人系统决策安全的现状进行了概述，随后从多无人系统协同决策、动态攻防对抗和决策可信度评估等无人系统决策层的典型需求出发，对其原理、实现方法与无人系统中的相关研究进行了深入分析。最后，本章针对基于博弈理论的协同蜜罐数据共享这一案例进行了详细讨论，展示了针对无人系统决策安全中协同决策的一种有效实施方法。具体如下：

（1）无人系统的决策模式可根据其集中化程度、响应速度和安全性划分为集中式、分布式和混合式。主要的决策安全威胁包括单点故障攻击、计算机软件病毒、软硬件漏洞利用、数据注入与欺骗、模型对抗攻击、女巫攻击及信息物理融合式攻击。实现无人系统的安全决策主要面临着决策鲁棒性、决策可信性、决策公平性、软硬件安全及信息物理融合安全五方面的挑战。

（2）在无人系统的决策方法中，从博弈论的角度出发，主要包括微分博弈决策、重复博弈决策、合作博弈决策及马尔可夫博弈决策，这类方法着重考虑决策者之间的相互作用和竞争。从群体智能的角度出发，主要包括蚁群算法优化决策及粒子群算法优化决策，这类方法强调利用群体行为和协同优化来提升决策性能和效率。

（3）在无人系统的动态攻防对抗中，感知层、网络层和应用层容易受到各类攻击威胁，包括决策篡改攻击，旨在破坏决策的传感器依赖；操纵协同控制器攻击，旨在破坏无人系统的协同控制器；注入伪造控制数据攻击，旨在破坏无人设备的飞行/驾驶控制系统；以及供

电攻击，旨在破坏无人设备的供电系统。为应对这些多维威胁，针对无人系统的防御对抗，可采用以下策略：在感知层，采用基于规则、签名和深度学习相结合的混合入侵检测方法，以检测异常多元时间序列；在网络层，采用受限玻尔兹曼机建模学习正常网络流量特征，以识别潜在异常攻击流量；在应用层，利用数据流分析、别名分析、污点分析及符号执行等代码分析技术，检测应用程序二进制代码，并利用支持向量机、决策树和随机森林等机器学习技术，区分并检测恶意软件。并结合实例说明了虚假数据注入、网络操纵威胁、恶意软件植入威胁在无人系统中的危害性。

(4) 在无人系统决策可信度评估中，从交互对象上来看，基于实体的可信评估更适用于需要考虑操作实体的可信度的场景，基于事件的可信评估更适用于需要对实体间交互的具体事件进行评估的场景，混合式信任模型兼而有之。从交互模式上来看，直接信任更适用于智能体间有较为频繁历史交互的场景，间接信任更适用于智能体间历史交互较少或没有直接交互的场景，全局信任通过融合个体直接经验的信任评价和来自网络内其他实体的间接信任评价而形成。从时间尺度来看，近期信任更适用于环境快速变化或者需要即时反应的场景，反映其短期内的行为变化和可靠性，历史信任适用于评估在长期执行任务过程中的可靠性，预期信任综合考虑了长期和短期行为表现。

(5) 针对无人系统中的典型网络安全威胁，通过案例分析了基于博弈理论的无人机协同蜜罐数据共享的防御策略。

4.7 习题

1. 请简要描述无人系统决策安全的现状，并列举其中的主要挑战和问题，同时简要描述针对无人系统决策的一种安全威胁方式。

2. 解释什么是多无人系统协同决策，并举例说明其在实际应用中的重要性。

3. 解释为什么动态攻防对抗对于无人系统决策的安全至关重要。提供一个示例或场景来说明动态攻防对抗的概念。

4. 决策可信度评估是如何帮助提高无人系统决策安全的？列举一些评估可信度的方法或标准。

5. 在本章案例中，进一步建立完全信息场景下的最优契约决策问题，并利用凸优化方法求解该最优契约。

第5章 无人系统通信网络安全

在无人系统领域，通信网络作为连接各系统部件的生命线与核心脉络，承载着维持系统运转的重任，但这些不可或缺的信息通道正遭受持续的安全威胁。近年来，电信巨头AT&T公司被曝出数据泄露案，其中大约7300万用户的敏感数据（如账户和密码）不仅被非法泄露，而且被秘密销售多年。该事件像一颗重磅炸弹，震惊了科技界，这也提醒了我们，即便是规模庞大、技术先进的通信企业的安全防线也并非无懈可击。此外，2010年的震网蠕虫病毒攻击也是一个典型例子，它不仅针对伊朗核设施的控制系统，还对该国整体核计划的约五分之一造成了重大损害，也可通过网络传播来感染和控制网络中的各类无人设备，将传统战争的火药味带入了数字世界。因此，在设计和部署无人系统时，通信网络的安全性成为不可忽视的核心议题。这不仅仅是为了防御黑客的侵袭，更是为了保护系统的隐私、确保关键基础设施的稳定运行。在本章中，我们将详细探讨无人系统通信网络所面临的各种安全威胁，并讨论当前可行的防护措施。

本章要点

- 无人系统中通信网络的类型、典型威胁和安全挑战。
- 面向无人系统通信网络的安全认证机制与访问控制策略。
- 面向无人系统通信网络的物理层安全技术。
- 面向无人系统通信网络的入侵检测方法、系统和典型应用。

5.1 无人系统通信网络安全现状概述

5.1.1 无人系统通信网络类型

无人系统多样化的应用场景需要采用不同的通信网络结构和方案，每种通信网络类型都有其独特优势，选择合适的通信网络类型可以有效地提升系统性能和可靠性。表5-1提供了无人系统中不同类型通信网络的比较，具体介绍如下。

表 5-1 无人系统通信网络类型对比

网络类型	覆盖范围	传输速度与延迟	适用场景	优势与局限性
卫星通信网络	广泛，包括偏远和海洋区域	高速，但受信号延迟和天气影响	远程控制、长距离数据传输	覆盖广泛，但受环境影响大

续表

网络类型	覆盖范围	传输速度与延迟	适用场景	优势与局限性
Ad Hoc网络	临时部署，覆盖范围受限于节点分布	可变，依赖于节点间的连接质量	灾难救援、军事行动	灵活、自组织，但覆盖有限
移动通信网络	广泛，依赖基站分布	高速，低延迟（5G/6G）	协作无人驾驶、工业智联网	高速、低延迟，但需基础设施支持
Mesh网络	灵活，随节点增减调整	中等至高速，低延迟	无人机群编队、应急通信	自愈、可靠，但初期部署复杂
专用通信网络	根据设计定制，可高度专业化	可定制，满足特定需求	军事系统、关键基础设施	高度定制、安全，成本可能较高
地面对空通信网络	地空通信专用，覆盖范围有限	中等至高速，低延迟	无人机监测、农业监控	特定于地空，高度可靠

- 卫星通信网络：其利用地球轨道上的卫星进行信号传输，提供广泛的覆盖范围，甚至可达偏远或海洋区域。这种网络对于实现远程控制和监视、长距离数据传输至关重要，尤其适用于跨越大陆和海洋的无人系统操作。卫星通信网络可以支持高速数据传输和实时控制，但受限于卫星信号的延迟和天气条件的影响。
- Ad Hoc网络： Ad Hoc网络的灵活性和自组织特性使其成为临时或动态环境中理想的通信解决方案。不同于传统通信网络依赖固定的网络基础设施，这种网络依靠无人系统中智能体之间的直接通信，可在没有固定基础设施支持下快速建立通信，非常适合灾难救援、军事行动、野外搜寻等需要快速部署通信系统的场景。
- 移动通信网络：随着移动通信技术的迅猛发展，5G和6G可以为无人系统提供更快数据传输速度、更低传输延迟和更广网络覆盖的通信服务，能够满足如协作无人驾驶、工业智联网等针对实时数据传输和处理的无人系统应用。此外，该类网络通常具备更强的抗干扰能力和更广泛的设备兼容性。
- Mesh网络：该网络通过节点之间相互连接来提供高度稳定、可靠的数据传输服务，这对于需要在动态或不确定环境中稳定运行的无人系统尤为重要，例如无人机群的编队飞行和灾区场景下的应急通信。此外，Mesh网络的自愈特性能够确保即使部分节点失效，网络也能稳定运行。
- 专用通信网络：与公共网络不同，专用通信网络可以根据特定需求进行定制化设计，如对特定区域进行网络覆盖、为特定智能体在组织、管理等环节提供可靠的通信服务的专业网络。通常来说，该网络是为特定的任务或应用量身定制的，通过为无人系统提供定制化的功能和增强的安全性来满足如军事无人系统和关键基础设施等特定领域需求。
- 地面对空通信网络：该网络主要用于地面控制站与空中无人系统（如无人机）之间的通信，可以在空中摄影、农业监测、交通监控等领域发挥关键作用。但这类网络通常需要高度可靠和低延迟的通信链路，以确保空中无人系统实时数据交换和无人机操作安全。

5.1.2 通信网络安全威胁

无人系统通信网络中存在多种安全威胁，其可能严重影响系统正常运行和数据安全，本节主要讨论无人系统通信网络中潜在的安全威胁。

- 信息窃取与监听：这种威胁涉及未授权的第三方通过各种手段截获和监听通信数据。攻击者可能利用窃听到的信息进行间谍活动、竞争情报收集或其他恶意目的。信息窃取、干扰攻击对无人系统的机密性构成严重威胁，特别是在涉及敏感或机密数据的军事和商业应用中。
- 拒绝服务攻击：该攻击目标在于使目标网络资源无法正常访问或使用，通常通过淹没系统服务与基础设施的处理能力，导致出现过载状况。在无人系统内，此类攻击可能致使无人系统的关键通信链路中断，引发任务执行的中断甚至在关键时刻失去指挥与控制能力，从而严重威胁到操作安全与任务成功。
- 未经授权访问：未经授权的访问是指未授权的用户或系统获得对网络资源的访问权限，实现未授权控制无人系统或访问敏感数据，进而导致数据泄露、系统损害或操作失误。
- 篡改和伪造：数据篡改和伪造涉及对正在传输的数据进行未授权的修改或创建假冒通信。这种攻击可能导致无人系统做出基于错误信息的决策，引发安全事故或操作失误。
- 恶意软件：攻击者可将病毒、蠕虫、木马等恶意软件植入无人系统的通信网络中，破坏系统的正常运作。恶意软件通过创建假的通信节点或数据，以误导系统或隐藏恶意活动。这些威胁可能导致系统瘫痪、数据损失或其他严重后果。

5.1.3 通信网络安全挑战

无人系统通信网络在确保其数据及操作的安全性方面面临诸多挑战，这些挑战不仅仅局限于技术层面，还包括环境、政策规划等多方面因素。本节主要从网络安全漏洞、隐私泄露威胁、复杂多变环境、技术限制与标准化、持续威胁演进五方面来说明其面临的安全挑战。

- 网络安全漏洞：在网络设计、实施、配置阶段出现不当操作会产生未察觉的安全漏洞、弱点，这些漏洞是系统最薄弱的一环，可以被恶意攻击者所利用来实施攻击，例如数据窃取、拒绝服务攻击或更为严重的破坏性攻击行为。
- 隐私泄露威胁：无人系统成为关键性技术设施，通常需要去传输、处理大量敏感数据，包括个人信息、财务数据、甚至国家机密文件。如黑客通过发动未经授权的访问、信道窃听、隐私推理等攻击会导致严重的隐私泄露。
- 复杂多变环境：无人系统通常需要在如灾后救援、战场、极地等多变极端环境中运行，这些环境中的物理障碍、电磁干扰及不稳定的网络连接等因素，均可能对通信网络造成严重的威胁。
- 技术限制与标准化：随着技术的快速演进，新的通信技术不断涌现，然而这些新技术的安全性尚未完全被验证，同时缺少统一的安全标准。这不仅对无人系统的通信网络带来新的安全挑战，也使得设备和系统的兼容性成为一个问题。

- 持续威胁演进：网络安全的威胁是不断变化和进化的，黑客和攻击者持续开发新的攻击方法，例如高级持续性威胁、零日攻击等。这些高级威胁往往难以检测和防范，需要持续的安全监控、智能威胁分析和快速响应策略。

接下来，将详细介绍常见的无人系统通信网络安全防御措施，囊括了安全认证与访问控制、物理层安全传输、入侵检测的基本原理和技术细节。

5.2 安全认证与访问控制

安全认证与访问控制的主要目的在于保护无人系统和资源免受未经授权的访问和损害，并确保只有授权智能体能够获取所需的资源或信息，以防止未授权的访问、数据泄露和恶意攻击。具体来说，① 安全认证是确认智能体身份的过程，确保其合法性和真实性，无人系统通常通过密码、数字证书、生物特征识别等方式验证实体身份，通过认证后的智能体才能获得对系统、应用、数据的访问权限。② 访问控制是指认证成功后根据实体身份、权限等因素来管理资源的访问，以确保数据和系统的安全性。它涉及智能体可以访问哪些资源、以什么方式访问及访问资源的时间等方面的控制。在本节中，我们分别介绍针对无人系统的安全认证和访问控制的基本原理及机制设计，图5-1展示了无人系统中的安全认证与访问控制的分类。

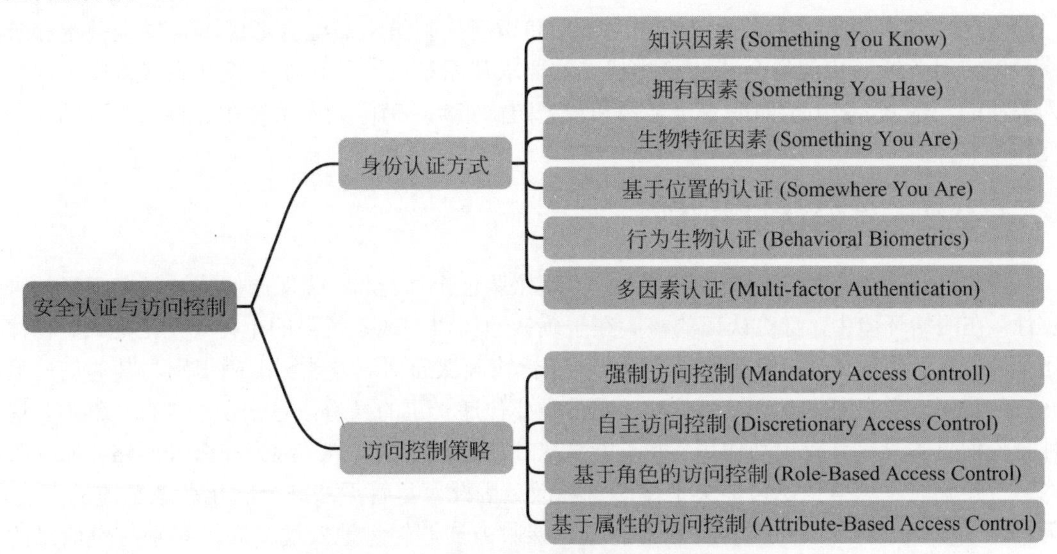

图 5-1　无人系统安全认证与访问控制分类

5.2.1 安全认证与访问控制概述

随着无人系统技术的发展，机器对人类操作的依赖正在逐步减少，智能体能够根据环境信息自主执行任务。例如，智能家居系统会自动侦测房间的温度并调整空调设定以维持舒适度，智能灌溉装置则能监测土壤湿度并据此自动进行灌溉。在这一背景下，确保无人系统中的自主行为在适当的访问控制下进行，以确保这些系统的传输安全、操作安全、数据保密性和防止未授权的访问，已成为无人系统安全领域研究的重要课题。在这个背景下，安全认证和访问控制成了保障这些系统安全的关键技术，其中安全认证旨在确认通信双方的可信性、保障信息传输的安全及验证消息的完整性，实施身份验证、数据加密和完整性校验的措施，有效防止了信息的篡改、窃听或伪造。同时，访问控制机制通过限制对系统资源的访问，确保只有授权用户才能访问特定的数据和操作，进而提升系统的安全性和操作可靠性。无人系统可能承载着如商业机密或军事情报等敏感数据，防止未授权访问对避免这些信息泄露至关重要。引入安全认证和访问控制不仅保护了这些敏感信息和系统资源，还有效防止了恶意攻击者修改控制指令或操作逻辑，从而保障系统不被非法使用或破坏，同时减少了因误操作造成的安全事故风险。

然而，实现无人系统中的安全认证和访问控制面临诸多挑战，这些挑战源于无人系统的特性，包括系统的高度自主性、动态变化的操作环境、设备资源的限制、严格的时延要求及对灵活互操作性的需求。系统的自主性要求安全机制能在无人工干预的情况下自动执行，需要依赖于复杂的决策逻辑和自适应算法实现自主安全管理。其次，无人系统经常在动态变化的环境中运作，要求认证和访问控制机制能够适应网络拓扑和连接质量的变化，同时保持高效和可靠。此外，尤其是对于小型无人机或传感器网络而言，其计算能力、存储空间和能量供应受限，对安全认证和访问控制机制的复杂度提出了限制。另外，严格的实时性要求意味着安全认证和访问控制过程不能引入过多延迟，以免影响系统的响应速度和操作安全。最终，无人系统技术的快速发展超前于安全标准和协议的制定，不同制造商和系统采用的不同安全技术可能导致兼容性和互操作性问题，增加了实施统一安全策略的难度。

因此，设计和实施无人系统的安全认证和访问控制策略需综合考虑多种安全技术和策略，以应对不断变化的安全威胁和挑战。这要求从系统设计的初期阶段开始就将安全性作为关注的一部分，采用全面的安全架构和分层防御策略，确保无人系统在各种场景下的安全性和可靠性。

5.2.2 身份认证机制

身份认证是信息安全领域的核心技术，用来验证个体身份，确保通信或访问请求者的真实性。在网络环境中，身份认证的核心在于确认通信双方或系统中的个体（无论是人、物体还是智能体）的真实性。简单地说，身份认证旨在确保通信双方能够准确识别与其通信的另一方的身份。当在网络上进行通信时，通常需要传递一定的身份信息来识别彼此。然而，这种身份信息本身只具有识别作用，并不能直接证明信息的真实性，因为在公开网络（如互联网）上传输时，这些信息可能会遭受恶意篡改。因此，尽管无法完全阻止恶意篡改的发生，仍可以采取措施确保一旦身份信息被篡改，接收方能够轻易地发现。为了鉴别身份信息的真伪，首先必须建立对真实身份的“认识”。在网络通信中，我们可能会与陌生的实体进行交互。如何判断其身份的真伪呢？这里引入一个关键概念：信任。在网络环境下，信任并不仅仅是对某个实体可靠性的认可，而是基于双方共享的秘密信息（如密钥信息）的了解。例如，如果Alice和Bob之间共享了一个密钥，并且这个密钥的安全性得到了保证，那么它们之间就建立了相互信任的关系。如果Alice确信它拥有Bob的公钥，那么可以说Alice对Bob建立了信任，但这并不自动意味着Bob对Alice的信任。换句话说，在没有任何信任基础的情况下，通过网络建立新的信任关系是不可靠的。

对于无人系统来说，这一原理同样适用，当无人系统在执行任务时，无论是智能体之间还是与其他无人系统进行通信，都需要通过安全的认证机制来确保通信的真实性和安全性。这通常涉及使用加密技术和密钥管理策略来建立和维护信任关系，确保无人系统能够在复杂且可能不安全的网络环境中安全高效地运行。通过这种方式，无人系统不仅能够保护自身免受未授权访问和篡改，还能够确保数据的保密性和完整性，从而提高整个系统的可靠性和效率。

安全认证技术的演进是与密码学的发展紧密相连的历史进程，从古代的简单密码学应用，经过机械加密时代的创新，到数字加密技术的兴起，再到现代复杂的认证协议和系统的建立，每一步都体现了对通信安全需求的响应和技术的进步。最初，古代密码学通过简单的替换和置换技术实现通信的保密，如凯撒密码在军事和政治通信中的应用。进入20世纪，机械加密设备的出现，例如恩尼格玛机，通过复杂的机械转轮提高了加密通信的安全性。20世纪70年代，随着计算机技术的发展，迪菲-赫尔曼密钥交换协议和RSA算法的提出标志着公钥密码学的诞生，为安全通信和认证开辟了新的途径。20世纪80年代至90年代，互联网的普及带来了对网络安全和认证协议的需求，如Kerberos、SSL和TLS等协议应运而生，提供了身份验证、密钥交换和数据加密等功能，以保护在线通信安全。进入21世纪，随着网络安全威胁的日益复杂化，现代安全认证技术如多因素认证、生物识别、基于证书的认证、单点登录和基于区块链的认证机制等被开发，以提供更高的安全性和更优的用户体验。此外，物理层安全认证技术的发展，例如基于信道特性的密钥生成技术，展示了安全认证领域向利用物理层属性进行身份验证和密钥协商方法的探索。这一发展历程不仅展示了技术进步对安全认证方法的推动，也反映了随着通信技术的演进，安全需求如何不断驱动认证技术向更高层次的发展。

认证方法可根据验证属性的差异划分为多个常见类别，包括知识要素、持有要素、生物特征要素、地理位置依赖、行为特征识别，以及多因素认证等，具体如下。

- 知识因素（Something You Know）：这类认证方法基于用户所知道的信息，如密码、PIN码或安全问题的答案，它是最传统且广泛使用的认证方式，优点在于用户容易理解和使用，并且成本低廉。然而，其安全性相对较低，因为密码和答案可能被猜测、窃听或通过社会工程学手段获得，用户还可能忘记密码，或倾向于使用简单且易于破解的密码。
- 拥有因素（Something You Have）：这种认证方式基于用户所持有的物理或数字对象，如安全令牌（如USB密钥或一次性密码生成器等物理设备）、智能卡（带有存储用户身份信息和密钥的嵌入式芯片）或基于手机的一次性密码。拥有因素提供了比知识因素更高的安全性，因为物理或数字对象更难被盗用或复制。同时，物理设备的管理和发放可以由组织控制，减少用户管理密码的负担。但是需要分发和管理物理设备，可能增加成本和用户负担，且有丢失或损坏的风险。
- 生物特征因素（Something You Are）：生物特征认证是基于用户的生理或行为特征来验证身份的方法，这些特征包括指纹、面部识别、虹膜扫描、声纹识别等生物识别信息。另外，设备指纹（识别和分析设备的特定硬件和软件配置）虽然通常不归类为生物特征，但在无人系统中可用于识别和验证设备的身份。这些特征独一无二、难以被复制或模仿，提供了高安全性的认证方式。同时生物特征绑定于个体，无法轻易转让给他人，用户也不需要记忆密码或携带物理令牌。但是生物识别数据的收集和存储可能引发隐私问题，而且需要特定的传感器和高级算法来捕捉和分析生物特征，另外可能受动态的环境条件或变化的个体特性（如被涂装的外表）的影响。

- 基于位置的认证（Somewhere You Are）：根据用户或设备的地理位置信息来进行身份验证的方法，通过定义安全区域的虚拟边界，确认请求发起者处于特定的、预定义的安全区域内时，才允许访问系统或数据。这可以通过GPS信号确定智能体的精确位置。在室内或GPS信号不佳的环境中，也可以通过Wi-Fi接入点或蜂窝网络基站来估计位置。该方法通过结合物理位置信息，为认证过程增加了一层安全保护，同时兼具灵活性，支持定义多个安全区域以适用于不同的安全需求和场景。但可能存在位置伪造的风险，并依赖于外部服务的准确性和可用性，另外，收集和使用地理位置信息可能引发用户的隐私顾虑。
- 行为生物特征（Behavioral Biometrics）：基于用户的行为模式进行认证，包括键盘打字节奏（如分析用户在键盘上输入文字时的节奏和习惯）、鼠标移动习惯（分析用户使用鼠标时的节奏和习惯）、行走模式（如无人配送车辆中，通过识别操作员或目标接收者的步态进行身份确认）等。与传统的生物识别技术不同，行为生物特征关注于个体行为的微妙差异，提供了一种连续和动态（整个会话期间不断验证）的身份验证方法，由于每个实体的行为模式都是独特的，因而难以被他人准确复制。然而，行为模式可能受环境（如所持设备方式）等因素影响，且分析这些模式需要高度复杂的算法。
- 多因素认证（Multi-Factor Authentication，MFA）：多因素认证是一种安全机制，如图5-2所示，通过结合两个或多个不同类型的认证方法来验证用户身份，以此来提供比单一认证方法更高的安全性。例如，结合密码和手机令牌。用户首先输入密码（知识因素），然后使用手机上的认证应用生成一次性密码（拥有因素），或者指纹结合动态口令、面部识别结合行为分析等。多因素认证的优势在于，即使其中一个因素被破解，其他因素仍然可以保护系统的安全，然而，多重认证可能影响用户体验（操作复杂性）并增加实施和维护的成本。

图 5-2　无人系统通信网络中多因素认证示意图

5.2.3　访问控制及其策略

无人系统中的智能体依赖于高度安全和可靠的通信网络来执行任务和交换信息，确保通信网络的安全不受未授权访问的威胁至关重要。访问控制是无人系统中数据管理中的核心组成部分，旨在保护系统资源免受未授权访问，同时确保授权用户能够访问所需资源。访问控制策略定义了谁可以访问什么资源，以及在什么条件下可以访问。通过提供灵活、高效且智能化的解决方案，访问控制技术不仅可以保护关键资源和信息系统，还能适应无人系统通信网络的特定安全需求和挑战，确保其安全运营和数据保密性。

访问控制技术的发展紧跟信息技术和网络安全的步伐，从20世纪70年代起，访问控制技术便开始从基本的自主访问控制（Discretionary Access Control，DAC）和强制访问控制（Mandatory Access Control，MAC）模型发展起来，这两种模型分别依据资源所有者的决定和预设的安全策略来执行访问权限，为早期的安全需求奠定了基础。20世纪90年代，基于角色的访问控制（Role-Based Access Control，RBAC）通过角色分配简化了权限管理，并增加了灵活性。进入21世纪，基于属性的访问控制（Attribute-Based Access Control，ABAC）通过属性和策略引入了更为动态的访问控制机制，实现精细的权限配置。

随着互联网和云计算技术的普及，访问控制技术面临新的挑战，如跨域认证和远程访问控制，促成了联邦身份管理和基于云的访问控制服务的发展，为云应用和服务提供有效的访问控制方案。最新的趋势是向智能化和自适应访问控制转变，其中人工智能和机器学习技术的集成，使系统能够基于实时的风险评估动态调整访问权限。这一转变引入了自适应访问控制和基于风险的访问控制（Risk-Based Access Control，RBAC），为应对复杂的安全威胁和满足业务需求提供了先进的解决方案。

根据访问控制决策的依据和实施机制来进行的，可以将典型的访问控制策略划分为强制访问控制、自主访问控制、基于角色的访问控制及基于属性的访问控制四个主要类别。表5-2对比了上述四类访问控制策略，具体介绍如下。

表 5-2　常见访问控制策略对比

访问控制策略	定　义	优　势	劣　势
强制访问控制	系统级安全访问策略控制，不允许无授权变更访问权限	高度安全性和机密性	灵活性低且管理复杂
自主访问控制	资源所有者或创建者控制访问权限	易于实施、灵活度高	安全依赖于个体决策、易受恶意行为影响
基于角色的访问控制	访问权基于用户的角色，角色定义了对应的权限	管理便捷、易于扩展和维护	依赖角色划分、易出现权限不合理或不精细划分
基于属性的访问控制	访问权限基于用户、资源、操作的属性和环境条件	细粒度控制、灵活度高、易于扩展及审计	策略复杂度、配置开销、维护成本高

- 强制访问控制：强制访问控制是一种由系统级安全策略控制的访问控制机制，它不允许拥有者或用户在没有管理者授权的情况下更改访问权限。在该模型中，每个实体（无人系统的设备、文件等）都被分配一个敏感度级别（如机密、秘密等），而访问这些实体的能力是基于实体的安全级别和主体（用户、程序）的访问权限来决定的。在无人系统通信网络中，强制访问策略可以通过实施集中式的安全策略，为无人机、无人车等设备分配统一的安全标签，并根据这些标签控制设备对网络资源的访问，例如只有被授权的无人机才能访问特定的导航数据或执行任务指令。由于是基于预定义的策略，强制访问控制能够有效防止未授权访问，增加系统的安全性，并且通过严格的安全标签和分类，可以防止敏感信息泄露给低安全级别的实体。但是其策略的严格性可能限制了其在快速变化的无人系统中的适应性，同时该策略需要精确管理和

配置安全标签和策略，增加了管理的负担。

- 自主访问控制：该方式允许资源的所有者或创建者基于他们的判断自主管理、分配或撤销对资源的访问权限。例如，无人机的操作者可以决定哪些数据可以被其他无人机访问，或者哪些控制命令可以由地面站执行。在自主访问控制模型中，访问控制是通过访问控制列表实现的，其中列出了谁可以访问资源及他们可以执行的操作。相比于强制访问控制，自主访问控制更容易在多种系统和环境中实施，同时模型提供了高度的灵活性，允许用户根据需要轻松分享资源。但是，自主访问控制依赖于个体的决策（可能基于片面观察得到），可能会由于配置错误导致安全漏洞，同时资源所有者可能因不恰当地分配权限而导致不必要的访问权限扩散。
- 基于角色的访问控制：该策略涉及将访问权赋予定义明确的角色，用户通过承担一个或若干角色间接享有这些权限。例如，可以设定“飞行控制员”角色，赋予其操作无人机飞行的权限，而“数据分析师”角色则可能只有分析收集数据的权限。这样，当一个智能体被指定为某一角色时，它就自动获得了该角色对应的所有访问权限。这种模型将访问权限与角色关联起来，其依据的是用户的职责和任务，而非直接与个人身份关联。例如，文献[91]引入了基于角色的加密方法进行访问控制，只有授权用户才能解密数据。这包括高效的用户撤销和外包解密，减少计算负载。通过角色的抽象，基于角色的访问控制模型有效简化了权限的分配和管理过程，特别是在用户数量众多时。同时，通过精确定义角色和权限，可以最小化不必要的访问权限，并易于添加新角色和调整现有角色权限。但是，在复杂的无人系统中，可能需要定义大量的角色以覆盖所有访问需求，导致角色管理变得复杂，角色的泛化可能导致某些用户获得不必要的权限。
- 基于属性的访问控制：图5-3展示了基于公钥设施（Public Key Infrastructure，PKI）的加密和基于属性的加密（Attribute-Based Encryption，ABE）的区别。基于属性的访问控制根据属性和策略来控制访问，这些属性可以是用户属性、资源属性、操作属性或环境条件。该模型允许创建基于多个维度的复杂访问控制策略，提供了高度灵活和细粒度的访问控制。在无人系统中，基于属性的访问控制可以实现基于设备状态、地理位置、时间或任务类型等条件的动态访问控制。例如，只有当无人机位于特定飞行区域且在指定时间内，才允许其访问特定的导航数据。该模型具有高度灵活和动态、细粒度控制、适应性强等多个优势。具体来说，可以根据广泛的上下文信息动态调整访问权限，并允许基于复杂的规则和条件实现细粒度访问控制，同时能够适应多变的环境和需求，适用于需要高度个性化访问控制的场景。但是出于性能考虑，在每次访问决策中评估复杂的属性和规则可能影响系统性能。

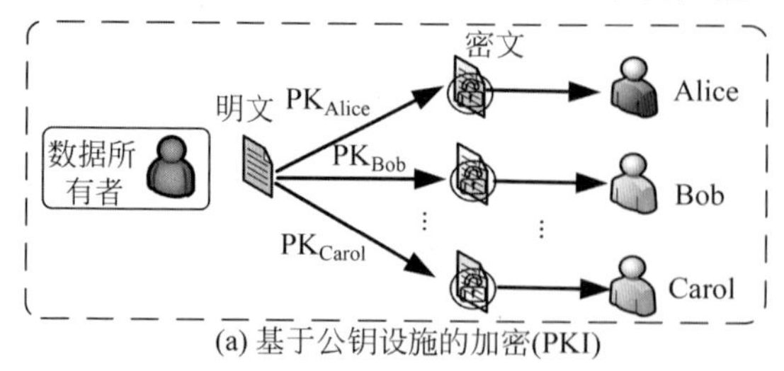

(a) 基于公钥设施的加密(PKI)

图 5-3 基于PKI的加密和基于ABE的加密

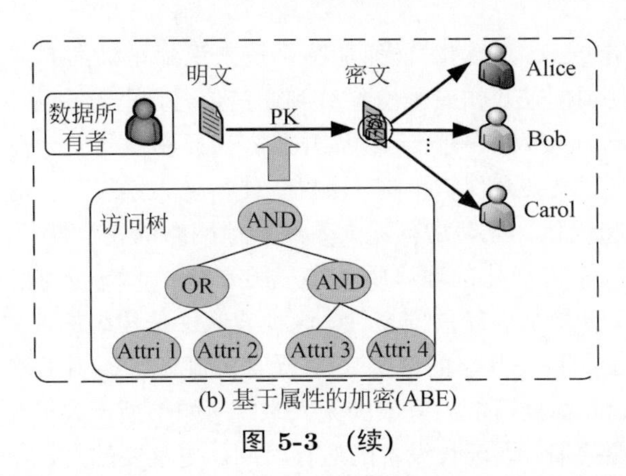

(b) 基于属性的加密(ABE)

图 5-3 (续)

对于无人系统通信网络而言，选择合适的访问控制策略是确保系统安全的关键。不同的访问控制模型提供了不同层级的安全保护和灵活性。在实际应用中，可能需要根据无人系统的具体需求和安全策略，结合使用多种访问控制方法，以实现最优的安全性和操作效率。

5.3 物理层安全

构建可靠、安全的物理层传输技术是整个无人系统通信安全体系的基础，是实现通信和安全一体化的重要手段。建立在信息论基础上，物理层安全技术利用无线信道的随机性、多样性(如噪声、衰落和干扰等)来保护数据在通信介质上的传输，以防止传输过程中被未经授权者访问、篡改、截获或干扰等，其主要包括物理层安全传输、物理层密钥协商、物理层身份认证等技术手段。

5.3.1 物理层安全概述

由于无线信道的开放性和广播特性，通信网络面临着广泛且多样的安全威胁，攻击者试图截获、篡改或阻断信息传输，对通信安全构成严重挑战。为应对这类威胁，无线通信网络需满足保密性和认证两个基本的安全需求，其中保密性确保未授权者无法获取机密信息的内容，而认证则使得消息接收方能够验证信息来源的真实性，防止攻击者冒充信息源。物理层安全技术（Physical Layer Security，PLS）是基于信息论的安全理念，其利用物理层传输介质的随机性和不对称性为无人系统通信网络提供保密、可认证的数据传输。这种技术在无线通信领域，特别是在资源受限和对安全性要求极高的场景中，展现出了极大的潜力和优势。

与传统的（如对称加密和非对称加密算法等）安全措施相比，物理层安全技术具有多种优势。① 简化密钥管理：物理层安全技术不依赖于传统的密钥交换和密钥管理机制。在对称和非对称加密算法中，密钥的管理和安全交换是一个复杂和具有挑战性的问题，尤其是在动态变化的无人系统网络中。物理层安全通过利用通信信道的随机性和不可预测性来保证数据的安全性，从而避免了密钥管理的需求。② 增强安全性：物理层安全技术利用信道的不对称性（例如信道衰落和环境噪声），只有合法的接收方在特定的位置和时间才能够正确解码发送的信息。随着算力的不断提高，传统加密方法面临着窃听者利用无限计算资源进行暴力破解或分析攻击的风险，这对任何加密系统来说都是极大的威胁。而基于物理层随机属性的安全机制，使得即使攻击者能够拦截到通信信号，也无法从中提取有用信息，因为攻击者的信道条件与合法接收方不同。③ 提升兼容性：物理层安全技术可以与传统的加密技术结合使用，提供多层次安全保护机制，该机制使得无人系统可针对具体应用和安全需求对安全技术进行定制和优化，显著增强无人系统通信网络的安全性。④ 适应动态环境：由于无人系统通常操作在动态变化的环境中，物理层安全技术能够利用这种环境的变化（如移动引起的信道变化）来增加系统的安全性。这种适应性是传统加密方法难以实现的，因为它们通常依赖于静态的、预先共享的密钥。⑤ 提升资源效率：由于物理层安全技术不依赖于复杂的加密算法，因此在处理能力有限的无人系统（如小型无人机和传感器网络）中部署时，可以减少计算资源的消耗，延长设备的运行时间。更重要的是，物理层认证能够在信号解调和解码前迅速确认合法节点，避免了对非目标传输信号的无效处理。

物理层安全作为一种关键性保障无线通信安全的方法，其研究起源和发展可以追溯到1949年，Claude Shannon在其开创性工作《通信的数学理论》[92]中提出的基于信息论的保密系统理论。他指出，安全级别取决于窃听者所掌握的信息量，当窃听者除了随机猜测之外对传输的信息一无所知时，便可实现完美的保密。尽管Shannon的工作主要集中在密码学上，但他的理论为后续的物理层安全研究奠定了基础。接着，Aaron D. Wyner在1975年[93]提出了离散无记忆窃听信道（Discrete Memoryless Wiretap Channel，DMWC）模型，该模型是物理层安全领域的基础模型之一，他的研究首次在理论上证明了，在存在窃听者的情况下也可以实现安全通信，对后续的研究产生了深远的影响。Wyner的窃听信道模型开启了利用信道编码来提高无线通信系统安全性的研究领域，激发了对广播信道、高斯信道等其他通信场景下物理层安全性能研究的广泛兴趣。20世纪80年代到21世纪初，物理层安全理论得到了进一步扩展，Imre Csiszár 和 János Körner于1983年发展了Wyner的理论，提出了更一般化的窃听信道模型，即Csiszár-Körner模型，扩展了物理层安全的理论基础。接着，Ueli Maurer等在秘密共享和公开讨论的基础上，于1993年提出了基于公共信道的密钥协商理论，这些研究为利用物理层特性进行密钥生成和安全通信提供了理论依据。21世纪初期，随着无线通信技术的迅猛发展，物理层安全开始从理论走向实践，研究者开始探索如何在实际无线网络中实现物理层安全机制，如基于信道特性的密钥生成、人工噪声干扰、波束成形技术等。2010年前后，物理层安全技术在多输入多输出（MIMO）系统、认知无线电网络、无线传感器网络等领域得到了广泛应用和研究，研究重点包括提高安全容量、设计抵抗窃听的通信策略、实现低复杂度的安全机制等。近年来，随着无人车、无人机等无人系统的蓬勃发展，物理层安全面临新的挑战和机遇，学术界和工业界仍在探索新的物理层安全机制，以适应更加复杂多变的通信环境和更高的安全需求。

当前，物理层安全的研究分为两大主流方向，分别是Wyner引导的无密钥安全模型及Maurer引导的基于无线信道的密钥机制，前者最初是由Wyner于1975年提出，这是信息论与通信安全交叉的重要里程碑。如图5-4所示，Wyner的模型考虑了一个简化三节点通信场景：发送者Alice，合法接收者Bob，以及窃听者Eve，其中Alice希望向Bob发送保密信息，而Eve试图窃听这些信息。在传输过程中存在两个信道：从Alice到Bob的主信道和从Alice到Eve的窃听信道，均假定为离散无记忆信道。

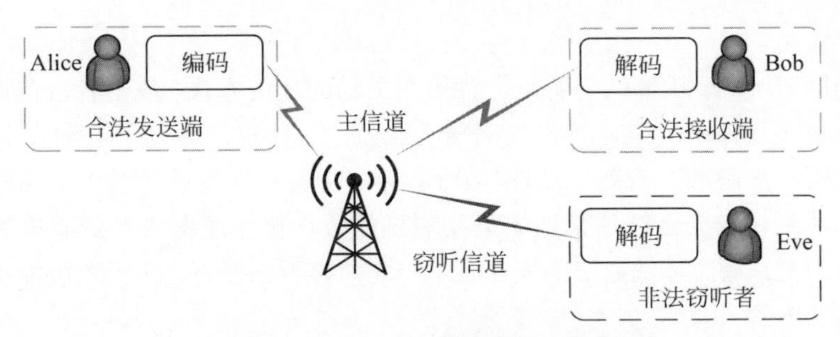

图 5-4 Wyner窃听信道模型示意图

Wyner的核心发现是，在某些条件下，即便Eve的信道条件比Bob更优，Alice仍能安全地向Bob传输信息，无须依赖传统加密技术。此外，Wyner引入了保密容量的概念，用以量化在确保窃听者获得的信息量趋近于零的条件下，发送者和接收者之间可以安全传输信息的最大速率。在Wyner的离散无记忆窃听信道模型中，保密容量C_s可以用以下公式来表示：

$$C_s = \max_{P_X(x)} [I(X;Y) - I(X;Z)] \tag{5.1}$$

其中，$I(X;Y)$表示发送者和合法接收者之间的互信息，而$I(X;Z)$表示发送者和窃听者之间的互信息，分别定义为

$$I(X;Y) = \sum_{x,y} P_X(x) P_{Y|X}(y|x) \log \frac{P_{Y|X}(y|x)}{P_Y(y)} \tag{5.2}$$

$$I(X;Z) = \sum_{x,z} P_X(x) P_{Z|X}(z|x) \log \frac{P_{Z|X}(z|x)}{P_Z(z)} \tag{5.3}$$

这里，$P_Y(y)$和$P_Z(z)$分别是合法接收者和窃听者接收到信号的边缘概率分布，它们可以通过对$P_X(x)$和相应的条件概率分布进行积分或求和来计算。保密容量的推导揭示了，在保证窃听者无法获取有效信息的前提下，通过优化发送信号的概率分布$P_X(x)$，可以最大化发送者和合法接收者之间的保密容量C_s。

另一研究方向由Ueli Maurer于1993年提出[94]，关注的是如何在公开信道上交换信息以生成一个只有通信双方知晓的共享密钥。Maurer的理论模型基于这样的观点：即使在公开信道上，通信双方也能通过利用信道的随机性产生共享的、对第三方保密的信息，进而生成密钥。这两大研究方向为物理层安全提供了坚实的理论基础，Wyner的模型揭示了，即使在潜在窃听者存在的情况下也能保证通信的安全性，而Maurer的模型则提供了一种在公开信道上利用信道随机性和互易性的密钥生成方法，为物理层安全通信开辟了新的途径。

5.3.2 物理层通信典型攻击

由于无线信道的开放性和广播特性，使得物理层通信面临攻击多样且广泛的威胁（包括被截获、篡改或信息传输阻断等）。以下是一些物理层面临的典型攻击。

- 窃听攻击：信道窃听是最直接的物理层攻击方式之一，攻击者试图监听无线通信系统中的信号来获取传输中的敏感信息。由于无线传输的广播特性，窃听相比其他攻击实施起来更容易，同时任何处于信号传播范围内的设备理论上都能成为窃听者。另外，窃听通常不会对通信系统造成直接影响，因此攻击者可以在不被发现的情况下长时

间进行监听。

- 干扰辅助窃听：干扰辅助窃听是一种更为主动的攻击方式，攻击者旨在通过发送干扰信号来最小化保密容量，进而提高窃听能力。这种攻击融合了干扰攻击和窃听攻击，使得攻击更加隐蔽、有效。如图5-5所示，窃听者首先通过发送干扰信号来降低通信链路的质量，迫使合法通信双方采用更低的数据传输速率或者更简单的加密算法重新发送消息，从而降低通信的安全性，在这种窃听条件下，窃听者可能更容易窃听和解码通信内容。
- 假冒攻击：攻击者可能伪造大量假身份（例如女巫攻击），或通过身份盗取伪装成合法的通信实体去欺骗接收方或网络。在物理层中，这种攻击通常涉及信号的伪造（如伪造无线接入点的信号），使得用户的设备连接到攻击者控制的网络中。攻击者通过假冒身份可以实施中间人攻击、数据拦截和信息窃取等，特别是在没有介质访问控制和IP/IPv6协议的物理层，其开放性信道的使用可能导致用户更容易受到此类攻击。
- 消息伪造攻击：消息伪造攻击涉及生成和发送伪造的通信消息，目的是在不被授权的情况下影响系统的行为或获取敏感信息。在物理层，这可能涉及模拟信号或数据包的特征使其看起来像是来自合法源，在伪造的控制信号或数据的影响下，攻击者可以误导接收方执行非预期的操作或泄露敏感信息。
- 旁路攻击：该攻击也可称为侧信道攻击，其不直接针对通信信号本身，而是通过分析设备在执行加密操作时产生的物理副产品（如电磁泄漏、功耗、声音等）来获取敏感信息。这类攻击可以非常精细，甚至能够从加密设备中提取出密钥信息，这对于设计高安全性的加密算法和硬件设备提出了挑战。

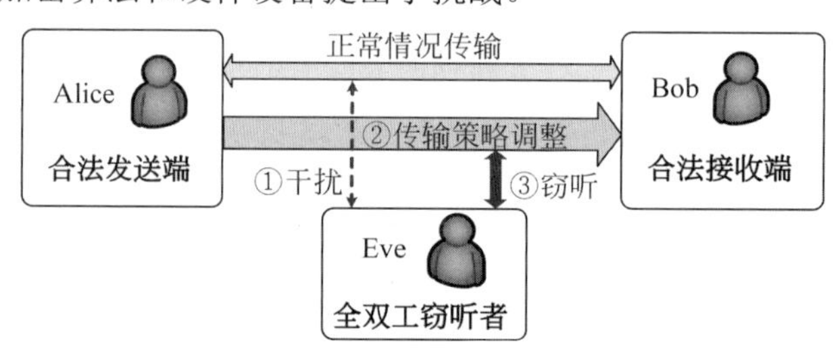

图 5-5　干扰辅助窃听攻击示意图

为应对这些威胁，物理层安全技术基于信息论理论，利用信道的随机性和不对称性为无人系统通信网络提供保密和可认证的数据传输。下面将从物理安全预编码、物理层密钥技术、物理层身份认证出发，介绍其具体防御措施。

5.3.3　物理层安全预编码技术

安全预编码技术是一种在多天线通信系统中广泛使用的信号处理技术，旨在实现多天线窃听信道的保密容量上界，其关键在于扩大合法接收者Bob和窃听者Eve之间的信号强度差异，能在有效提高信号传输的效率和质量的同时降低多用户干扰和增强信号的安全性。预编码技术利用无线信道的不对称性和随机性，基于信道状态信息来设计预编码矩阵，进而调整发射信号的传输参数（如幅度、相位和方向）。通过有意设计信号的传播路径，能确保合法接收端具有最佳的接收信号质量，同时使未授权用户（窃听者）难以接收、解码信号，从而在不依赖于传统加密算法的情况下实现通信的安全性。

根据数学处理方法的不同，可以将安全预编码技术分为线性预编码和非线性预编码两大类，如图5-6所示。

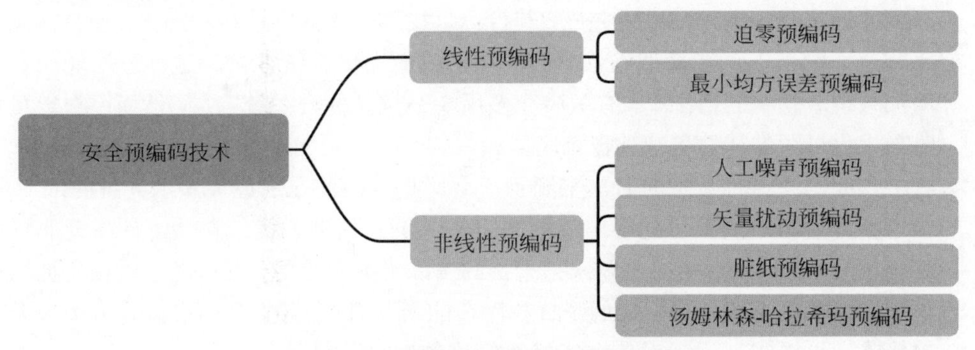

图 5-6　物理层安全预编码技术分类

（1）线性预编码技术。线性预编码是一种使用线性变换对信号进行处理的技术，在这类方法中，发送信号通过一个线性预编码矩阵进行处理，该矩阵基于信道状态信息进行设计。线性预编码的主要优点是其简单性和计算效率，特别适合于需要实时通信和大规模MIMO系统的多无人系统。代表性的线性预编码包括迫零（Zero Forcing，ZF）预编码和最小均方误差（Minimum Mean Square Error，MMSE）预编码两类。

- 迫零预编码：它通过发送端预处理信号来消除接收端信号之间的干扰，尤其是在多用户环境中。它直接反转信道矩阵，使得每个用户接收到的信号仅包含为其设计的信号成分，从而“迫使”其他用户的信号干扰为零。迫零预编码的优势在于简单直观，能够有效消除多用户干扰，但其对信道估计误差很敏感，同时可能因为信道条件不佳而放大噪声。
- 最小均方误差预编码：它旨在最小化由于噪声和干扰导致的误差平方和，这种方法在设计预编码矩阵时综合考虑了信道条件和噪声水平，以优化信号的整体性能。相比迫零预编码，最小均方误差预编码提供了更好的性能——噪声和干扰的影响能够被更有效地管理，其缺点在于计算复杂度相对迫零预编码稍高，需要更精确的信道和噪声估计。

（2）非线性预编码技术。非线性预编码采用更复杂的数学处理对信号进行预处理，能够更加有效地利用信道特性，通常提供比线性预编码更好的性能，尤其是在信号干扰和信道不确定性方面。非线性预编码方法主要包括人工噪声（Artificial Noise，AN）预编码、矢量扰动预编码（Vector Perturbation precoding，VP）、脏纸预编码（Dirty Paper Coding，DPC）、汤姆林森-哈拉希玛预编码（Tomlinson-Harashima Precoding，THP）。

- 人工噪声预编码：通过在发送信号中添加人工噪声，干扰非法接收者的信号接收，而合法接收者可以通过预先共享的信息从接收信号中去除这些噪声。人工噪声通常被添加到信号空间的一个子空间，该子空间对合法接收者是正交的，但对窃听者则不是。该方法有效地增强了通信保密性，特别是在窃听者的信道状态未知或部分未知的情况下。即使在窃听者知道预编码策略的情况下也难以解码信号。但是要求发送者有合法接收者的精确信道信息和对窃听者信道的部分知识，同时在设计阶段需要精确控制噪声的功率和分布，以免影响合法用户的信号质量。

- 矢量扰动预编码：此技术通过在发送信号中加入一个优化过的扰动向量来提升通信性能，尤其是在多用户环境中减少干扰。通常来说，扰动向量的选择是通过解决一个非线性最小化的优化问题来完成，其目标是找到一个最优的扰动向量，使得在满足功率或速率约束下，能最小化总的传输功率或最大化系统容量。这种方法能在不显著增加系统总功率的情况下，有效减少多用户干扰并提升系统容量，然而用户数量增多时，优化过程的计算复杂性也相应增加。
- 脏纸预编码：这种技术的名称来源于一个比喻，即使在已经被墨水弄脏的纸上写字，知道哪里有墨迹的人也能写出清晰的信息，不被墨迹干扰。它是一种高度非线性的编码技术，允许发送者在已知未来干扰的情况下编码信号，发送者可以预先抵消这些干扰（包括由于多用户引起的干扰和潜在的窃听者信号），从而在接收端实现无干扰的接收。这要求发送者对信道干扰有精确的知识，包括合法用户的干扰和可能的窃听者干扰。在理论上，脏纸编码能够完全抵消已知干扰，达到信道容量的上限，但其实际应用受限于较高的计算复杂度。
- 汤姆林森-哈拉希玛预编码：它是脏纸编码的扩展应用，主要用于减少或消除多用户通信系统之间的干扰，提高通信效率和安全性。该预编码的工作原理基于模块化和反馈策略，发送端在发送信号之前，先对信号进行模块化操作，通过引入一定的非线性处理来抵消或减少由于信道条件引起的干扰。这种预失真处理使得接收端更容易从叠加的信号中恢复出各自的数据流，从而提高了通信的可靠性和效率。通过减少干扰，该技术可以支持更多的用户同时通信，从而增加了系统的容量和频谱效率，但是非线性预失真处理增加了发送端的计算复杂度，同时需要有效的信道估计和反馈机制以得到准确的信道状态信息。

在通信系统设计中，选择预编码技术是优化信号质量和减少干扰的关键决策。线性预编码以其简单算法和低计算复杂度易于实现，适合计算资源受限或需快速响应的场景。相比之下，非线性预编码虽计算复杂度高，但在高信噪比环境下能显著提升性能，适用于追求高性能的应用。因此，根据系统的性能要求和计算资源可用性，合理选择预编码技术是实现性能与资源利用平衡的关键。

5.3.4 物理层密钥技术

物理层密钥技术是一种利用无线信道的不对称性和随机性（如信道状态信息、接收信号强度或相位信息）来生成安全密钥的方法，它允许通信双方在不交换任何密钥信息的情况下生成共享密钥，即使在公开信道上，窃听者也难以获得相同的密钥，能有效抵抗窃听和重放攻击。同时密钥生成基于信道的即时特性，可适用于动态和非稳定的无线通信环境，密钥可以根据信道条件的变化动态更新，提供持续的安全保护，其不依赖于复杂的密钥分发和管理架构，可有效降低系统实施成本。

如图5-7所示，物理层密钥生成的关键步骤主要包括信道探测、量化、信息协商及密钥提炼。具体而言，① 信道测量：通信双方各自测量信道特征，如信道冲激响应、信道增益等，以获取信道状态信息，这一步是利用信道的互易性，确保双方可以从各自的角度观察到相同或相似的信道特性；② 信道特征量化：该步骤将连续的信道测量值转换为离散的比特序列，由于信道测量存在噪声和设备间的微小差异，量化过程需要既能最大化保留信道随机性，又能最小化双方量化结果的不一致性；③ 密钥一致性协商：通过信息交换和一致性协议（如信息协调和错误校正编码），双方对量化后的密钥进行协商，以确保最终生成的密钥对双方完全一致，这可能包括差错控制和校正机制来对抗信道噪声和设备差异；④ 隐私放大：通过隐私放大技术可从预共享的信息中提炼出最终的密钥，该步骤旨在减少甚至消除窃听者可能获得的任何信息，增加密钥的随机性和安全性。

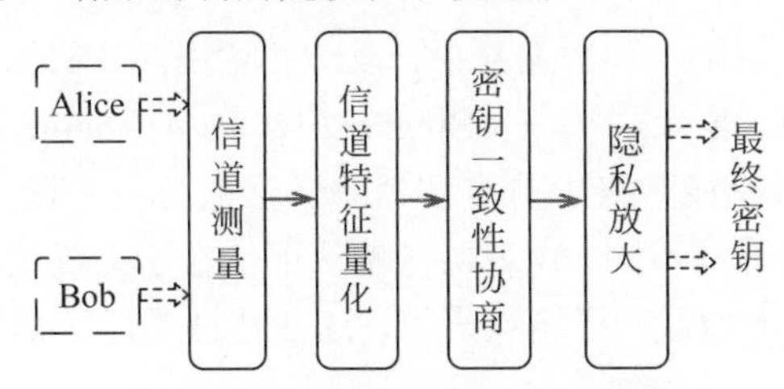

图 5-7　物理层密钥生成流程图

当完成密钥生成后，需要对生成的密钥进行随机性测试、一致性检验和性能评估，确保密钥的质量满足安全要求，评估这种技术的有效性主要依赖于几个关键指标：密钥熵、密钥生成速率、密钥误码率。具体而言，① 密钥熵是衡量密钥随机性的一个重要指标，高熵值意味着密钥的不可预测性强、难以被攻击者猜测，密钥随机性通常通过例如NIST测试套件对其进行标准的统计测试、评估；② 密钥生成速率描述了单位时间内系统能够生成的密钥位数，高密钥生成速率意味着系统能够更快地产生密钥，适应于动态变化的环境和应用；③ 密钥误码率则表示密钥一致性的准确度，即生成的密钥在通信双方之间存在不一致的概率，低密钥误码率对于保证密钥的可靠性和通信的安全性至关重要。

根据不同的随机特性，物理层密钥生成技术可以分为基于信道状态信息、基于接收信号强度、基于相位和基于窃听编码的四种主要类型的密钥生成技术。

- 基于信道状态信息的密钥生成：由于无线信道的互易性，双方经历的信道状态信息在理论上是相同的，可以用作生成共享密钥的基础。在时分双工系统中，通信双方通过测量来自对方的导频信号，获取信道状态信息。通过测量分析信道状态信息，能够精准捕捉信道的时间变化和空间特性，并生成具有高随机性的密钥。但是获取准确的信道状态信息需要复杂的信道估计技术，会增加系统的计算负担和实现成本。
- 基于接收信号强度的密钥生成：这种方法使用接收信号强度作为密钥生成的依据，接收信号强度是描述信号到达接收器时强度的指标，其易于获取且对环境的变化敏感，使其成为生成密钥的一个有效参数。然而，相较于信道状态信息，接收信号强度提供的信息量较少，会影响密钥的生成速率和安全性，并且它易受多路径效应和环境干扰的影响，进而导致密钥生成的随机性和一致性下降。
- 基于相位的密钥生成：这种技术直接利用信号的相位信息生成密钥，由于相位变化对环境变化非常敏感，这提供了一种高度随机和敏感的密钥生成手段，尤其是在高度动态的无人系统环境中。由于相位测量受到频率偏移和时间同步误差的影响，该方法的有效实施依靠高精度的相位测量和同步机制，以确保通信双方能够准确地获取相位信息。
- 基于窃听编码的密钥生成：这种方法基于窃听信道模型，通过设计特定的编码策略，即使在存在窃听者的情况下，也能在通信双方之间安全地共享密钥信息。该方法的基本思想是，即使合法接收者的信道噪声很大，信道衰落也提供了传输少量机密比特的保密容量的机会，进而这些比特能被累积构建成一串更长的密钥序列，用于后续的安全通信。

5.3.5 物理层身份认证

认证过程的任务是验证用户和数据身份，以防恶意用户（例如，入侵者）访问网络或被授予访问机密信息的权限。物理层认证（Physical Layer Authentication, PLA）被认为是一种低计算开销的同时确保无线网络中节点和消息认证的可行手段。与传统的基于密码、数字证书或生物特征的认证方法不同，物理层身份认证依赖于无线信道本身的独特性，如信道冲激响应、信号强度、信道增益、环境噪声等，这些特性难以被模仿或伪造，为无人系统通信网络提供了一条坚固的安全防线。

物理层身份认证具备隐蔽性、实时性、低成本和抗欺骗性四个主要特点。具体来说，① 由于物理层身份认证依赖于无线信道的物理特性，这些特性通常对于攻击者是隐蔽的，难以被感知和捕获；② 物理层身份认证可以实时地根据当前的信道状态进行认证，适应动态变化的无线环境；③ 物理层身份认证不需要额外的硬件支持，可以直接利用现有的无线通信设备进行认证；④ 抗欺骗性：由于信道特性和设备特征难以被伪造，物理层身份认证具有较高的抗欺骗能力。

依据具体实现技术，物理层身份认证的方案可以分为无密钥和有密钥两类。

- 无密钥物理层身份认证：直接利用无线信道的物理特性或接收信号的物理层特征作为身份标识，如信号到达时间、信号到达角度、无线电频率指纹等，通过测量并分析这些特征，可以区分不同的设备或用户。
- 有密钥的物理层身份认证：依赖于无线信道的双向互易性（即在一定时间内两个方向的信道特性是相似的），通信双方可以独立地从各自观察到的信道特性中提取出相同的密钥，用于后续的认证过程。

无密钥物理层身份认证也可称为基于特征的身份认证，其本质依赖于持续监控的无线信道参数或所估计的硬件缺陷。它的核心思想是，每个无线信道特性和每个硬件设备的物理属性都是独一无二的，天然可作为身份认证的依据。根据认证所需的特征，可进一步将物理层身份认证分为三大类：基于信道特征、基于射频指纹特征及混合认证方案。

- 基于信道特征的认证方案：该方案基于多样且唯一的无线信道特征，信道特性是由无线信道的物理环境决定的，包括接收信号强度、相位响应、冲激响应和频率响应等。这些参数反映了信号传播的路径损耗、多径效应和信号衰落等空间上高度独特的信息，通常会随着环境的变化而变化，但在短时间内对于特定位置的通信双方来说是相对稳定的。这种方案的优点在于能够动态适应环境变化，同时信道特征不易仿冒且难修改，但方案效果易受干扰、多径效应等环境因素和设备差异的影响，需要精确的信道估计和复杂的误差校正技术。
- 基于射频指纹特征的认证方案：基于射频指纹的认证方案识别和利用无线设备在硬件级别产生的独特射频特征，这些特性包括但不限于瞬态特性、稳态特性及物理不可克隆函数等。具体来说，① 如瞬态信号的频谱图和时域的高阶统计特性可以反映出硬件在启动或响应时的独特行为；② 载波频偏、正交不平衡等稳态特性是由硬件制造缺陷或设计上的不完美导致的，可以作为识别每个设备的独特指纹；③ 物理不可克隆函数是在制造过程中自然形成的微小差异来生成不可克隆的唯一设备标识，当输入任何激励时都会输出唯一且不可预测的响应。该类方案通过分析从设备发射的信号中提取的射频特征进行身份验证，具有很高的安全性和抗伪造能力。然而，它的挑战在于需要高精度的测量设备和复杂的信号处理算法来提取射频指纹，可能会增加系统的成本和复杂性。

- 混合认证方案：混合方案结合了上述认证方式，通过同时考虑信道特征和设备特有的射频指纹，该方案能有效适应复杂多变的环境和攻击场景、显著提高身份认证的安全性和鲁棒性。

基于密钥的物理层身份认证通过结合传统的密钥管理技术和物理层的独特信道特性来实现身份验证，该方法利用无线信道的互易性（即在短时间内，两个通信设备之间的信道特性是相似的）来生成一个共享的密钥，然后使用这个密钥来进行身份认证，常见方案主要包括联合信道-密钥认证和标签嵌入式认证两类。

- 联合信道-密钥认证方案：该方案将物理层信道特性与密钥认证过程结合起来，提高了身份验证的安全性。这个过程通常包括以下部分。① 信道测量：通信双方各自测量当前信道的特性，如信道状态信息；② 密钥提取：基于测量的信道特性，双方使用预先定义的算法独立生成一个共享密钥；③ 密钥一致性验证：通过安全的信息交换协议，双方验证生成的密钥是否一致，以确认对方的身份。在这种方案中，物理层的信道特性不仅用于生成密钥，还直接参与认证过程。例如，可以根据信道特性动态生成密钥，并利用该密钥对认证信息进行加密，从而实现身份验证。该方案的优势在于其增强了安全性，因为攻击者需要同时获得信道特性和密钥信息才能成功伪装，奏效的关键在于确保密钥的隐私性和一致性，同时防止中间人攻击和重放攻击。
- 标签嵌入式认证方案：该方案通过向通信信号中嵌入一个基于预先共享密钥生成的标签（即认证标签）来验证通信双方的身份。在这种方案中，发射方Alice将认证标签与原始信息结合，并将这个组合信号发送给接收方Bob，当Bob接收到组合信号后，通过特定的物理层技术检测和解析标签信号以验证发射方的身份。标签信号通常是通过对信息进行哈希处理并使用双方共享的密钥加密生成的，这个过程确保了标签的唯一性和安全性。与传统的应用层或传输层的认证机制不同，基于标签嵌入的物理层身份认证直接在物理层进行操作，使其更适合于如无人机网络或工业物联网之类需要延迟敏感的无人系统通信网络。该方案的劣势在于嵌入认证标签会潜在影响通信性能，例如，原始信息的准确解码取决于所叠加的标签信号所引起的干扰程度。

5.4 入侵检测

入侵检测旨在监控和识别无人系统及网络中潜在的恶意行为或未经授权的行为，下面将分别介绍无人系统中常见入侵检测方法、入侵检测系统及其分类。

5.4.1 入侵检测概述

早在20世纪80年代，Dorothy Denning在其论文[95]中指出入侵是“任何违反系统安全策略的尝试”。Fred Cohen在研究计算机病毒和防御策略时，将入侵定义为“通过非授权的方式实现系统控制的尝试”[96]，强调入侵是对控制权的篡夺。国际电气和电子工程师协会（IEEE）在其安全标准中描述入侵为“对信息系统的非授权使用或非授权访问”，强调了授权范围的重要性。美国国家标准与技术研究所（NIST）将网络入侵定义为“任何未授权的访问、使用、披露、修改或破坏信息系统的尝试”，突出了对信息系统完整性的威胁。在无人系统中，入侵通常指的是任何未经授权的、恶意的或非法的行为，这些行为可能威胁到无人系统的安全性、完整性、可用性或机密性。

无人系统由于其自主性、远程操作特性和多样化的应用场景，可能面临着多种入侵风险，根据不同的分类标准可以将入侵分为不同的类别。例如，按照入侵的目的，可分为旨在访问或窃取数据的数据入侵和旨在破坏或干扰服务的服务入侵。按照入侵的行为，可分为被动入侵和主动入侵，前者不直接影响系统资源，主要涉及窃听或数据捕获，而后者可能导致系统资源篡改或服务中断，包括病毒、蠕虫、拒绝服务攻击等。按照入侵者角色，可分为内部入侵和外部入侵，前者是由系统内部用户或过程所执行的未授权操作，内部人员由于拥有系统访问权限，其发起的攻击往往更难以检测，而后者通常由系统外部人员通过网络访问发起的，试图未经授权地访问或控制系统。

在这种背景下，入侵检测系统（Intrusion Detection System，IDS）成为确保无人系统安全的关键技术。该系统是一种监视网络或系统中是否存在恶意活动的硬件设备或软件程序，通过收集和分析流量数据、系统日志等信息，入侵检测系统可以自动监测无人系统及其网络的活动，从而来识别潜在的非法活动或入侵尝试。入侵检测系统的实施不仅能够及时发现并警告系统管理员采取措施应对潜在的安全威胁，还能够与其他安全机制集成，形成全面的安全防御体系，进而保护无人系统免受入侵，确保其安全可靠地执行关键任务。入侵检测系统与防火墙的区别在于，防火墙是基于一组定义好的安全规则，用于允许或拒绝数据包，其主要目的是建立一个屏障来阻止未经授权的访问和保护网络内部的资源。而入侵检测系统更侧重于实时监控网络和系统活动，发现可能的入侵和威胁，即使这些活动可能已经穿过了防火墙。形象来说，防火墙作为第一道防线，用于阻止非授权访问，而入侵检测系统则为网络安全提供了一个更深层次的监控和分析，有助于识别和响应已经进入网络的潜在威胁，是对防火墙弱点的修补，在实际网络安全防护中通常将这两种技术结合使用以提供更全面的防御机制。

当前，入侵行为呈现出了技术复杂性、种类多样化、范围扩大化、行为隐蔽化的趋势，入侵检测系统随之也从最初的基本概念逐渐发展成为当今复杂的、多层次的安全防御体系。20世纪80年代初期，网络安全刚开始受到关注，那时的安全措施主要集中在基本的安全策略和防火墙技术上。James Anderson在1980年为美国空军所做的报告《计算机安全威胁监控与监视》中首次提出了安全威胁监测的概念，奠定了后续入侵检测理论的基础。20世纪80年代中后期，Dorothy Denning提出了一个入侵检测系统抽象概念性模型，旨在为入侵检测技术提供一个与系统平台、应用环境、特定漏洞及入侵手段无关的通用框架，标志着入侵检测方法向全面的计算机安全策略演进的重要步骤。紧接着1988年的莫里斯蠕虫事件显著提高了公众对网络安全的意识，学术界及军方开始展开对分布式入侵检测系统的研究。20世纪90年代，随着互联网的迅速发展，入侵检测系统逐渐商业化和标准化，市场上出现了多种基于主机和基于网络的不同类型入侵检测模型及商业入侵检测系统产品。进入21世纪，随着大数据和人工智能技术的崛起，入侵检测系统开始融合更多智能化元素，提高了对复杂攻击模式的识别能力。同时，入侵检测系统开始与其他安全系统如入侵防御系统（Intrusion Prevention System，IPS）、安全信息和事件管理系统集成，形成更为全面的网络安全解决方案。2007年，CIDF工作组发布的一系列IETF RFC标准草稿，包括IDMEF（入侵检测消息交换要求）、IDMEF（入侵检测消息交换格式）和IDXP（入侵检测交换协议），为入侵检测系统的标准化和协议制定提供了重要支持。如今，入侵检测系统正面临着云计算、物联网和无人系统普及带来的新挑战，未来，预计入侵检测系统将进一步融合人工智能技术，以更有效地应对日益增长和多变的网络威胁。

5.4.2 入侵检测方法

入侵检测是基于系统行为分析建立的，旨在识别和防御潜在的安全威胁，通过检测与系统正常操作模式相偏离的行为来推断其是否为恶意的窃取、破坏、篡改数据或服务的入侵行为。但是入侵活动和异常行为并非等同，而是会有四种情况：不入侵且不异常、入侵但不异常、不入侵但异常、入侵且异常。具体来说，① 不入侵且不异常是理想的系统状态，表示系统运行正常，没有遭受任何入侵，所有行为都符合预期的安全策略和操作规范，在这种状态下系统的安全性和性能都得到了保证；② 某些攻击者可能采用隐蔽手段或利用合法权限进行入侵而不会立即引起系统异常，这种类型的行为对入侵检测系统来说是个挑战，因为它要求系统能够识别出看似正常但实际上具有恶意目的的行为；③ 不入侵但异常通常涉及系统的误操作、配置错误或非恶意的系统故障，虽然这些异常行为不是恶意的，但它们仍然需要被检测和解决，以维护系统的正常运行和性能；④ 入侵且异常是最典型的安全威胁情况，入侵行为导致了系统的异常状态，如未授权访问、系统资源被篡改或服务被拒绝等，入侵检测系统需要能够快速准确地识别这些异常并触发警报，以便采取相应的安全措施。

1. 入侵检测系统基本流程

如图5-8所示，入侵检测系统的基本工作流程主要分为四个阶段：数据收集、威胁检测、响应与处理以及更新与维护，每个阶段都对保障网络安全至关重要。

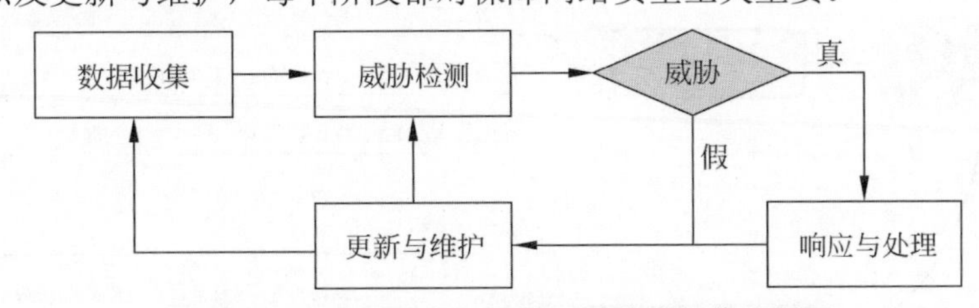

图 5-8 无人系统中入侵检测系统的工作流程图

- 数据收集：数据收集阶段是整个入侵检测过程的基础，在这一阶段，系统通过监控网络流量、分析系统和应用日志等手段收集关键数据。这不仅包括传统的网络数据包和连接日志，还可能涉及更高层次的用户行为和应用程序状态信息，为后续的威胁检测提供丰富的数据基础。

- 威胁检测：入侵检测系统拥有多种检测技术来识别潜在的安全威胁，例如，误用检测机制利用预先定义的攻击特征数据库进行模式匹配，有效地识别已知的攻击行为，而异常检测机制通过分析和比较当前行为与建立的基准行为之间的差异来识别未知或新型攻击。为了提高检测的准确性和覆盖面，混合检测机制结合了误用检测和异常检测的优势，通过综合分析来提高对潜在威胁的识别率。
- 响应与处理：一旦检测到潜在威胁，系统将进入响应与处理阶段，根据预定义的安全策略和响应规则，入侵检测系统可以采取多种措施，包括但不限于发出警告、自动隔离受影响的系统组件或直接阻断恶意流量。这些响应措施旨在最小化安全事件的潜在影响，同时为系统管理员提供足够的信息进行进一步分析和应对。
- 更新与维护：更新与维护阶段确保了入侵检测系统能够适应不断演化的安全威胁，包括定期更新攻击特征数据库、调整异常行为的检测阈值和算法，以及升级系统本身的软硬件资源。通过持续的更新和维护，入侵检测系统能够有效地应对新出现的攻击手段和策略，保持系统的安全性和稳定性。

高效的入侵检测系统应在准确识别入侵的同时尽量减少误报，为了应对入侵检测的复杂性，研究人员开发了包括基于主机、基于网络和分布式系统在内的多种范式及应用，将在下一节展开介绍。

威胁检测是入侵检测系统的核心任务，是通过对无人系统内发生的各种事件进行细致分析，以识别那些可能违反了安全策略的行为，通过各类入侵检测技术来及时发现并响应这些活动对维护系统的安全性至关重要。入侵检测技术也在不断发展，以适应新的安全挑战，本节将介绍三种主要的入侵检测方法：基于误用的检测策略、基于异常的检测策略和混合检测策略，图5-9列出了对典型入侵检测技术的对比及总结。

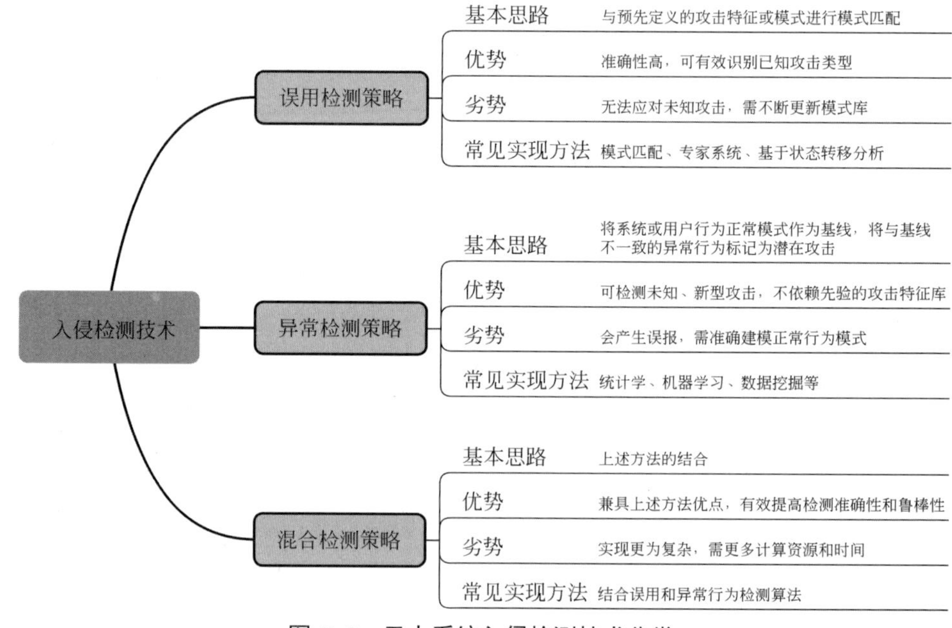

图 5-9 无人系统入侵检测技术分类

2. 入侵检测技术

- 基于误用的检测策略：又称为基于签名或知识的检测方法，该方法的实现思路是将网络活动与预先定义的攻击模式或特征进行比对，当这些规则与当前事件相匹配时，将会触发警报。这种方法依赖于详尽的攻击特征数据库，其特征描述了已知攻击的典型行为，其优势在于对已知的攻击类型非常有效，识别率很高，误报率也相对较低，但其无法检测到新型或未知的攻击，并且需要不断地更新模式库以应对新出现的威胁。它常见的实现方法有模式匹配、专家系统和基于状态转移分析，具体来说，① 模式匹配：使用正则表达式或字符串匹配算法来识别攻击签名中的特定序列或模式，其直接在网络流量中搜索预定义的攻击模式；② 专家系统：利用基于规则的逻辑系统，其中包含了一系列的“if-else”规则，这些规则定义了已知攻击的特征和行为，当网络活动符合这些规则时，系统将触发警报；③ 基于状态转移分析：通过分析网络活动或系统状态的变化序列，识别符合已知攻击模式的状态转换，这种方法能够识别出需要多个步骤完成的复杂攻击。

- 基于异常的检测策略：这类方法将系统或用户行为的正常模式作为基线，当正常行为出现偏差时，检测器会将其视为潜在的攻击。异常检测器在防止未知、新型攻击方面很有效，并且不需要维护一个先验的攻击特征库，同时每个无人系统和每个网络的正常行为的配置文件都是定制化的，这使得攻击者很难确切地了解哪些活动可以不被检测到。然而，该方法倾向于产生高误报率（以前未知的合法活动也可能被归类为恶意活动），需要对正常行为模式进行准确的建模，常见实现方法有统计学方法、机器学习、数据挖掘等。具体地，① 统计学方法：利用统计模型来建立正常行为的基线，通过比较实时数据与基线的偏差来检测异常。这些方法可能包括均值、标准差、概率分布等统计指标；② 机器学习：使用机器学习算法（如聚类、神经网络、决策树等）自动学习正常行为的模式，并检测偏离这些模式的活动；③ 数据挖掘：应用数据挖掘技术来发现数据中的隐藏模式、关联或异常行为，这些技术能够处理大规模数据集，识别复杂的行为模式和关系。
- 混合检测策略：该类方法主要是通过结合误用和异常行为检测对入侵行为进行检测，大多数现有混合检测策略首先进行异常检测，通过检测网络行为的异常模式来识别出潜在安全威胁（包括未知攻击模式），一旦异常行为被识别，系统会尝试将其与已知的攻击签名或模式进行对比来确认异常行为是否为已知攻击。在某些情况下，混合检测系统可能同时运行两种检测方法，并在最后阶段进行结果的关联和综合决策。混合检测策略的优势在于兼具上述方法优点，检测的准确性和鲁棒性均得到提高，但是其实现更为复杂，需要更多计算资源和存储空间来进行两种检测方法。另外，通过结合机器学习算法的自适应能力和模式匹配的精确性，可以提高检测新型攻击和减少误报的能力。例如，可以使用机器学习算法预筛异常行为，然后通过模式匹配确认这些行为是否与已知攻击签名相符。

5.4.3　入侵检测系统分类及典型系统

依据系统分析数据的来源及其部署位置，入侵检测系统可被分为基于主机的入侵检测系统（Host-based Intrusion Detection Systems，HIDS）、基于网络的入侵检测系统（Network-based Intrusion Detection Systems，NIDS）及分布式入侵检测系统（Distributed Intrusion Detection Systems，DIDS）。表5-3提供了对无人系统中不同类型入侵检测系统的比较。其中，HIDS是一种专门部署在主机上（例如智能体或服务器）的安全软件，旨在监测和分析主机自身的活动，以识别潜在的恶意行为或不合规操作，包括文件系统的变更、系统日志、关键系统调用甚至内存和网络活动。这种类型的入侵检测系统能够检测到例如恶意软件感染、未授权的数据访问或更改、权限提升攻击和其他对单个系统构成威胁的行为，它通常使用一套预定义的规则来分析主机的行为，当检测到规则中定义的可疑或不正常活动时，系统将发出警报。该类型系统的优势在于其对特定主机内部行为的深入洞察能力，能够提供对独立系统安全状态的详细视图。然而，HIDS也需要定期更新其规则集，以便能够识别新出现的威胁和攻击手段，另外可能需要较多的系统资源来运行，尤其是在需要实时分析大量数据时。

表 5-3　入侵检测系统类型比较

	基于主机的IDS	基于网络的IDS	分布式IDS
部署位置	单一主机	网络关键节点	多个网络节点与主机
数据来源	主机日志、进程等	网段中数据包	网络流量与主机数据
优势	检测精度高，不受网络流量影响	实时监控，快速响应攻击	综合HIDS与NIDS优点
劣势	需定期更新规则集，占用主机资源	高流量性能受限，易误报	部署、同步与管理复杂度高
适用场景	重要单一主机保护	核心网络段	复杂分布式系统

不同于HIDS，NIDS是专为监测和分析网络流量而设计的安全系统，其主要目的是在整个网络层面识别潜在的恶意活动或策略违规行为。NIDS部署在网络中的关键节点上，监控通过这些节点的所有进出流量，能够检测各种网络层面的威胁，如分布式拒绝服务攻击、网络扫描、钓鱼攻击及其他利用网络协议或应用漏洞的攻击。这些系统通常使用一组预定义的规则或启发式方法来分析网络数据包，寻找异常模式或已知攻击的特征，一旦检测到可疑行为或已知攻击签名，NIDS会发出警报并可能提供相关流量的详细信息，以便进一步分析。NIDS的一个关键优势是其能够提供网络覆盖范围的视角，监控跨越多个主机和设备的活动，从而增强了对复杂攻击链和大范围威胁的检测能力。然而，由于它们需处理大量流量数据，NIDS可能会存在性能挑战，并且可能在高流量条件下产生误报。为了提高准确性和效率，NIDS通常需要与其他安全系统（如防火墙、HIDS和安全信息与事件管理系统）协同工作，形成多层次的网络防御机制。

无人系统通常涉及全场景覆盖、多网络协议的操作环境，包括地面站、空中或水下无人系统及数据中心，DIDS通过其分布式和综合的检测能力，可为无人系统提供全面的安全监控。具体来说，DIDS兼顾NIDS和HIDS的特点，其分布式架构使得在多个网络节点和主机上部署检测组件成为可能，从而实现对整个网络的全面安全监控，包括子网间和边界的流量监控。在DIDS架构下，各检测节点负责搜集关于网络流量、系统日志、应用程序活动和智能体行为的各类数据，这些数据随后被送往中心分析系统，由该系统进行集中式的威胁分析和行为关联处理。得益于其协作性，DIDS能够可靠地识别那些单一IDS无法发现的复杂和多阶段攻击模式，例如分布式攻击、横向移动和多步骤攻击。此外，DIDS将检测任务分配到多节点之上，即使某一节点失效或被攻击，其他节点仍然可以正常运行。另外，DIDS的全局视角和综合分析能力使其能够通过关联来自网络各部分的信息，更准确地识别真实的安全威胁，并减少误报的发生。然而，实施DIDS也伴随着一系列挑战，管理和维护一个分布式系统相比单一系统无疑是更为复杂的任务，它要求对网络的架构和无人系统的安全需求有深刻理解，并能有效协调各个检测节点。此外，鉴于中心分析系统需汇总和分析来自各节点的大量数据，DIDS在响应检测到的威胁时可能表现出滞后性，并且，一旦中心分析系统受到攻击或失效，整个系统的运作可能面临严重影响，甚至瘫痪。

为了更主动、更有效地防御这些威胁，入侵防御系统被提出，其结合了入侵检测系统的监测和分析功能，并通过主动干预来阻止已识别的威胁，从而提供了比传统入侵检测系统更高级的保护。与入侵检测系统相比，入侵防御系统具有更加主动的防御机制，不仅能够检测网络和系统中的安全威胁，还能够主动防止这些威胁对网络或系统造成伤害。在无人系统中，入侵防御系统可以保护如无人机、无人车等智能体和控制网络免受黑客攻击和恶意软件的侵害，通过监控设备通信、分析数据流量和执行安全策略，可以大大提高系统对外部威胁的防御能力，保障无人系统的稳定运行和数据安全。

经过几十年的发展，IDS领域已经涌现出了许多典型和高效的系统。这些系统各有其特色和应用领域，下面是对这些典型系统的介绍。

- Snort：该系统是由Sourcefire公司于1998年发布的一款开源入侵检测系统，能够实时进行流量分析和数据包记录，它可支持包括基于误用、基于异常、基于协议的多种检测方式，可提供丰富的自定义规则集来检测不同网络攻击和威胁，适应于从小型局域网到大型公用网络的各种规模网络环境。在实际工作阶段，Snort首先捕获网络流经的数据包，通过对每个数据包进行分析，来匹配预定义的规则集，当数据包与某个规则匹配时，Snort会生成警报或记录日志。
- Bro-IDS：现在通常称为Zeek，最初由Vern Paxson在20世纪90年代末开发。它并非传统意义上的入侵检测系统，更侧重于为用户提供详细的网络监控和实时数据分析。Zeek采用事件驱动的方式来分析网络活动，它首先通过将网络流量转换为一系列事件（例如新的HTTP请求或TCP连接），接着利用用户根据特定需求所定制的策略脚本来监控、分析及处理这些事件。
- Kismet：它是一个开源无线网络侦测系统、网络嗅探器及入侵检测系统。其主要适用于802.11 Wi-Fi网络，但也支持其他形式的无线网络。与其他侦测器不同，Kismet作为一个被动嗅探器，不会主动发送数据包来影响网络性能，而是通过监听空中的无线流量来检测无线网络的存在（包括不广播SSID的隐藏网络）。Kismet首先使用无线网卡的监听模式来捕获流经空气的所有无线流量，接着对捕获的数据包进行解析和分类，以提供有关网络和设备的详细信息，当检测到恶意流量或潜在网络攻击（如无线网卡的欺骗攻击）时，Kismet的警报系统会发出警报。
- Security Onion：它是一个强大且多功能的开源网络安全平台，由Doug Burks开发并首次发布于2008年，其集成了包括Snort、Suricata、Zeek等在内的多种工具，可提供全面的网络安全监控、日志管理和入侵检测功能。该平台使用网络探针捕获网络流量，并对数据进行深度分析，以识别异常模式和潜在的安全威胁，由于采用分布式架构，Security Onion允许在多个节点上部署，有效提高了数据处理的效率和系统的可扩展性。

- Suricata：Suricata是一个高性能的网络入侵检测、入侵防御和安全监控系统，它由开放信息安全基金会（OISF）支持并维护，并且拥有活跃的社区支持，能得到不断更新的技术支持。该系统支持多线程处理，能够高效地处理大量网络流量，适用于高速网络环境，拥有包括基于规则的攻击检测、自动协议识别、文件类型识别和流量行为分析在内的先进威胁检测技术。其首先使用高效的数据包捕获技术来监控网络流量，接着利用丰富的规则库来识别各种已知的恶意活动和攻击行为，最后对网络流量进行深入分析，包括应用层协议分析，以识别潜在的恶意行为或策略违规。
- OpenWIPS-ng：它作为一个专门针对无线网络的安全解决方案，提供了安全监控和威胁防御能力。该系统采用模块化设计，包括服务器、传感器和接口组件，以适应不同的部署需求。在实际工作中，OpenWIPS-ng首先利用无线传感器来捕获网络中的无线流量，接着通过分析捕获的流量来识别潜在安全威胁，服务器组件随后处理来自传感器的数据并执行入侵检测算法，在检测到威胁时，系统可以配置自动或手动响应措施。该系统的特点是能够实时监控无线网络来快速识别和响应安全威胁，并且支持在多个传感器节点上部署以适合不同规模和复杂度的无线网络环境。
- Sagan：Sagan是一个实时日志分析和关联引擎，旨在分析系统和应用程序日志并与其他网络监控工具协同工作，以识别潜在的安全威胁或异常行为。它能够解析多种格式的日志文件，并且与现有的日志管理和安全信息和事件管理（SIEM）解决方案兼容，例如与Snort或Suricata的规则兼容。其首先从包括主机、服务器和网络设备的不同日志来源收集数据，然后使用预定义的规则来检测、关联、分析、识别复杂的多步骤攻击或策略违规行为，在检测到可疑活动或符合特定条件的事件时，Sagan会生成警报。

这些系统各自以独特的方式满足了不同的网络安全需求，随着网络环境的日益复杂，这些系统不断发展和升级，以更有效地应对无人系统多样的安全威胁。

5.5 本章小结

本章首先从网络类型、安全威胁和安全挑战三方面概述了无人系统通信网络及其安全的现状，随后，全面探讨了通信网络安全的多维防御策略，构建了一个涵盖安全认证与访问控制、物理层安全及入侵检测技术的多层次防护体系，旨在有效应对持续演变的安全风险。具体内容如下。

（1）安全认证：此过程确认智能体的身份，确保无人系统及其资源不受未授权访问、数据泄露和恶意攻击的影响。安全认证可以基于知识、所持物、生物特征、位置、行为及多因素认证等多种验证因素实施。

（2）访问控制：在完成认证后，根据其身份和权限管理其访问资源，以维护数据和无人系统的安全。根据访问控制决策的依据和实施机制，访问控制策略可以分为强制访问控制、自主访问控制、基于角色的访问控制和基于属性的访问控制等类型。

（3）物理层安全技术：作为通信与安全一体化的关键手段，这些技术利用信道的随机性和不对称性为无人系统提供保密性和可验证的数据传输，主要技术包括安全预编码、物理层密钥技术和物理层身份认证等。

（4）入侵检测：为了监控和识别无人系统网络中的潜在入侵风险，可采用基于误用、异常和混合策略等入侵检测技术对数据进行分析，根据数据来源及部署位置，入侵检测系统可被分为基于主机、网络、分布式的入侵检测系统。

接下来的章节将聚焦无人系统中的隐私问题和面临的挑战，并深入介绍各类隐私推理攻击和隐私计算技术。

5.6 习题

1. 无人系统的通信网络有哪些？请列举至少三种网络类型，并简要描述其独特优势和应用场景。

2. 请简要描述当前无人系统中通信网络的安全现状，分析可能遭受的三种安全威胁，并针对每种威胁提出相应的防御措施。解释这些措施如何减轻或消除相应的安全风险。

3. 解释为什么在无人系统的通信网络中，多因素认证比单一密码认证提供了更高的安全性。请列举至少两种多因素认证的实现方法，并讨论它们各自的优缺点。

4. 物理层安全技术利用无线信道的特性来增强通信的安全性。请解释以下两种物理层安全技术的基本原理，并比较它们的适用场景和效果：① 线性预编码技术；② 非线性预编码技术。

5. 描述一个入侵检测系统在无人系统通信网络中的工作原理，并讨论它如何与其他安全防御措施（如防火墙和安全认证）协同工作以提高系统的整体安全性。

第6章 无人系统隐私保护

数字化时代，无人系统正逐渐渗透到我们的日常生活和工作中，带来了前所未有的便利，同时也引入了隐私安全问题。无人系统在进行自主工作时需要不断地收集、存储和分析用户的个人数据，包括位置数据、身份特征等敏感信息。然而，无人系统往往难以保障数据在存储与传输环节的安全性和可靠性，进而可能暴露用户偏好、历史习惯等隐私。在商业领域，无人系统的数据收集和分析引发了一系列隐私泄露和数据滥用的事件，例如，不法分子利用航拍无人机用于偷拍和追踪个人行踪，自动驾驶汽车的麦克风收集的乘客语音数据被泄露给第三方。这些隐私威胁会导致身份盗窃和欺诈，损害用户声誉，并可能直接危害用户生命安全。本章将带领读者进一步详细了解无人系统中的隐私保护。

本章要点

- 无人系统隐私类型、隐私保护需求与现有隐私保护方案。
- 无人系统中典型的隐私推理攻击方法。
- 无人系统隐私保护中典型的隐私计算技术。

6.1 无人系统隐私保护现状概述

6.1.1 无人系统隐私类型

无人系统存在着潜在的隐私风险。通过传感器和摄像头收集的数据可能包含个人敏感信息，如居民活动、车辆路径等。存储和传输这些数据时，若未经充分保护，可能会导致用户隐私泄露。此外，远程控制权限的获取和数据共享合作也增加了隐私泄露的风险。下面将具体介绍无人系统中的隐私类型及对应隐私保护手段。表6-1比较了无人系统中不同隐私类型的威胁和防护手段。

表 6-1 无人系统隐私类型对比

隐私类型	隐私威胁	常用防护手段
身份隐私	第三方获取无人设备身份信息	基于对称加密通信，基于非对称加密通信，基于身份加密与签名
可链接性隐私	匿名认证中长期使用同一假名导致假名链接攻击	基于Mix-Zone的假名变更策略，基于Mix-Context的假名变更策略

续表

隐私类型	隐私威胁	常用防护手段
位置隐私	位置和GPS数据泄露，暴露用户历史路程轨迹与偏好隐私	基于空间掩蔽，基于空间扭曲，基于差分隐私
模型隐私	模型参数与梯度信息泄露，易导致模型被投毒或对抗攻击，破坏模型决策安全	联邦学习，梯度屏蔽，模型正则化

（1）身份隐私。身份隐私是指在多无人设备组网的场景中，无人设备在通信和交互过程中需要保护其真实身份信息不被泄露或被恶意利用的隐私保护问题。保护无人系统身份隐私的重要性在于防止恶意的第三方获取无人设备在进行身份认证时的敏感数据，从而避免可能导致的安全风险和隐私泄露问题。

无人系统中针对身份隐私通常采用如下方法进行保护。

- 基于对称加密通信：无人系统内的通信双方采用对称加密收发消息，消息接收方与发送方均使用相同的密钥来加解密通信内容。
- 基于非对称加密通信：无人系统内的通信双方采用非对称加密收发消息，无人设备使用公钥加密通信消息并发出，使用私钥解密通信消息。
- 基于身份加密与签名：图6-1展示了基于PKI的加密和基于身份的加密（Identity Based Encryption，IBE）的区别。无人系统内的通信双方使用门限签名方式收发消息，将无人设备的签名密钥分割为多部分，分布在其他通信实体之间，消息发送方使用签名密钥对发出消息进行签名，确保消息真实性和完整性，接收方可以通过验证签名来确保消息不被篡改，同时由于每个通信实体都仅持有一部分签名密钥，由此通信双方在身份验证时需要足够数量的签名密钥才能生成有效签名，可有效防止中间人攻击。

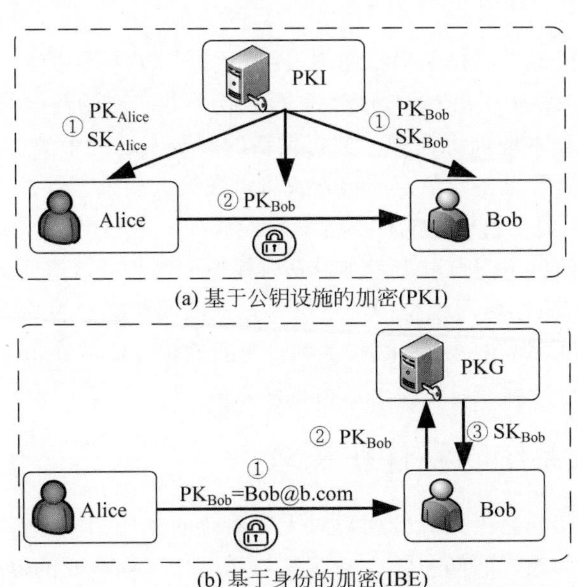

图 6-1 基于PKI的加密和基于IBE的加密

此外，身份隐私中还存在可链接性隐私，即在不同的匿名认证场景中，若无人设备长期使用同一假名进行消息认证，极易被攻击者将假名与实际身份实体进行链接，从而在不同匿名认证中破解该无人设备的匿名性，关联其通信消息内容，进而暴露无人设备通信身份隐私。

无人系统中针对身份可链接性隐私通常采用如下方法进行保护。

- 基于Mix-Zone的假名变更策略：无人设备在预定义混合区即Mix-Zone内更改其假名，以防止攻击者将无人设备与特定假名进行关联，从而保护无人设备的位置隐私。
- 基于Mix-Context的假名变更策略：无人设备根据特定的上下文情境（Mix-Context）来决定何时何地更改其假名，以增加位置隐私保护级别。

（2）位置隐私。无人设备的GPS定位数据常会在各类路径规划与协同驾驶服务中频繁共享，攻击者可通过信道窃听等方式获取无人设备位置信息以掌握无人设备的历史行驶轨迹，暴露诸如目标导航位置，车道偏好习惯等隐私数据。

无人系统中针对位置服务隐私通常采用如下方法进行保护。

- 基于空间掩蔽：采用K-匿名、虚拟生成、混淆等方式对位置数据进行处理，以减少或混淆位置信息，从而保护用户的隐私。
- 基于空间扭曲：通过对位置数据进行特定的扭曲或变换，以混淆真实位置信息，从而增强用户的位置隐私防护。
- 基于差分隐私：在对数据进行查询或分析时，通过添加噪声来混淆结果，从而保护个体数据中的隐私。

（3）模型隐私。模型隐私问题主要出现在涉及机器学习模型的无人系统中，模型本身可能包含一定的隐私信息，包括模型的梯度和参数信息，攻击者可能尝试通过模型逆向工程等手段获取模型的内部信息，从而推断出训练数据的一些特性，进而可以通过对抗样本与训练数据投毒的方式来攻击模型，破坏无人系统决策的安全性，导致无人设备做出具有危害性的行为。

无人系统中针对机器学习模型隐私通常采用如下方法进行保护。

- 联邦学习：一种分布式机器学习方法，可以在不共享原始数据的情况下训练模型。每个设备或节点在本地训练模型，并将更新的参数发送到中央服务器进行聚合。由于原始数据不会离开设备或节点，该方式可以在很大程度上保护数据中的隐私。
- 梯度屏蔽：在机器学习模型的梯度计算阶段添加高斯噪声或拉普拉斯噪声，屏蔽或混淆模型的梯度信息，使得攻击者难以获取模型梯度数据，进而无法逆向模型参数。
- 模型正则化：在机器学习模型中通过引入正则项调整模型的结构或参数，简化模型参数与拟合复杂度，减少网络中间层各项输出间的相互依赖性，同时对模型输入训练数据进行安全性预处理，以避免恶意数据注入。

6.1.2 无人系统隐私保护需求

无人系统的隐私问题会极大降低用户对无人系统的信任和多方参与的积极性，并导致无人系统的交互安全问题。面向多无人系统参与和运行环境多变的复杂场景，无人系统隐私保护具有以下现实需求。

- 身份假名性：无人系统内无人设备的真实身份应得到有效保护，无人系统应通过假名或匿名标识来代表各无人设备以隐藏其身份隐私，确保消息发送者在其他潜在发送者中保持匿名。

- 不可链接性：在各类无人系统的匿名通信和交互过程中，各无人设备的假名应定期不断变化，防止固定假名导致匿名性身份与真实身份相关联，从而暴露无人设备的身份隐私。
- 数据机密性：保护无人系统中的所有通信、传感器、决策数据，使其对第三方不可见。即需要对数据进行加密和安全传输，防止未经授权的访问或窃取，同时实施访问控制和身份验证等措施来确保敏感信息的安全保护。
- 数据匿名化：无人系统的数据匿名化指的是对诸如无人机和无人车等无人系统收集的数据进行匿名化处理，使得个人信息去标识化，确保不能直接或间接识别数据主体的身份。
- 隐私合规性：在无人系统的应用服务中，应最大限度地减少对无人设备感知数据的收集，仅限于收集支持应用服务所需的关键决策数据。另外，在多无人系统交互过程中应保障交互数据和交互行为的隐私合规性。

6.1.3　现有无人系统隐私保护方案

本节将介绍现有无人系统隐私保护方案，主要分为基于匿名性方法、基于密码学方法及基于路由协议方法的无人系统隐私保护，表6-2对比了上述三类无人系统隐私保护方案的异同。

表 6-2　现有无人系统隐私保护方案对比

隐私保护方案类型	特　点	优　点	局 限 性
基于匿名性方法	修改或隐藏原始信息，使用假名或匿名标识，模糊化位置数据	防止追踪和识别用户，保护身份和位置隐私	数据处理准确性受影响，存在隐私信息泄露风险，依赖第三方进行匿名化处理
基于密码学方法	利用密码学原理，同态加密和安全多方计算	保护数据的隐私性，允许在加密状态下进行计算	算法复杂度高，计算延时长，资源消耗大
基于路由协议方法	采用随机路由策略，传输路径随机生成	有效保护节点位置隐私，降低攻击者获取信息的可能性	增加通信开销，延长通信延迟，导致网络拥塞，降低系统服务可用性

（1）基于匿名的隐私保护。基于匿名的隐私保护通过假名、模糊化或随机化处理敏感数据以保护数据隐私。其主要运用在数据传输、数据聚合、身份认证及位置服务的隐私保护中。

在数据传输方面，基于匿名的隐私保护使用假名或匿名标识来替代真实身份信息。通过在通信过程中动态生成或轮换假名，可以防止攻击者追踪和识别特定用户的通信行为。此外，匿名化技术还可以应用于数据聚合和分析过程中，以确保个人数据在处理过程中的隐私性。对于身份认证，基于匿名性的方法可以采用零知识证明或属性凭证等技术，使用户在进行身份验证时无须透露真实身份信息。例如，通过零知识证明，用户可以证明自己具有某些属性或权限，而无须揭示与其身份相关的详细信息，从而保护用户的隐私。在位置隐私方面，基于匿名的隐私保护可以通过模糊化位置数据或采用混淆技术来隐藏用户的真实位置。例如，在位置服务中，可以将用户位置信息替换为模糊的区域或虚拟的位置点，以减少对用户位置的精确追踪。此外，还可以利用匿名路由和混合网络等技术，使用户通信流量在网络中难以被追踪和识别。

但在使用匿名化技术进行数据隐私保护时，仍存在诸多问题和挑战。首先，匿名化过程中会对原始数据进行一定程度的修改或干扰，导致部分数据信息的丢失或不完整，进而影响数据处理和分析的准确性。此外，由于经过匿名化处理的数据仍然与真实原始数据存在一定的关联性，攻击者可能通过数据关联或重构的方式推断出部分隐私信息，从而降低对隐私数据的保护程度。特别是在位置隐私保护方面，使用匿名化技术时通常需要依赖信任的第三方进行数据处理或匿名化操作，这可能会引入额外的安全风险。如果第三方不够可信或存在安全漏洞，可能会导致隐私信息的泄露或被滥用，从而降低隐私保护的效果。

因此，在使用匿名化技术进行数据隐私保护时，需要综合考虑隐私保护效果、数据处理准确性及安全性等因素来选择合适的匿名化方法和技术，以达到在保护隐私的同时尽可能减少对数据处理和分析的影响，同时采取必要的安全措施确保隐私数据的安全性。

（2）基于密码学的隐私保护。密码学方法作为一种常见的隐私保护技术，在保护敏感数据的同时可确保数据的隐私性和准确性。基于密码学方法的无人系统隐私保护通过数据加密技术实现对敏感信息的保护，确保数据在传输和存储过程中的机密性和隐私性。这种方法利用密码学的原理和算法对数据进行加密和解密，以实现数据的保密性和安全性。常用方法包括同态加密与安全多方计算。

其中，同态加密技术是一种重要的密码学方法，它允许在加密状态下对数据进行计算，而无须解密即可获取结果。这意味着即使在加密状态下，无人系统也可以对数据进行处理和分析，而不必暴露数据的明文内容。同态加密技术在保护数据隐私的同时，保留了数据的完整性和可用性，使得无人系统可以在安全的环境下进行数据处理和共享。另一个常用的密码学方法是安全多方计算，它允许多个参与者在不公开其私有数据的情况下进行计算，并在计算完成后获取结果。安全多方计算通过将计算过程分解为多部分，并在每个参与者之间共享加密数据，以实现计算的隐私性和安全性。该方法可应用于无人系统中的数据合作和协同计算场景，确保各方参与者的数据隐私得到保护，同时实现数据的安全共享和应用。然而，同态加密技术和安全多方计算等密码学方法计算复杂度高，资源开销大，仅适用于关键敏感数据的隐私保护。

（3）基于路由协议的隐私保护。基于路由协议的隐私保护从数据通信路由的角度出发，保护通信数据包传输路径的隐私，以免遭受窃听和中间人攻击。具体而言，该方法通常采用随机化无人设备通信数据包的路由转发策略，使得通信传输路径不固定，导致攻击者在通信过程中难以捕获包含隐私数据的网络数据包，从而降低了隐私泄露的风险。

基于路由协议的隐私保护也存在诸多局限性，诸如随机化的网络数据包传输可能会显著增加系统的通信开销和延迟，甚至可能导致系统网络拥塞，进而使得关键应用无法快速得到响应，损害系统的可用性。

6.2 隐私推理攻击

无人系统的感知层与决策层广泛使用了机器学习模型，这些模型需要大量的数据进行训练，而这些数据可能涉及用户或环境的隐私信息。如果这些信息被不当地泄露或利用，将会给无人系统的安全和信任带来严重的威胁。本节将探讨机器学习模型在训练及应用阶段所遭遇的典型隐私推理攻击，包括成员推理攻击[97-99]、数据重构攻击[100-102]、梯度推理攻击[103-105]，对这些攻击的攻击原理、防御方法及研究进展进行了说明。表6-3对隐私推理攻击进行了总结。

表 6-3　隐私推理攻击

攻击类型	攻击定义	常见分类	防御方法
成员推理攻击	一种针对机器学习模型的隐私推理攻击，旨在鉴别特定数据实例是否曾被用于构建目标模型的训练数据集	基于度量的成员推理攻击（白盒）；基于二元分类器的成员推理攻击（黑盒）	置信度分数掩蔽；正则化；知识蒸馏；差分隐私
数据重构攻击	一种针对机器学习模型的隐私推理攻击，旨在重建训练数据或推断训练数据中的敏感信息	基于优化的数据重构攻击(白盒)；基于生成模型的数据重构攻击（黑盒）	噪声添加；扰动或舍入置信度得分；差分隐私；互信息正则化
梯度推理攻击	一种针对分布式机器学习系统的一种隐私推理攻击，旨在通过分析模型的梯度来重构出训练数据或其标签	迭代式攻击；递归式攻击	数据模糊；模型改善；梯度防御

6.2.1 成员推理攻击

成员推理攻击是最基本的一种隐私推理攻击，攻击者通过成员推理攻击确定给定的输入是否属于目标训练数据集。通过成员推理攻击，攻击者能够有效推断个体用户的隐私信息，例如，在一个自动医疗诊断系统中，用户是否患有某疾病。为了更有效地说明成员推理攻击的攻击目标和原理，本节给出如下的形式化定义。

定义 6.1 (成员推理攻击)　成员推理攻击是一种针对机器学习模型的隐私推理攻击，其目的在于鉴别特定数据实例是否曾被用于构建目标模型的训练数据集。给定一个预训练的模型θ和一个输入x，攻击者有权限访问模型θ并获取对应于x的预测结果，成员推理攻击指攻击者推断x是否属于θ的训练集D_{train}，即$x \in D_{\text{train}}$是否为真。

攻击者需要收集不同程度的先验知识对机器学习模型进行成员推理攻击[106]：训练数据的知识和目标模型的知识。训练数据的知识指训练数据的分布，在绝大多数成员推理攻击的设置中，通常假定攻击者具有训练数据的知识，这意味着攻击者可以获取一个与训练数据分布相似的影子数据集。这一假设在绝大多数情况下都是合理的：当数据分布已知时，攻击者可以通过互联网收集数据，构建影子数据集；当数据分布未知时，攻击者可以基于模型的合成来获取影子数据集[97]。目标模型的知识指目标模型的学习算法、架构及参数详情。具体而言，根据攻击者的先验知识，成员推理攻击可以分为两类。

- 白盒成员推理攻击：攻击者具有针对目标模型全面的先验知识，包括训练数据的知识和目标模型的知识。在白盒场景中，攻击者能够完全洞悉目标模型，这意味着他们可以获得该模型的所有相关信息，包括但不限于模型参数详情、最终预测结果及针对查询输入时模型各隐藏层产生的中间运算值。
- 黑盒成员推理攻击：在黑盒场景下，攻击者对目标模型的访问权限极为有限，他们仅能从模型获取针对不同查询输入时对应的预测输出结果。根据预测向量提供的信息不同，黑盒设置又可分为完全置信度黑盒、TopK 置信度黑盒及仅标签黑盒，其包含的信息量逐渐下降。

成员推理攻击有效的内在原因在于机器学习模型（尤其是深度学习模型）对于训练数据的过拟合，即深度学习模型会在训练集（成员）和测试集（非成员）上表现出不同的行为。例如，分类模型在对其训练数据进行分类时会具有较高的置信分数，而面对非训练数据进行分类时会具有较低的置信分数。通过这些模型的不同行为，使得攻击者能够构建攻击模型，来区分训练集的成员和非成员。根据不同的攻击模型构建方法，成员推理攻击的实施方法可分为两类：基于二元分类器的成员推理攻击和基于度量的成员推理攻击。

基于二元分类器的成员推理攻击通常需要训练一个给能够区分目标模型对其成员和非成员的行为的二元分类器。影子训练[97]是最广泛的一类二元分类器器训练方法，攻击者在了解目标模型的架构和训练算法及数据分布的先验知识时，可以通过影子数据集训练出多个影子模型。这些影子模型对于攻击者来说是白盒的，攻击者也了解其对应的训练集和测试集，通过构建一个包含训练集和测试集数据输出特征以及其是否为成员标签的二元数据集，就可以训练一个基于二元分类器的成员推理攻击模型。图6-2展示了利用影子训练来得到二元分类器攻击模型的基本思路。由于在实现影子模型训练之后，影子模型对于攻击者是白盒的，攻击者在构造二元攻击数据集时，可以不仅使用预测输出作为数据，还可以结合具体模型的每一层隐层输出，梯度等中间输出，作为训练集数据特征，以更好地进行成员推理。

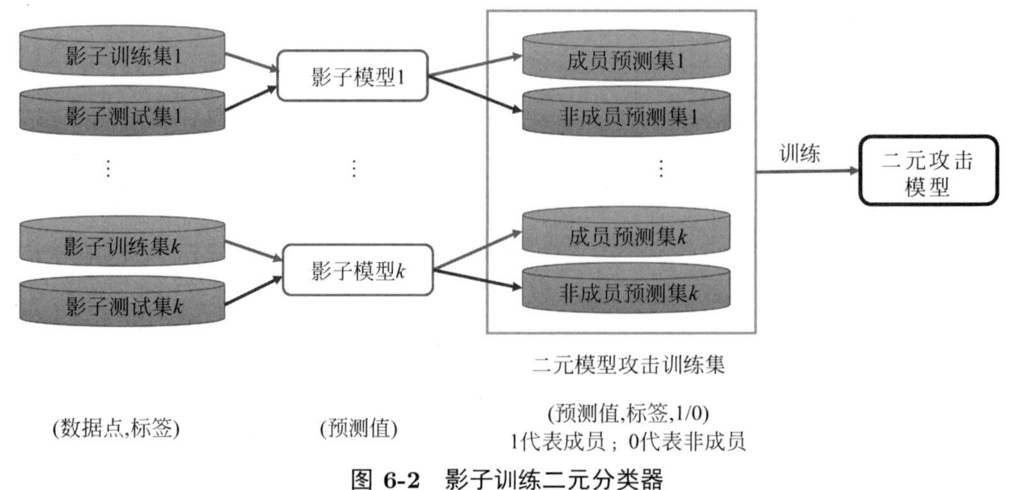

图 6-2　影子训练二元分类器

相较于依赖于二元分类器的成员推理攻击方式，基于度量方法的成员推理攻击更加直观简洁，它无须额外训练复杂的分类器以区分成员和非成员样本。采用这种方法时，首先计算待测样本在目标模型上预测向量的某种度量值，然后将这个度量值与预先设定的阈值进行比对，以此判断该样本是否来源于目标模型的训练集。依据度量计算方式的不同，基于度量的成员推理攻击可分为四类：基于预测正确性的成员推理攻击、基于预测损失的成员推理攻击、基于预测置信度的成员推理攻击和基于预测熵的成员推理攻击。图6-3展示了基于度量的成员推理攻击基本流程。将基于度量的成员推理攻击方法表示为$\mathcal{M}(\cdot)$，将样本为成员标记为1，样本为非成员标记为0。

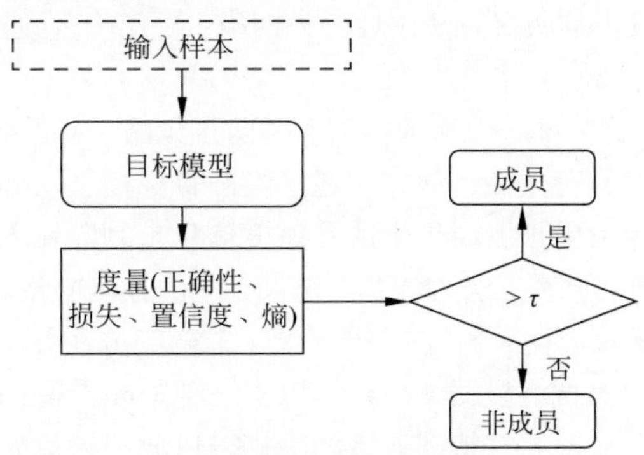

图 6-3　基于度量的成员推理攻击示意图

- 基于预测正确性的成员推理攻击[98]：这是最基本的一种成员推理攻击，即当攻击者观察到目标模型对输入样本x做出了准确预测时，他们据此推测该样本x很可能源自目标模型的训练数据集，即认为它是一个“成员”样本。该攻击可以定义为

$$\mathcal{M}_{\text{corr}}(\hat{p}(y \mid x), y) = \mathbb{I}(\arg\max \hat{p}(y \mid x) = y) \tag{6.1}$$

其中，$\mathbb{I}(\cdot)$为指示函数：

$$\mathbb{I}(A) = \begin{cases} 1, & \text{若事件 A 发生} \\ 0, & \text{否则} \end{cases} \tag{6.2}$$

- 基于预测损失的成员推理攻击[98]：攻击者在实施成员推理攻击时，若检测到某输入样本的预测损失低于目标模型训练所用全体成员样本的平均损失水平，那么他们可能会认定该样本为成员样本。这是因为目标模型在训练过程中致力于最小化其在训练成员上的预测损失，这就导致了训练样本通常相较于未参与训练的测试样本而言，具有更低的预测损失值。该攻击可以定义为

$$\mathcal{M}_{\text{loss}}(\hat{p}(y \mid x), y) = \mathbb{I}(\mathcal{L}(\hat{p}(y \mid x); y) \leqslant \tau) \tag{6.3}$$

其中，$\mathcal{L}$为损失函数，τ为预定义的阈值。

- 基于预测置信度的成员推理攻击[99]：攻击者若发现某一输入样本的最大预测置信度超过了设定的阈值，便会倾向于将该样本判定为成员样本。原因在于，目标模型对于训练集中成员样本的预测往往表现出极高的置信度，即其预测向量中的最大置信分值通常趋近于1。该攻击可以定义为

$$\mathcal{M}_{\text{conf}}((\hat{p}(y \mid x)) = \mathbb{I}(\max \hat{p}(y \mid x) \leqslant \tau) \tag{6.4}$$

- 基于预测熵的成员推理攻击[99]：攻击者若发现某条输入记录的预测熵低于预设阈值，

则倾向于将其判断为来自训练集的成员样本。其背后逻辑在于，目标模型在训练样本和未参与训练的测试样本之间，预测熵的分布特征存在显著区别——通常情况下，目标模型对训练样本的预测熵要低于对未知测试样本的预测熵。预测向量的熵可以定义为

$$H(\hat{p}(y \mid x)) = -\sum_i p_i \log(p_i) \tag{6.5}$$

该攻击可以定义为

$$\mathcal{M}_{\text{entr}}(\hat{p}(y \mid x)) = \mathbb{I}(H(\hat{p}(y \mid x)) \leqslant \tau) \tag{6.6}$$

现有针对成员推理攻击的防御方法主要分为四类：置信度分数掩蔽、正则化、知识蒸馏和差分隐私。

- 置信度分数掩蔽：置信度分数掩蔽作为一种防御策略，主要用于削弱针对分类模型的黑盒成员推理攻击的有效性。该方法通过隐蔽目标模型实际生成的置信度得分，使得攻击者无法直接利用预测结果中的置信度信息来判断输入样本是否来自模型的训练数据集。该防御主要有三类方法：不提供完整的预测向量、仅提供预测标签、向预测向量添加人为噪声。现有研究[97,99]证明了前两类方法并不能有效防御成员推理攻击。文献[107]利用对抗性机器学习，提出了一种MemGuard防御方法，通过向模型输出的预测向量中注入经过特殊设计的噪声，以此混淆原始置信度得分并转化这些得分信息为对抗性样本，但其不能有效防御基于度量的攻击。
- 正则化：正则化方法通过降低模型对训练数据集特异性细节的捕获能力（即模型对数据的过拟合），使得攻击者更难以根据模型预测结果精确推断特定数据点是否曾经属于训练集，进而增强了模型隐私保护的效果。现有的技术包括L2范数正则化、dropout、数据增强、模型堆叠、早停止、标签平滑等，这些正则化技术是为了提高机器学习模型泛化能力而提出的经典正则化方法，他们被证明在防御成员推理攻击上非常有效。对抗性正则化与Mixup+MMD[108]是专门为防御成员推理攻击而提出的正则化技术，能够使分类器为训练成员和非成员生成相似的输出分布；对抗性正则化将攻击模型的成员推理增益作为新的正则项添加到目标模型的目标函数中，目标模型在训练过程中需要同时最小化其分类损失和攻击模型的准确性；Mixup+MMD[108]将成员和非成员的输出分布之间的距离，通过最大均值差异（MMD)进行计算，并作为新的正则项添加到目标分类器的目标函数中。
- 知识蒸馏：知识蒸馏[109]通过利用大型教师模型的输出来训练一个较小的学生模型，使得知识可以从大模型传递到小模型。文献[110]提出了基于知识蒸馏技术的用于成员隐私的防御性蒸馏技术，防御性蒸馏的方法主要是防止模型直接访问私有训练数据集，从而减少针对私有训练数据集的过拟合，进而显著减少成员信息泄露。
- 差分隐私：差分隐私是一种典型的成员隐私保护方法，通过在原始数据上添加精心构造的噪声，来实现针对成员推理攻击的防御。6.3节将详细描述差分隐私的概念和原理。差分隐私能够减轻针对机器学习模型的成员推理攻击，可以作为一种有效的攻击缓解技术来防御成员推理攻击。文献[97-98]提出了可使用差分隐私技术来防御成员推理攻击，文献[111]针对差分隐私深度神经网络分类器上的成员推理攻击进行了实证评估，证明了差分隐私在牺牲模型性能的情况下实现了针对强攻击者的隐私保护。

差分隐私可以提供针对样本成员隐私的理论保证，并且能广泛适用多种环境，然而，差分隐私在复杂任务中很少能够提供效用和隐私的平衡，在强隐私保证下，可能会导致模型失去可用性[112]。

6.2.2 数据重构攻击

数据重构攻击是相比于成员推理攻击是更强的一类隐私推理攻击。在数据重构攻击中，攻击者试图重新构造一个或多个训练样本或它们相应的训练标签。重构可以是部分的或完整的，即攻击者尝试重构出训练样本的部分属性也属于重构攻击，这些攻击在给定输出标签和某些特征的部分知识的情况下，试图恢复敏感特征或者完整的数据样本。图6-4展示了数据重构攻击的基本形式。

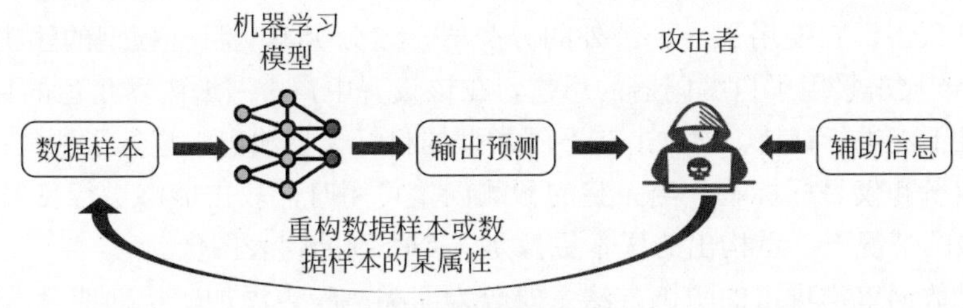

图 6-4 数据重构攻击

为了更有效地说明数据重构攻击的攻击目标和原理，我们给出如下的形式化定义[101,113]。

定义 6.2 (数据重构攻击) 数据重构攻击是一种针对机器学习模型的隐私推理攻击，其目的在于重建训练数据或推断训练数据中的敏感信息。给定一个预训练的模型 θ 和一些辅助信息，攻击者试图利用模型的输出预测 $\theta(x)$ 恢复出模型训练集中的原始数据 x 或 x 的属性。

数据重构攻击的原理同样是基于模型对于训练数据的过拟合，即目标模型很可能能够针对训练数据集的具体信息进行记忆。文献[98]表明更高的泛化误差可能会导致攻击者具有更高的对于数据属性进行成功推断的概率；文献[114]从理论和实验两方面显示，具有更高预测能力的模型更容易受到数据重构攻击的影响。

数据重构攻击依赖于攻击者的知识，大体而言，与成员推理攻击类似，可以根据攻击者是否获取目标模型内部信息分为白盒数据重构攻击与黑盒数据重构攻击。白盒数据重构攻击通常通过基于优化的方法来实现攻击，而黑盒数据重构攻击通常利用生成模型来实施攻击。

最初的数据重构攻击[100]基于这样一个假设：攻击者可以访问模型 θ、训练样本敏感特征和非敏感特征的先验知识，以及模型对于特定输入的输出。该攻击通过最大后验概率估计，基于非敏感特征的值和输出标签，针对敏感特征进行估计，通过最大后验概率估计最大化了观察到已知参数的概率。该攻击针对线性回归模型，但是随着样本特征数量和范围的增加，攻击的可行性不断下降。文献[101]克服了基于最大后验概率估计攻击的局限性，提出了一种基于优化的数据重构攻击。该攻击使用目标样本的输出及可选的辅助信息来恢复特征，将攻击形式化为一个优化问题，该优化问题的目标函数基于观察到的模型输出，并利用梯度下降优化算法来恢复输入样本。实验表明，该方法可以恢复出一个类别的代表图像，但是图像即便经过去噪等处理后依然非常模糊。

由于文献[101]中提出的优化问题相当难以解决，文献[114]提出利用生成对抗网络（GAN）

来学习训练数据的辅助信息以实现更好的数据重构。在该攻击中，辅助信息是模糊或遮蔽后的输入图像；该攻击首先利用公开数据集对GAN进行训练，使GAN学习到如何根据模糊或遮蔽后的输入图像生成清晰的原始图像，随后利用GAN来反演出最优的潜在向量$\hat{z}$,该向量对应生成的样本能够实现针对目标模型的数据重构：

$$\hat{z} = \arg\min_{z} L_{\text{prior}}(z) + \lambda L_{\text{id}}(z) \tag{6.7}$$

其中，先验损失L_{prior}是为了保证生成的图像尽量真实，而L_{id}则是为了确保生成的图像有较高的概率存在于目标模型的训练集之中。

针对黑盒模型的数据重构攻击相对比较少见，因为攻击者所拥有的知识大幅减少，导致攻击变得非常困难。文献[115]提出了一种在线环境中的数据重构攻击，他们在训练回合之前和之后使用保留数据集的预测向量，结合生成模型来重建标签和数据样本。文献[102]提出了一种黑盒攻击，它使用了一个额外的分类器，该分类器从目标模型的输出$\theta(x)$重构出候选输入$\hat{x}$。该攻击采用了自编码器的思想，在该设置中，扮演编码器角色的目标网络是一个黑盒网络且不能进行训练。该攻击在不同类型的目标模型输出上进行了测试：完整的预测向量、截断向量和仅目标标签。当完整的预测向量可用时，攻击能够进行良好的数据重构，但在信息有限的情况下，重构出的样本更像是一个类别的代表图像。

现有针对数据重构攻击的防御方法主要分为四类：噪声添加、扰动或舍入置信度得分、差分隐私及互信息正则化。

- 噪声添加[114-116]：在后验输出（即置信度得分）中加入随机噪声是一种有效的数据重构攻击防御方法。这种防御机制在每次查询时从均匀分布中随机向后验概率添加噪声，保证后验概率在所有查询中不泄露输入输出的相关性。输入和输出之间的这种弱相关性有助于抵御数据重构攻击。
- 扰动或舍入置信度得分[101,117]：这种方法与添加噪声类似。通过扰动或舍入目标模型的置信度分数，可以确保攻击者获取的置信度分数并不完全准确。这样，攻击者在尝试推断敏感属性或重构样本时，无法获得准确的结果，从而有效地防御了数据重构攻击。
- 差分隐私[113]：通过在训练数据、模型参数或训练梯度上添加差分隐私噪声，进而在训练过程中引入随机性。这种做法降低了模型输出对单个数据点的依赖性，从而减少了输入和输出的相关性，有效防御了数据重构攻击。
- 互信息正则化[113]：数据重构攻击的关键在于输入和输出之间的相关性。通过在训练过程中的损失函数中加入一个额外的输入输出互信息正则项，可以持续降低输入和输出之间的互信息。这样做降低了它们之间的相关性，从而有效防御了数据重构攻击。

6.2.3 梯度推理攻击

梯度推理攻击是针对分布式机器学习等联邦学习框架的一种新型隐私推理攻击。在分布式机器学习中，中心参数服务器最初向每个参与者发送一个全局模型。在使用本地数据进行训练后，参与者只需共享用于模型更新的梯度。然后服务器聚合这些梯度，并将更新后的模型传回给每个参与者。6.3节将详细介绍联邦学习的基本流程和相关研究。然而，梯度推理攻击证明了梯度共享并不像预期中那么安全。在梯度推理攻击中，存在一类诚实但好奇的攻击者，例如中心参数服务器或去中心化训练中的邻居，攻击者可以在时段 t 观察到受害者的梯度，并尝试从梯度中恢复原始数据 x 或其标签 y。为了更有效地说明梯度推理攻击的攻击目标和原理，我们可给出如下的形式化定义。

定义 6.3 (梯度推理攻击) 梯度推理攻击是一种针对分布式机器学习系统的一种隐私推理攻击，其目标在于通过分析模型的梯度来重构出训练数据或其标签。给定分布式学习系统中的全局模型 θ，攻击者试图利用分布式训练过程中某个用户 i 计算的模型梯度 $\nabla\theta_i$ 恢复出用户 i 本地训练集中的原始数据 x 或标签 y。

现有的梯度推理攻击可以归类为两种范式攻击：迭代式攻击（iteration-based）和递归式攻击（recursion-based）。图6-5和图6-6分别展示了两种范式攻击的基本工作流程。接下来本节将详细对两类范式攻击进行原理说明，并介绍其研究进展。

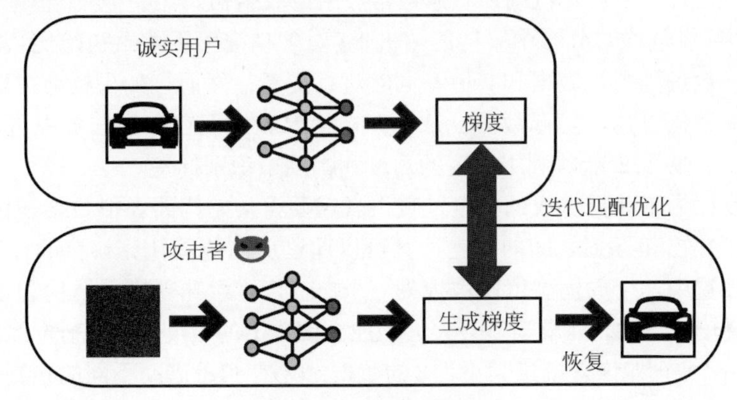

图 6-5 迭代式攻击

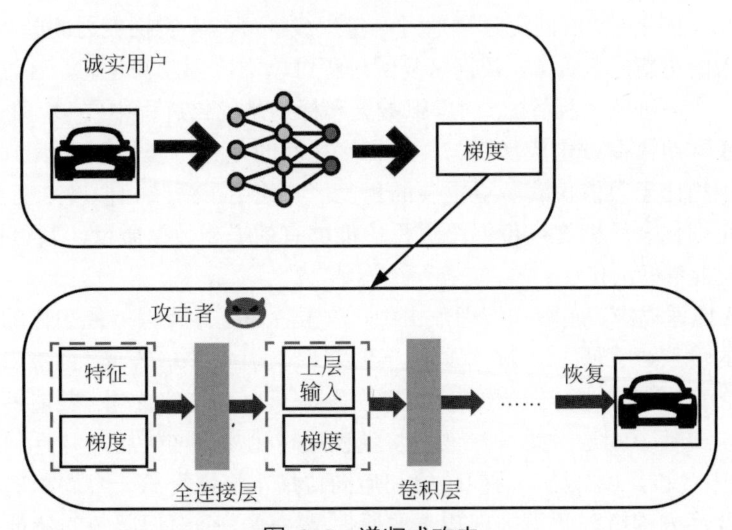

图 6-6 递归式攻击

（1）迭代式推理攻击。在迭代式推理攻击的工作流程中，攻击者首先生成一对随机虚拟数据 $\tilde{x}$ 和标签 $\tilde{y}$，这被视为数据恢复的优化参数。经过前向和后向传播，可以获得该数据对的模型生成梯度 $\nabla\tilde{\theta}$。基于生成梯度与受害者真实样本梯度的距离，通过反向传播能够计算出随机数据的梯度 $\nabla\tilde{x}$ 和 $\nabla\tilde{y}$。隐私数据的恢复可以被视为一个利用梯度下降进行的迭代优化过程。当优化收敛时，即梯度之间的距离（例如，l_2 范数）接近时，原始数据就被认为是恢复出来了。优化问题可以形式化为

$$\begin{aligned}\tilde{x}^*, \tilde{y}^* &= \arg\min_{\tilde{x},\tilde{y}} \|\nabla\tilde{\theta} - \nabla\theta\|^2 \\ &= \arg\min_{\tilde{x},\tilde{y}} \|\frac{\partial \mathcal{L}(F(\tilde{x},\theta),\tilde{y})}{\partial\theta} - \nabla\theta\|^2\end{aligned} \tag{6.8}$$

其中，$\tilde{x}^*, \tilde{y}^*$ 是优化的重构数据与其对应的标签。$\mathcal{L}$ 是模型 θ 的损失函数，$F(\tilde{x},\theta)$ 表示针对 $\tilde{x}$ 的预测结果。

迭代式推理攻击的基本工作流程如下。

- 初始化：为了生成虚拟的梯度并执行梯度匹配，攻击者首先需要生成随机数据和标签。该初始化包括选择随机数据分布、数据大小及是否同步恢复标签。在大多数迭代式推理攻击过程中，随机高斯噪声最常被用于数据初始化[103-104,118]；除此之外，恒定值[119]或者从均匀分布中采样的随机噪声[120]也被用于数据初始化。在迭代式推理攻击的一般过程中，数据和其标签同时进行更新；然而，如果提前提取出真实标签，能够加速数据重构，降低数据复杂性。文献[121]发现在分类任务中可以直接揭示真实标签；文献[122]能够利用梯度的角度和幅度来识别标签。
- 生成梯度：为了获得生成的梯度，攻击者需要将初始化的虚拟数据和标签输入模型。基于模型输出和标签之间的误差，其可以通过反向传播计算权重的梯度。在分布式学习的设置中，全局模型可以被视为一个白盒，这意味着模型结构和权重是已知的。在生成梯度过程中，批量学习会大大增加梯度攻击的难度；使用基本优化方法的迭代推理攻击[103]只能恢复批量大小为8的数据；文献[118]借助不同的正则项，使得批量大小最高可达到30。
- 梯度匹配与优化：梯度匹配过程通过测量生成梯度与真实梯度之间的差异，然后计算虚拟输入的更新。本质上，数据恢复的过程可以类比为监督学习，这意味着真实梯度类似于一个高维的“标签”，而虚拟数据和标签是优化过程中要学习的参数。欧几里得距离主要用来衡量生成梯度与真实梯度之间的差异[103,123]；文献[104]提出了方向在梯度中相比于数值扮演着更重要的角色，并使用了余弦相似度来衡量梯度的差异。保真度正则化[104,118]在梯度匹配过程中能够有效提高数据质量，其包括总变差范数、l_2 范数及批量标准化。

（2）递归式推理攻击。递归式推理攻击中，攻击者通过寻找误差最小化的最优解来递归地计算每一层的输入。文献[124]首先发现，可以通过 $x_k = \nabla\theta_k/\nabla b$ 来直接恢复出感知器的输入，这个结论可以推广到全连接层和多层感知器，只要存在偏置项，就能够恢复出这一层感知器的输入。文献[105]通过堆叠滤波器将卷积层转化为全连接层，并且利用上述关系进行输入样本推理；文献[125]结合前向传播和后向传播，将恢复第一个卷积层的图像数据问题构建为一个线性方程组。此类推理攻击的原理是：第一个卷积层中的特征和内核梯度与原始数据直接相关。通过延展到第 i 层，解如下的方程组可以求得 x_i：

$$\begin{cases}\theta_i \cdot x_i = Z_i \\ \nabla Z_i \cdot x_i = \nabla\theta_i\end{cases} \tag{6.9}$$

$Z_i, \nabla Z_i$ 分别代表特征和其梯度，将神经元输出和每一层激活函数表示为 a_i 和 $\sigma_i(\cdot)$，可以得

到关系 $Z_i = \sigma_i^{-1}(a_i)$ 及 $\nabla Z_i = \nabla a_i \cdot \sigma_i'(a_i)$。因此，可以通过递归的方式来从全连接层到卷积层不断求解问题来得到原始数据。文献[126]提出了一个通用的框架，结合了多种情况下的各类优化问题来实现递归推理攻击。

与迭代式推理攻击相比，递归式推理攻击有如下的特性。

- 无须初始化: 与迭代式推理攻击不同，递归式推理攻击可以直接恢复原始图像，无须初始化或生成虚拟输入。由于恢复时间与像素数量的平方成正比，目前可以恢复的图像分辨率不超过32×32。
- 模型架构：递归式推理攻击目前仅支持包含卷积层和全连接层的网络，包含池化层的网络无法实现递归式推理攻击。这是因为包含池化层的网络可能逐层积累误差，从而导致恢复的数据与原始数据偏差极大。此外，与迭代式推理攻击不同，递归式推理攻击无法对批量训练的网络成功实施攻击。
- 线性求解：递归式推理攻击可以通过构造线性方程递归求解，特征图及其梯度可以从模型的权重及相应的梯度中导出。但是这类攻击依赖于梯度的完整性，一旦梯度被干扰，将导致恢复的结果完全无法识别。

根据梯度推理攻击的特性，现有针对梯度推理攻击的防御方法主要分为三类：数据模糊，模型改善和梯度防御。用户可以选择从数据源中隐藏敏感数据、增强网络模型的结构或者在共享之前保护模型梯度。

- 数据模糊：梯度推理攻击的目标是恢复受害者的训练数据，理想的防御策略是在训练之前直接针对原始数据进行保护。我们希望敏感的私有数据不会被攻击者重构，同时也不降低模型的效用。文献[127]提出了MixUp数据增强方法，其通过线性组合一对数据和标签来生成虚拟训练样本。这些生成的虚拟样本不仅可以提高训练模型的准确性，还可以“聚合”原始数据。文献[128]基于MixUp，引入密码学思想，使用一次性私钥来保护数据从私有和公共数据集中随机选择一部分图像进行组合，然后根据密钥翻转像素。这种轻量级方法阻止了攻击者恢复训练数据，并确保了数据的可用性。文献[129]将输入与其他干净样本混合，以提高训练模型的对抗鲁棒性。文献[130]保护图像采用像素化和高斯模糊方法，不仅可用于分布式训练，还可用于数据发布。
- 模型改善：对于训练模型而言，除了增加神经网络的深度或采用批量训练外，现有研究还探索了一些在模型层面改进的防御方案，以提高对梯度推理攻击的防御性能。文献[123]提出在梯度共享前控制本地训练迭代的次数，这使得推理私有数据更加困难。实验表明，当执行10次本地迭代时，数据恢复的成功率下降超过60%。文献[131]提出在编码器和分类器之间添加一个简单的dropout层来解决过拟合问题，随机剪枝一部分神经元能够缓解梯度推理攻击。文献[125]提出了基于等级的安全性分析，结果表明，卷积层中滤波器越多，数据恢复效果就越好。文献[104]也提到，如果模型参数的维度低于输入数据的维度，那么就不可能从梯度中恢复原始数据。该结论启发用户在确保模型性能的同时适当减少参数量。
- 梯度防御：在分布式机器学习中，由于模型更新是基于梯度交换进行的，最直接的隐私保护方法是对梯度进行保护。现有研究中针对梯度的防御包括三类防御策略：聚合、扰动和基于压缩的防御策略。基于密码学的方法通常可以在不影响其效用的情况下保障个别梯度的安全和隐私。文献[132]使用安全多方计算来计算模型更新的求和结果。文献[124]实现同态加密，在密文空间进行梯度聚合操作。即使攻击者通过中间人攻击窃取信息，也无法解密信息以获取真实梯度。然而，这些方法不仅需要修改训练架构，而且会指数级增加计算时间、带宽和数据存储。梯度扰动是另一种常用的隐私保护方法。文献[133]在交换梯度时添加高斯噪声，保证差分隐私。文献[134]发现梯度推理攻击的关键在于数据表示层，并且只扰动该层中的梯度值，其由此提出了一种动态可调节噪声的方法来防御梯度推理攻击。除了注入噪声，文献[103]发现一些原本用于减少通信开销的压缩方法也可以用来防止数据恢复。文献[135]提出通过将较小的值剪枝为零来防御梯度推理，文献[136]通过只传输梯度的符号来防御梯度推理攻击。这些方法在一定程度上可以抵抗梯度推理攻击，同时能够保持模型性能。

6.3 隐私计算技术

无人系统广泛采用隐私计算技术，以确保数据在存储、传输和计算过程中的安全性和可信度。这种技术允许对数据进行计算和分析，同时不泄露原始数据内容，有效解决了数据隐私保护和数据赋能及共享之间的矛盾。表6-4简要总结了无人系统中的隐私计算技术。

表 6-4 隐私计算技术

隐私计算技术	简 要 描 述
同态加密	允许对加密数据进行计算，而无须解密，保护隐私数据处理和安全数据共享
安全多方计算	多个参与方共同完成计算任务，保护私有输入不被泄露
差分隐私	保护数据收集和分析过程中的个人隐私，尤其适用于保护敏感数据，如位置和路径
联邦学习	在不共享原始数据的情况下，多方协作训练机器学习模型，保护数据隐私和安全
可信计算	建立可信的计算环境，确保终端系统的整体可信性

6.3.1 同态加密

同态加密是一种允许对加密数据进行隐私计算的加密形式，而无须先解密数据。在无人系统中，同态加密可以实现隐私数据处理、安全数据共享、远程命令执行等，对于提高无人系统在复杂和敏感环境中的应用安全性和效率至关重要。下面给出同态加密的形式化定义。

定义 6.4 (同态加密) 一个加密方案对于计算操作$\odot$是同态的，则它满足以下公式：

$$E(a) \odot E(b) = E(a \odot b), \forall a, b \in M \tag{6.10}$$

其中，E是加密算法，M是任何可能信息的集合。

开发一个能够对各种函数进行加密评估的系统，关键在于加密机制必须能够支持密文的加法和乘法运算。这是因为加法和乘法在数学中构成了一个封闭的体系，它们能够相互结合，形成一种完备的运算环境，使得任何复杂的数学函数都可以通过这两种基本运算来表达和处理。换言之，只要加密方案确保在密文状态下也能安全地进行加法和乘法操作，理论上就能在不解密的前提下完成对任意函数的同态加密求值。虽然同态加密方案通常利用相同密钥进行加密解密，即对称加密，但其也可以设计为使用不同密钥来进行加密解密，即非对称加密，并且非对称同态加密和对称同态加密可以相互转换。

一个基本的同态加密算法主要由四个操作组成：密钥生成(KeyGen)、加密(Enc)、解密(Dec)、同态计算(Eval)。在同态加密系统中，KeyGen过程负责生成用于非对称模式的密钥对或者对称模式下的单一密钥。这一操作与传统加密方案中的密钥生成步骤本质上相似。而Enc和Dec两个步骤也分别对应于常规加密流程中的加密与解密任务，其功能保持一致。特别地，在同态加密技术框架内，有一个称为Eval的独特操作，该操作直接作用于密文上，执行指定函数运算后，输出仍然是经过该函数处理的原始明文的加密形式，即Eval可以在不看到消息(m_1,m_2)的情况下，针对密文(c_1,c_2)执行函数操作$f(\cdot)$。在同态加密机制的核心特性中，至关重要的是Eval阶段对密文的操作必须确保密文结构的完整性，这样在后续的解密阶段才能准确还原出原始数据。此外，同态加密系统还要求经过Eval操作处理后的密文体积保持不变性，这是为了支持连续或叠加的任意次数计算，即理论上可以进行无限次操作而不增加额外的复杂度或存储负担。

依据同态加密中Eval支持的操作种类和复杂度，同态加密可以分为三种类型。

- 部分同态加密（Partial Homomorphic Encryption，PHE ）：这种同态加密方法允许对密文进行一种类型的算术操作，例如只能进行加法或者只能进行乘法运算。
- 相对完全同态加密（Somewhat Homomorphic Encryption，SWHE ）：这种同态加密方法支持对密文执行有限数量的多种算数操作，这意味着它能够同时处理加法和乘法运算，但是只能执行有限次数的算术操作。
- 完全同态加密（Fully Homomorphic Encryption，FHE）：这种同态加密算法支持对密文进行无限次数的加法和乘法运算，允许在不泄密的情况下执行任意复杂的计算。

本节中将简要介绍RSA同态加密、Paillier同态加密两类典型的同态加密算法。

（1）RSA同态加密。 RSA加密算法是世界上第一个可行的公钥密码系统，其设计者Rivest等在RSA开创不久之后就展示了RSA的同态属性，也第一次展示了“隐私同态”的概念。RSA密码系统的安全性基于大素数分解难题。RSA的定义如下。

- 密钥生成算法：首先，对于两个大素数p和q，计算得$n=pq$且$\varphi=(p-1)(q-1)$。随后，选择e使得$\gcd(e,\varphi)=1$（Greatest Common Divisor，gcd），并计算e的乘法逆元d（即$\mathrm{ed}\equiv 1 \bmod \varphi$）。最后，公钥$(e,n)$被公布，私钥$(d,n)$则保密。
- 加密算法：首先，信息被转化为明文m，且$0\leqslant m\leqslant n$，RSA加密算法表示如下。

$$c=E(m)=m^e \bmod n, \forall m\in M \tag{6.11}$$

其中，c是加密后的密文。

- 解密算法：信息m可以通过使用私钥对从密文c中恢复，即

$$m=D(c)=c^d \bmod n \tag{6.12}$$

- 同态属性：对于$m_1,m_2\in M$，有

$$E(m_1)*E(m_2)=(m_1^e \bmod n)*(m_2^e \bmod n)=(m_1*m_2)^e \bmod n=E(m_1*m_2) \tag{6.13}$$

RSA的同态属性表明其可以直接使用$E(m_1)$和$E(m_2)$来计算$E(m_1*m_2)$，而无须解密他

们。RSA是一种部分同态加密算法，仅在乘法上具有同态性，不允许对密文进行同态加法运算。

（2）Paillier同态加密。Paillier同态加密是一种基于复合剩余问题的概率加密方案。复合剩余问题是指是否存在一个整数x，使得对于给定的整数a，有$xn \equiv a \bmod n^2$。Paillier同态加密的定义如下。

- 密钥生成算法：对于两个大素数p和q，满足$\gcd(pq,(p-1)(q-1))=1$，计算$n=pq$与$\lambda=\mathrm{lcm}(p-1,q-1)$（Least Common Multiple，lcm）。随后，随机选择一个整数$g \in Z_{n^2}^*$来检测是否$\gcd(n, L(g^{\lambda \bmod n^2}))=1$，函数$L$被定义为$L(u)=(u-1)/n$，适用于$Z_{n^2}^*$中的每个$u$。最终的公钥为$(n,g)$，私钥为$(p,q)$。
- 加密算法：对于每个信息m，随机选择一个数字r执行如下的公式实现加密

$$c = E(m) = g^m r^n \bmod n^2 \tag{6.14}$$

- 解密算法：对于一个密文$c \leqslant n^2$, 解密通过以下公式执行

$$D(c) = \frac{L(c^\lambda \bmod n^2)}{L(g^\lambda \bmod n^2)} \bmod n = m \tag{6.15}$$

  私钥对为(p,q)。
- 同态属性：

$$\begin{aligned} E(m_1) * E(m_2) &= g^{m_1} r_1^n \bmod n^2 * g^{m_2} r_2^n \bmod n^2 \\ &= g^{m_1+m_2}(r_1 * r_2)^n \bmod n^2 = E(m_1+m_2) \end{aligned} \tag{6.16}$$

  这揭示了Paillier同态加密算法在处理加法运算时所体现的同态特性。不仅如此，除了这种针对加法操作的同态性质外，Paillier同态加密方案还具备一些其他相关的同态属性

$$E(m_1) * E(m_2) \bmod n^2 = E(m_1 + m_2 (\bmod\ n)) \tag{6.17}$$

$$E(m_1) * g^{m_2} \bmod n^2 = E(m_1 + m_2 (\bmod\ n)) \tag{6.18}$$

$$E(m_1)^{m_2} \bmod n^2 = E(m_1 m_2 (\bmod\ n)) \tag{6.19}$$

这些额外的同态属性描述了加密数据和明文之间各种操作的不同交叉关系。Paillier同态加密是被广泛使用的同态加密算法之一。

在引入隐私同态概念近30年后，Gentry在其博士论文中提出了第一个基于理想格的全同态方案[137]，他不仅提出了一种全同态加密方案，同时还给出了一种获取全同态方案的通用框架。从Gentry开始，目前的全同态方案可大致分为四代：第一代方案是Gentry提出的基于理想格的全同态方案，但是其实际性能非常糟糕，导致无法在实际环境中进行应用；第二代方案是基于错误学习构造的全同态方案[138]，使得全同态方案的安全性有了保证，也有效地改进了全同态加密方案的性能；第三代全同态方案针对当前的全同态方案进行了简化[139]，并略微提高了性能，通过方案构造，可以使用较短的参数实现全同态加密；第四代全同态加密是2016年提出的一种同态加密技术方案CKKS(Cheon-Kim-Kim-Song，CKKS方案)[140]，其能够处理浮点数操作，作为一种近似同态加密方案能够有效应用于神经网络推理之中。全同态加密方案涉及复杂的数学原理和相关知识，故在本节中，对于该方案只进行概览性的介绍。

同态加密的主要优势是它允许在数据保持加密状态下进行计算，这显著提升了处理敏

感信息（如金融或医疗数据）时的安全性和隐私保护。因为同态加密技术可以在不解密数据的情况下进行各种计算，所以它能有效防止数据在处理过程中被泄露。

然而，同态加密也存在明显的劣势，其主要问题是较低的计算效率和实施的复杂性。由于在加密数据上进行运算比在未加密数据上进行运算更为复杂和耗时，因而在处理大量数据时可能导致性能显著下降。因此，尽管同态加密提供了更高的安全性，但它在实际应用中可能需要权衡计算效率和安全性的需求。

6.3.2　安全多方计算

安全多方计算是一项密码学技术，允许多个参与方在保护各自私有输入的同时共同完成计算任务，而无须将私有信息透露给其他参与方。具体而言，在没有可信赖的第三方的情况下，多个参与方可以协同进行一个预定的函数计算，同时确保每一方仅能获取自己的计算结果，且无法通过计算过程中的交互数据推断其他任意参与方的输入和输出数据。

在安全多方计算环境中，存在两个或更多参与方 $P_i(i=1,\cdots,n)$，在分布式计算环境中，参与方拥有各自的隐私输入 x_i，基于此可联合计算目标函数 $f(x_1,x_2,\cdots,x_n)=(y_1,y_2,\cdots,y_n)$，当计算完成后，每个参与方 P_i 获取其隐私输出 y_i，隐私输出 y_i 保证了每个参与方仅能拿到其相应隐私输入的计算输出而不泄露其他参与方的计算隐私。

安全多方计算考虑了参与方可能存在的不诚实行为，其攻击目的是获取其他人的私人信息或在计算任务期间引发错误。在安全多方计算任务期间，对手可能控制一些参与方的子集，这些被对手控制的参与方被称为腐败的参与方，他们完全按照对手的指令执行协议。为了证明协议的安全性，研究人员提出了许多安全性定义，以确保如下重要的安全性要求。

- 正确性：参与方收到的隐私输出都应准确无误。
- 隐私：除了自身输出及可由自身输入和输出推导出的信息外，任何一方不应获得其他信息。
- 公平性：只有当诚实的参与方收到自身输出时，腐败的参与方才应接收其输出。
- 输出的保证：攻击受损方不得阻止诚实的参与方接收其输出，即安全多方计算需具备抵抗拒绝服务攻击的能力。
- 输入的独立性：攻击受损方所选输入必须与诚实的参与方的输入无关。

安全多方计算由如下基本组件构成，包括混淆电路，遗忘传输及其扩展，和完全同态加密：

（1）混淆电路。混淆电路是一种基本的密码原语，在实现通用协议中起着重要的作用。给定目标函数的混淆电路具有以下性质。

- 每条电路线对应两个混淆码：比特 0 和比特 1。
- 如果电路的每一条输入线都有一个给定的混淆密钥，那么整个混淆电路就可以在不泄露任何其他信息的情况下隐式地计算得到电路的输出值。

定义或门 g 的输入电路为 w_1 和 w_2，输出线路为 w_3，且 w_1 和 w_2 的输入比特分别为 u 和 $vc(u,v)\in\{0,1\}$)，则或门 g 的混淆结构为

- 每一个电路可以有两种状态的混淆值，尤其对于路线 w_1（同 w_2 和 w_3），两个密钥为 $k_1^0,k_1^1\in\{0,1\}^n$，其中，n 是一个安全参数，它是随机选择的，第一个密钥对应比特 0，第二个密钥对应比特 1。

• 对于或门 g 的密钥值 k_1^u, k_2^u，可进行加密计算 $\text{Enc}k_2^u(\text{Enc}k_1^u(k_3^{u\text{OR}v}))$。

给定密钥 k_1^u, k_2^u，在混淆电路中，可以求解每一个密文，由于加密方案本身具有一个有效的可验证域，因此可确定哪个明文是对应的 $k_3^{u\text{OR}v}$，并且不会产生额外的信息。

通过将电路门逐层组合，可以直接构造出一个混淆电路。具体地说，由于电路中的前一个门的输出线用作下一个电路门的输入线，因此前一个混淆门输出的混淆密钥也是下一个混淆门输入的混淆密钥。在一个加密电路构造完成后，如果给电路的每条输入线分配一个加密密钥，电路的第一层就可以被成功解密。在第一层中的每一个混淆门被成功解密之后，其结果总和就是输出线上的混淆密钥。因为这些输出密钥也是下一层中混淆门的输入密钥，所以混淆电路的解密可以按逐层的方式继续进行，最后得到电路的输出值。

（2）遗忘传输及其扩展。标准二选一的遗忘传输即是一个安全双方计算任务，其中一个参与者（发送方 S）持有两个 n 位长的字符串 x_0 和 x_1，另一个参与者（接收方 R）通过位比特 $\delta \in \{0,1\}$ 在发送方持有的两个数据字符串之间进行选择，在完成传输 d 之后，S 没有任何的输出，且也不知道发出的哪个字符串被接受，而 R 收到与 δ 相应的字符串 x_δ，但 R 对其他字符串 $x_{1-\delta}$ 一无所知。具体而言，遗忘传输可被定义为如下函数 F_{ot}。

• F_{ot} 输入：
  – S 输入两个字符 x_0,$x_1 \in \{0,1\}^n (n \in N)$,
  – R 输入一个选择位比特 $\delta \in \{0,1\}$。
• F_{ot} 输出：
  – S 没有输出，
  – R 输出 x_δ，同时对 $x_{1-\delta}$ 一无所知。

在基于混淆电路的安全多方计算协议中，每条输入线必须运行一个遗忘传输协议。在基于秘密共享的安全多方计算协议中，每个与门必须至少运行一个遗忘传输协议。扩展遗忘传输是针对大量遗忘传输实例在安全多方计算协议中存在的操作成本过高的问题而产生的演化算法，其通过运行几个“base”遗忘传输实例来工作，“base”实例的数量取决于使用的安全参数，同时基于这些“base”实例，仅需对称密码操作就可以获取更多的遗忘传输实例，进而降低遗忘传输的操作成本。

（3）完全同态加密。完全同态加密包含四个步骤，分别为密钥生成（KeyGen）、加密（Enc）、解密（Dec）和评估（Eval）。

• 密钥生成（KeyGen）：输入安全参数生成一对公钥和私钥。
  即 $\text{KeyGen}(\lambda) \longrightarrow (pk, sk)$。
• 加密（Enc）：根据公钥把消息 m 映射到相应的密文上。
  即 $\text{Enc}(pk, m) \longrightarrow c$。
• 解密（Dec）：根据私钥 sk 把密文 m 还原出明文 c。
  即 $\text{Dec}(s, c) \longrightarrow m$。
• 评估（Eval）:根据 C 的函数集合,对于每一个布尔函数和对于任意一个密文 $c_1, c_2, \cdots, c_n$，在公钥的条件下，Eval 输出的密文为 $f(m_1, m_2, \cdots, m_n)$。
  即 $\text{Eval}(pk, f, c_1, \cdots, c_n) = \text{Enc}(pk, f(m_1, \cdots, m_n))$。

若对于所有布尔函数，Eval 输出的密文都能正确解密，且 $\text{Eval}(pk, f, c_1, \cdots, c_n)$ 的长度不大于 $p(\lambda)$，则这种加密模式 $\epsilon = (\text{KeyGen}, \text{Enc}, \text{Dec}, \text{Eval})$ 就被称为完全同态加密。

通过完全同态加密，数据用户可以将加密数据外包给服务器，直接对这些数据执行各种操作，而不暴露这些数据包含的任何机密信息。支持的操作包括查询和修改加密数据。一旦完成对数据加密操作，结果就返回给数据用户，数据用户使用相应的解密密钥对接收到的加密数据进行解密。在整个过程中，服务器帮助数据用户执行复杂的操作，而无须从用户的数据中获取任何信息。安全多方运算多采用完全同态加密，在该场景中，多个用户加密他们自己的私有数据，所有需要的函数都是基于这些加密数据计算的，用户对结果进行解密，得到相应的明文。

6.3.3 差分隐私

差分隐私是一种隐私保护技术，旨在保护数据收集和分析过程中的个人隐私。尤其在无人系统中，运用差分隐私可以有效地保护个人信息，比如位置和路径等敏感数据，这对提升用户对无人系统的信任和接受度极为重要。

基于概率模型的差分隐私技术概念最初由Dwork提出，差分隐私的核心思想是保证查询结果不泄露任何可能识别个体的信息。差分隐私的随机算法 f 能够确保训练结果不受数据集 D 中特定成员存在与否的影响，这意味着，通过加入随机噪声，可以使得邻近数据集的查询结果难以区分，从而阻止攻击者对任何数据集进行有效推测。

针对两个邻近数据集 D_1 与 D_2（两者仅有一个数据样本不同），差分隐私可以形式化定义为。

定义 6.5 (ϵ-差分隐私) 假设有正实数 ϵ 和随机算法 f，以一数据集 D 作为该算法的输入。若对仅有一个数据样本不同的邻近数据集 D_1 与 D_2，对 f 映射的所有子集 S，满足

$$\Pr[f(D_1) \in S] \leqslant e^{\epsilon} \cdot \Pr[f(D_2) \in S] \tag{6.20}$$

则称随机算法 f 可以提供 ϵ-差分隐私。其中，概率的随机性来自算法 f。

在上述定义中，ϵ 是隐私参数，定义了 f 隐私保护的强度，在实际应用中也通常被称为隐私预算。ε 的值越低，提供的隐私保护能力越强；反之亦然。

为了有效实现差分隐私，需要添加适当的随机扰动噪声。噪声的大小取决于查询的灵敏度，即邻近数据集查询输出的最大差异。对于一个随机查询函数 $f: D \to \mathbb{R}^d$(d 是一个正整数)，函数 f 的灵敏度 Δf 可以定义为

$$\Delta f = \max_{D_1,D_2} \|f(D_1) - f(D_2)\|_1 \tag{6.21}$$

其中，$\|\cdot\|_1$ 表示 l_1 范数。

在差分隐私中，噪声添加机制被视为一种通过预定义机制扰乱数据的保护方式。在差分隐私方法中常用的三种噪声添加机制包括：拉普拉斯机制、高斯机制和指数机制。添加噪声的实际幅度直接取决于全局灵敏度和隐私预算（隐私等级）。

（1）拉普拉斯机制。在拉普拉斯机制中，通过拉普拉斯函数来计算噪声，每个数据的具体属性值都使用从拉普拉斯分布中计算出的拉普拉斯噪声进行扰乱。差分隐私函数的灵敏度决定了所添加噪声的规模。给定数据集 D、函数 f 及敏感度 Δf，随机化后的函数 $\tilde{f}$ 通过添加 noise $\sim \text{Lap}(\Delta f/\epsilon)$ 能够满足 ϵ-差分隐私：

$$\tilde{f}(D) = f(D) + \text{Lap}(\Delta f/\epsilon) \tag{6.22}$$

拉普拉斯机制通常在数值输出结果中使用。

（2）指数机制。指数机制是一种 ϵ-差分隐私机制，用于从一组元素中选择一个元素。假定这一组元素为 A，存在一个分数函数 H，其输入为数据集 D，潜在的输出为 $a \in A$，且 a 是一个实数。给定一个数据集 D，指数机制选择具有最大分数 $H(D,a)$ 的元素 $a \in A$。

分数函数 H 的灵敏度被定义为

$$s(H,\|\cdot\|) = \max_{D_1,D_2,a\in A} \|H(D_1,a) - H(D_2,a)\| \tag{6.23}$$

指数机制在给定数据集 D 和一组可能结果 A 的情况下，从满足 ϵ-差分隐私的随机机制中选择结果：

$$\Pr(a \in A \text{ is selected}) \propto \mathrm{e}^{\epsilon H(D,a)/2ss(H,\|\cdot\|)} \tag{6.24}$$

拉普拉斯机制与指数机制具有相关性。如果 $f(D)$ 是一个在 $\mathbb{R}^d$ 中的向量，且 $\forall a \in \mathbb{R}^d$，$H(D,a) = \|a - f(D)\|$，其输出实质上与只有一般隐私预算的拉普拉斯机制的 $\tilde{f}(D)$ 相同。

（3）高斯机制。高斯机制与拉普拉斯机制相似，都是通过对于每个属性的属性值进行高斯噪声添加进行扰动，从而实现差分隐私。高斯机制中的噪声是通过高斯分布来进行计算的。对于一个查询函数 f，其敏感度定义为 Δf。高斯噪声的方差参数 σ 可以通过以下的公式进行计算

$$\sigma = \frac{\Delta f}{\epsilon}\sqrt{2\log(1.25/\epsilon)} \tag{6.25}$$

随机化后的函数 $\tilde{f}$ 通过添加高斯噪声 $\mathcal{N}(0,\sigma^2)$，能够实现 ϵ-差分隐私

$$\tilde{f}(D) = f(D) + \mathcal{N}(0,\sigma^2) \tag{6.26}$$

高斯机制通常在机器学习中进行使用，通过对机器学习中的梯度添加高斯噪声，能够使机器学习满足差分隐私噪声，从而防止针对成员隐私的成员推理攻击等隐私攻击。

在实际使用中，差分隐私机制通常添加一个松弛因子 δ，来描述一种稍弱于标准差分隐私的隐私保证 (ϵ,δ)-差分隐私，也被称为近似差分隐私。这种形式允许随机算法在保证 ϵ-差分隐私的同时，存在一个小概率 δ 不满足数据隐私保护的最低混淆相似度要求。

定义 6.6 （(ϵ,δ)-差分隐私） 假设有正实数 ϵ 和 δ 及随机算法 f，以一数据集 D 作为该算法的输入。若仅有一个数据样本不同的邻近数据集 D_1 与 D_2，对 f 映射的所有子集 S，满足：

$$\Pr(f(D_1) \in S) \leqslant \mathrm{e}^{\epsilon} \cdot \Pr(f(D_2) \in S) + \delta \tag{6.27}$$

则称随机算法 f 满足 (ϵ,δ)-差分隐私。

差分隐私的优势主要体现在对个人隐私的强化保护上。它通过在数据集中添加随机噪声来确保即使在数据发布后，个人信息也难以被识别，可有效抵抗链接攻击。这种方法的适应性强，可应用于多种数据类型和分析方法，且提供了数学上的隐私保障。

然而，差分隐私也有其劣势。最主要的是添加噪声以保护隐私可能会降低数据的准确性和实用性。确定合适的噪声量和类型是一个技术性且复杂的过程，可能会限制数据分析的深度和广度。此外，实施差分隐私可能需要额外的计算和存储资源。

6.3.4 联邦学习

随着机器学习和人工智能技术在各行各业的广泛应用，消费者也越来越关注用户隐私及数据安全。同时，欧盟《通用数据保护条例》(General Data Protection Regulation，GDPR)、

美国《加利福尼亚州消费者隐私法》(California Consumer Privacy Act，CCPA)，及我国《数据安全法》针对消费者数据的收集和处理提出了严格的法律约束。因此，人工智能服务提供商在不同组织间收集和共享数据变得越来越困难，尤其是高度敏感数据的拥有者（医疗数据、金融数据），从而在大数据时代形成了一个个数据孤岛。联邦学习是一种分布式机器学习范式，能够确保数据在不出本地的情况下，多方协作训练出一个机器学习模型，从而对于用户隐私进行了有效的保障。在无人系统中，联邦学习主要用于训练决策层的机器学习模型，使得无人设备能够在不共享原始数据的情况下完成路线规划、物体识别等模型的训练，从而确保数据隐私和安全。

假设有 N 个参与者（或节点），每个参与者 i 拥有自己的本地数据集 D_i。联邦学习的目标是协同训练一个全局模型 M，同时不需要集中存储或共享这些数据集。全局模型 M 可以表示为函数 $M(x;\theta)$，其中 x 代表输入数据，θ 代表模型参数。图6-7展示了联邦学习的基本形式。

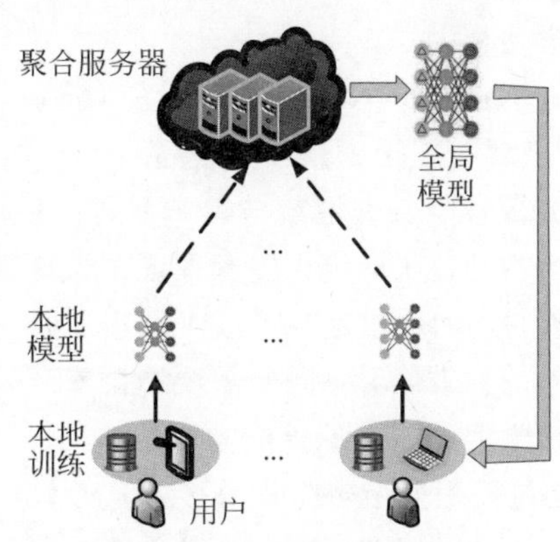

图 6-7 联邦学习示意图

联邦学习的过程可以形式化地描述为以下步骤。

（1）初始化：中心服务器初始化全局模型的参数 θ_g 并将其分发给所有参与者。

（2）本地训练：每个参与者 i 使用其本地数据集 D_i 在本地独立训练模型。这个步骤可以通过优化问题表示

$$\theta_i^{\text{new}} = \underset{\theta}{\operatorname{argmin}} \mathcal{L}(D_i, M(x;\theta)) \tag{6.28}$$

其中，$\mathcal{L}$ 是损失函数，用于评估模型 M 在数据集 D_i 上的表现。

（3）参数上传：每个参与者将其模型参数更新 $\Delta\theta_i = \theta_i^{\text{new}} - \theta_g$ 后发送给中心服务器。

（4）聚合更新：中心服务器聚合所有参与者的参数更新，更新全局模型的参数

$$\theta_g^{\text{new}} = \theta_g + \frac{1}{N}\sum_{i=1}^{N} \Delta\theta_i \tag{6.29}$$

（5）模型分发：更新后的全局模型参数 θ_g^{new} 被发送回所有参与者，用于下一轮的训练。该过程重复进行，直到模型收敛或达到预设的训练目标。

根据参与者的训练数据分布和特征，联邦学习可以分为横向联邦学习、纵向联邦学习及联邦迁移学习[141]。

- 横向联邦学习：在横向联邦学习中，参与者通常处于同一行业或领域，他们拥有相似的数据特征，但是他们的数据样本是不同的（即数据特征对齐，数据样本不同）。这

种类型的联邦学习在数据丰富但样本分散的情境中特别适用。如在医疗健康领域中，不同医院具有不同患者的相同特征信息，可以协作进行联邦学习训练医疗诊断模型。

- 纵向联邦学习：纵向联邦学习适用于那些参与者拥有相同的样本，但这些样本特征不同的情况（即数据样本对齐，数据特征不同）。这通常发生在不同的组织或行业之间，他们希望通过合作提高数据的价值，但又不想共享敏感的特征信息。例如在金融领域，银行和电子商务公司可能具有相同的客户群体，但是具有不同的数据特征（存款记录、消费信息），他们可以合作建立更全面的用户画像。
- 联邦迁移学习：联邦迁移学习是一种将联邦学习与迁移学习相结合的方法。它适用于参与者之间既有特征差异也有样本差异的场景（即数据样本不同，数据特征不同）。这种方法利用迁移学习的技术，使模型能够从一个领域的数据中学习，并将这些知识应用到另一个领域中。例如，在不同国家或地区的组织之间，其数据样本和数据特征都有较大差异，联邦迁移学习可以在遵守数据隐私和安全条例的情况下，帮助协作建立有效且精确的机器学习模型。

根据参与者的属性，可以将联邦学习分为跨设备（cross-device）联邦学习和跨孤岛（cross-silo）联邦学习。前者主要适用于大量小型设备（如智能手机、物联网设备）参与联邦学习的场景，后者适用于数量较少的大型参与者（不同企业）进行联邦学习的场景。

联邦学习保证了数据不出本地，在一定程度上保证了数据隐私；然而，在联邦学习的过程中，仍然可能存在着安全威胁，如恶意参与者或“诚实”但“好奇”的云服务器，通过精心构造的隐私攻击侵犯参与者的数据隐私，因此需要结合安全聚合、差分隐私、同态加密等隐私增强技术进一步提高联邦学习的隐私保护能力。

- 安全聚合：安全聚合通过使用安全多方计算技术，在本地参与者的更新上添加可去除的扰动，并且由云服务器进行聚合。在安全聚合过程中，服务器和其他恶意参与者只能获取到扰动后的更新，而无法获得原始更新，在聚合结束后，才能去除扰动，得到聚合后的更新。文献[132]通过伪随机数生成器及双层掩码的方式，实现了可消除的安全聚合。
- 差分隐私：在联邦学习中，差分隐私技术可以用来保护单个参与者的更新，从而确保无法从聚合数据中准确推断出任何个体的信息。文献[142]将差分隐私技术应用到联邦学习领域，通过客户端级别的(ϵ,δ)-差分隐私机制来保护每个参与者的隐私。文献[143] 提出了一种适用于长短期记忆网络模型的客户端级差分隐私方案，并为复杂序列神经网络中的隐私保障提供了理论证明。
- 同态加密：在联邦学习中，参与者之间可以利用同态加密技术加密模型更新信息，并仅将云服务器作为计算中转节点。因此，云服务器无法获取任何加密后的数据信息。文献[124]提出了基于加法同态加密的隐私保护联合学习方案。上传的梯度被加密，由服务器生成加密的全局模型并返回给每个参与者。文献[144]将差分隐私和同态加密相结合，设计了一种混合隐私保护的联合学习方案。

联邦学习的优势有如下几点：首先，它在提高数据隐私性的同时，有效减少了数据泄露的风险，这对于保护个人和机构的敏感信息至关重要；其次，联邦学习通过减少数据的集中存储和传输，降低了数据被黑客攻击的可能性，提升了数据安全性；再次，该方法能够有效地利用边缘计算资源，在多个设备上并行处理，从而提高计算效率；此外，来自不同源的数据参与模型训练，增加了数据的多样性，有助于提升模型的泛化能力和准确性；最后，联邦学习有助于企业和机构遵守各种数据保护法规，如GDPR等。

然而，联邦学习也存在一些劣势和亟待解决的问题。首先，由于需要在设备和中心服务器之间频繁交换模型更新，导致较高的通信成本和延迟；其次，由于不同设备的计算能力和存储空间可能存在巨大差异，不同设备之间的异构性导致了联邦学习的计算瓶颈；再次，保持所有设备上模型的同步是一个技术上的挑战，尤其是在设备数量众多的情况下；此外，尽管数据不离开设备，但通过模型更新还是可能间接推断出一些敏感信息，因此隐私保护仍存在一定风险，需要额外的隐私增强方法来进一步提高隐私保护能力；最后，不同设备上的数据可能存在质量不一或者偏差问题，这可能影响最终模型的性能。

6.3.5 可信计算

无人系统中，大多数隐私与安全威胁都来自设备终端，可信计算旨在从终端设备硬件与软件基础层出发，对潜在安全威胁进行控制，通过逻辑正确验证，在计算体系结构和计算模式层面形成安全信任链，解决设备终端底层硬软件安全威胁，确保无人系统计算任务的逻辑组合不被篡改和破坏，实现无人系统可信运行，消除隐私安全威胁。

可信计算的核心理念是在无人终端系统中确立一个信任根，通过综合利用物理安全、技术安全和管理安全等手段来保障这种信任的可靠性。接着，从信任根出发形成一条信任链，从这个信任起点向外延伸，覆盖硬件平台、操作系统及应用程序等各个层面，通过逐级测量认证和逐级信任建立，逐步扩展信任关系，确保整个无人终端系统的可信性。

因此，信任链的建立与传递是可信计算的核心议题，其涉及如下三个模块：信任根、可信传递方式、可信测量。

（1）信任根。信任根通常是可信硬件芯片。主要提供密码计算、可信基准值存储、策略存储等基础服务，可信计算平台必须包含如下三个信任根。

- 可信度量根（Root of Trust for Measurement，RTM）：利用各种加密算法对平台的状态进行判断或者测量。
- 可信存储根（Root of Trust for Storage，RTS）：提供密码机制保护保存在可信平台模块之外的信息（数据和密钥）。
- 可信报告根（Root of Trust for Reporting，RTR）：提供密码机制对可信平台模块的状态及信息进行数字签名。

可信平台模块（Trusted Platform Module，TPM）常用在可信计算中以实现信任根，其核心是密码安全芯片，TPM技术最核心的功能在于对CPU处理的数据流进行加密，同时监测系统底层的状态。TPM能够生成加密的密钥，还提供对密钥的存储和身份的验证，可以高速进行数据加密和还原，是保护操作系统（Operating System，OS）不被修改的辅助处理器。

（2）可信传递方式。在可信计算中，信任关系通常以链式结构传递。可信计算组（Trusted Computing Group，TCG）所定义的信任链传递方案如图 6-8所示。在该方案中，TPM被指定为可信存储根和可信报告根，而基本输入输出系统（Basic Input Output System，BIOS）启动模块则作为可信度量根。系统根据多次可信测量生成的可信报告，将当前可信状态与预期值进行比较，从而评估系统的可信程度。可信度量根负责执行可信测量，并验证系统各组件的完整性。它生成系统的测量值，并将其传递给可信报告根以生成可信报告。可信存储根则存储与可信计算相关的数据和密钥，包括加密密钥和安全策略，有效防止窃听与篡改。可信报告根接收可信测量并生成可信报告。通过将可信报告与预期值进行比较，可以判断系统当前是否可信。

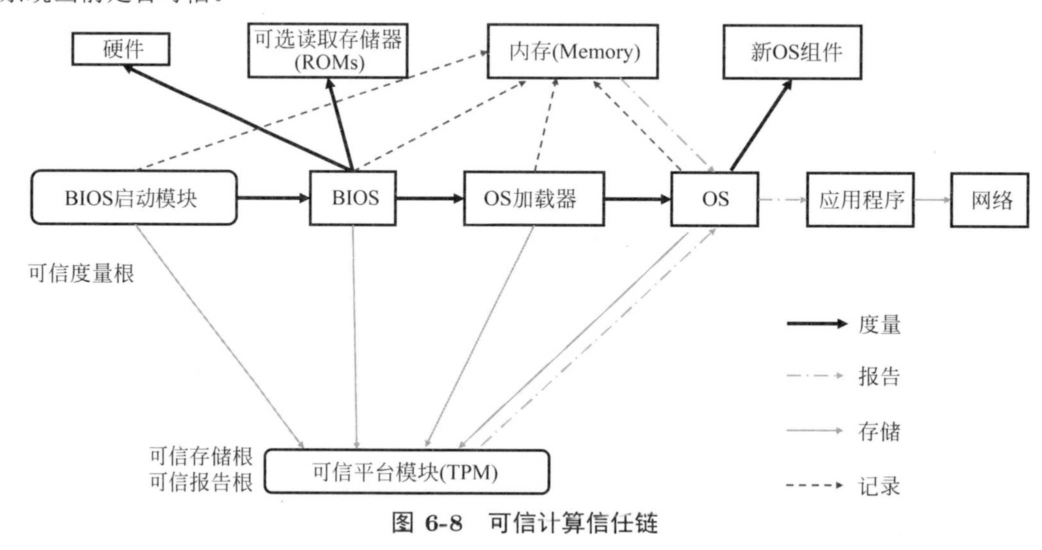

图 6-8 可信计算信任链

（3）可信测量。可信计算中采用可信测量来确保计算平台的可信性和完整性，对于TCG定义的信任链，其可信测量从BIOS引导块、BIOS、操作系统加载程序到操作系统，同样形成了一个串行链。BIOS引导块是信任度测量的根。TCG使用如下迭代方法计算哈希值：

$$\text{NewPCR}_j = \text{Hash}(\text{oldPCR}_j||\text{NewValue}) \tag{6.30}$$

它将当前值连接到新值，并计算连接值的哈希值，将新的完整性测量值存储到平台配置寄存器（Platform Configuration Register，PCR）中。

可信计算可在如下方面帮助实现无人系统中的隐私保护。

- 安全启动和可信执行环境：可信计算通常涉及在系统启动过程中建立一个安全的启动路径，确保系统启动时各个组件的完整性和可信性。通过这个安全的启动路径，可以建立一个可信的执行环境，其中隐私关键的操作可以受到更强的保护。
- 硬件级隐私保护：可信计算中的硬件安全模块（例如TPM）可以提供硬件级别的安全功能，包括密钥管理、数据加密和数字签名。这些硬件安全功能可以用于加密和保护存储在设备上的隐私敏感数据，防止未经授权的访问。
- 远程认证和远程证明：可信计算允许系统远程证明其状态，这对于验证设备的安全性和完整性至关重要。远程认证和远程证明技术使得设备可以向远程实体证明其身份和当前状态，而无须泄露敏感信息。这有助于确保只有合法和可信的设备能够访问敏感服务或数据。
- 可信执行环境：可信执行环境是一种安全的计算环境，提供了隔离和保护，防止操作系统和其他应用程序对执行环境中的代码和数据进行未经授权的访问。可信执行环境可以用于运行处理隐私数据的关键应用程序，确保它们的执行是安全和可信的。
- 隐私保护身份认证：在可信计算框架下，身份认证可以更安全地进行。通过使用硬件级别的密钥管理和数字签名，可以实现更强大的身份验证，确保只有授权的用户能够访问系统和服务。

6.4 本章小结

本章首先针对无人系统隐私保护现状进行了概述，总结了无人系统中的隐私问题、隐私保护需求及现有隐私保护方案。随后，深入分析了无人系统中各类典型的隐私推理攻击，从而更全面地理解隐私攻击的本质和威胁。最后，讨论了各类典型的隐私计算技术，为保护无人系统中的隐私提供了多样化且有效的手段。具体内容包括：

（1）无人系统面临身份隐私、可链接性隐私、位置隐私及模型隐私等问题，造成用户身份、行驶轨迹、属性、偏好习惯等隐私数据的泄露。无人系统存在身份假名性、不可链接性、数据机密性、数据匿名化及隐私合规性等多维隐私保护需求。现有主流无人系统隐私保护方案主要基于匿名性方法、密码学方法及路由协议方法等。

（2）无人系统中人工智能模型在训练及应用阶段容易遭受的典型隐私推理攻击包括成员推理攻击、数据重构攻击、梯度推理攻击。本章针对这些隐私推理攻击的攻击原理、常见分类、防御方法及研究进展进行了详细介绍。

（3）通过隐私计算技术可高效保障无人系统的隐私防护，无人系统中典型的隐私计算技术包括同态加密、安全多方计算、差分隐私、联邦学习及可信计算。

6.5 习题

1. 无人系统中隐私保护为何变得愈发重要？简要说明隐私与安全在无人系统中的区别，并列举至少三种导致无人系统隐私问题的因素。

2. 阐述成员推理攻击、数据重构攻击和梯度推理攻击这三种隐私推理攻击的原理和特点。对于无人系统中的隐私保护，为何需要考虑抵御这些推理攻击？

3. 无人系统中的隐私计算技术包括同态加密、安全多方计算、差分隐私、联邦学习和可信计算。选择其中一种技术，深入解释其工作原理，并阐述其在保护无人系统隐私方面的应用场景和优势。

4. 设计一个无人系统隐私保护方案，以防范信息嗅探、漏洞挖掘和攻击实施等动态攻防博弈中的隐私问题。提出至少两种现有的隐私保护手段，并说明其适用性和局限性。

5. 就当前技术趋势，如差分隐私、联邦学习等在隐私保护领域的发展，探讨这些技术对未来无人系统隐私安全的影响。分析其优势并提出可能的应用场景。

第7章 无人系统与新兴技术融合

前述章节中，我们系统学习了无人系统的基础知识、架构与关键技术，并从感知安全、决策安全、通信安全、隐私保护四个维度深入探索了无人系统安全防护。接下来，我们将继续探索无人系统与新兴技术的融合发展。语义通信、区块链、数字孪生和大模型不仅是当前的热点话题，也为无人系统的发展提供了新的视角和技术支撑。首先，语义通信技术使得无人系统能够更加精准智能地理解和响应复杂的指令和信息，并大幅降低通信开销。诸如在无人驾驶车辆中，语义通信可以帮助车辆更好地理解周围环境的语义信息，如交通标志的含义，从而做出更安全的驾驶决策。其次，区块链技术为无人系统提供了一个去中心化的数据/价值可信交换平台，促进各类无人系统间的无缝数据和价值交换。再次，数字孪生技术通过创建一个完整的无人系统的虚拟副本，实现不影响真实系统下的按需测试和动态优化。最后，大模型技术为无人系统的自主感知和决策提供了强大的大脑，使无人系统能够在复杂环境中更精准地决策。这些新兴技术的融合不仅推动了无人系统技术的快速发展，也带来了前所未有的机遇和挑战。本章中，我们将深入探讨这些技术如何共同作用，推动无人系统向更高水平的智能化和安全化发展。

本章要点

- 语义通信赋能的无人系统的背景、优势、应用场景和典型安全威胁。
- 区块链赋能的无人系统的背景、优势、应用场景和典型安全威胁。
- 数字孪生赋能的无人系统的背景、优势、应用场景和典型安全威胁。
- 大模型赋能的无人系统的背景、优势、应用场景和典型安全威胁。

7.1 无人系统与语义通信

随着无人系统的普及，海量智能体连接之间存在频繁的数据交互使得通信网络愈加复杂。同时元宇宙、数字孪生等各类新型应用的涌现，其巨大数据吞吐量、超低延迟和超高可靠性等需求给当前通信网络带来了沉重的负担。例如，元宇宙允许智能体通过VR设备在虚拟空间中与其他智能体进行交互。然而，庞大的数据吞吐量（以千兆字节为单位）及对延迟（$\leqslant 20$毫秒）和可靠性（$\geqslant 99.999\%$）的严格要求使得无线VR数据传输变得越来越具有挑战性。

早在70多年前，韦弗（Weaver）和香农（Shannon）在其开创性工作《通信的数学理论》中就明确地将通信问题分为三个层次：语法通信、语义通信和语用通信。语法通信是过去几代通信系统的基石，其主要关注从发送者到接收者的比特流如何精确、无差错地传输；而语义通信强调传达传输符号的基本或预期含义，即发送的符号如何传递准确的含义；语用通信则关注发送符号的实际应用及效果，即接收消息对接收者行为的影响。

近年来，深度学习和强化学习等AI技术的进步将语义通信变为现实，诸如通过AI驱动的语义编码器和解码器及利用共享知识库（Knowledge Bases）对所传输信息进行高效地提取和传输。如图7-1所示，接收端需要对图像进行分类。在理解接收端需求后，语义发射机不会逐帧将整个图像进行传输，相反地，它有选择地提取对识别目标对象（如汽车）至关重要的特征，同时滤除与需求无关的背景细节，因此它可以显著减轻传输负担，而不影响任务性能。

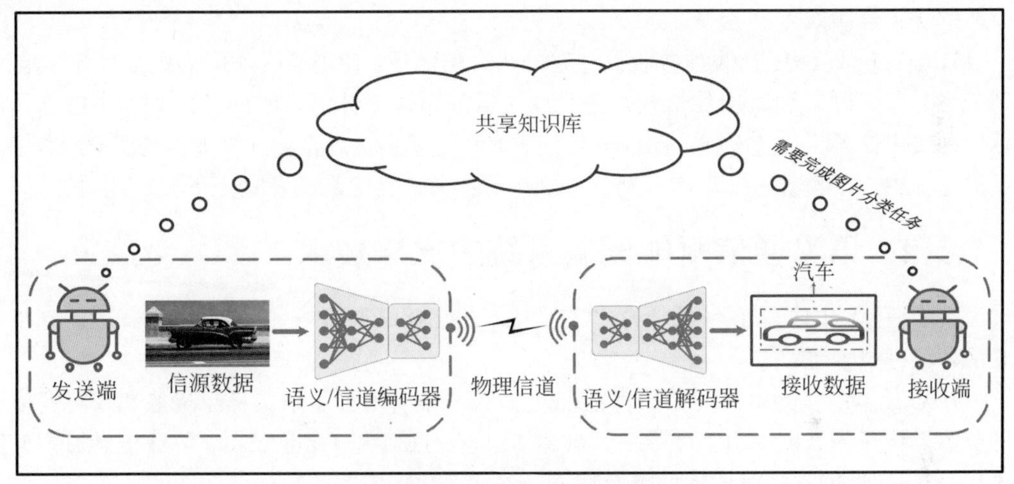

图 7-1　语义通信示意图

从传统到面向语义的网络的这种范式转变带来了诸多优势。首先，无人系统中泛在AI能力使智能体能够在传输之前实现“先理解后传输”，显著提高传输效率[145]。其次，无人系统通过维护多个知识库可为网络中的智能体提供大量上下文知识（诸如通信意图、信道状态信息和通信背景），以促进在提取和重建阶段的语义信息理解和推断。再次，语义通信在恶劣的信道条件下（诸如高比特误差率）仍然表现出高传输可靠性，可以很好地用于如灾难救援等复杂无人场景中。这表明在累积的知识指导下，通过语义级推理可以轻松纠正由于嘈杂信道引起的传输错误。

7.1.1　语义通信模型

与经典通信相比，两个通信智能体之间的语义通信涉及以下四部分。

（1）背景知识同步：在交互之前，两个通信实体会进行准备阶段去同步背景知识并调整它们共享的知识库，以建立共同的通信基础和上下文。同时为了减轻智能体的计算负担，可以通过知识蒸馏从大型共享语义模型中转移轻量级语义编/解码器。

（2）语义信息提取：在此阶段，发送方使用语义编码器从多模态数据流中提取紧凑、所需的语义信息，同时过滤掉无关信息。语义编码器通常由各种深度学习模型所构成。例如，卷积神经网络擅长从图像中提取语义，而 Transformer 在处理序列数据和建模长范围依赖性方面表现优异，可有效地捕捉输入数据的语义和全局上下文。使用强化学习和知识图谱（Knowledge Graph）技术进行语义信息提取具有巨大的潜力。

（3）语义信息传输：为了最大化语义信息传输效率并减轻多个智能体之间的干扰，该层采用了预编码技术（例如，波束成形和空间复用）来优化源端的传输信号。预编码器利用空间多样性来提高信号质量并实现数据的并行传输。然后，通过利用信道编码，提取的语义数据流可通过物理信道可靠地传输。目前，信道编码技术主要分为两大类：经典方法和基于深度学习的方法。前者，如Reed-Solomon编码和卷积码，通过引入冗余和纠错来增强数据可靠性。后者通过利用深度学习的强大非线性映射和复杂模式识别能力，保证了在非标准信道环境中的有效适应和接近最优性能。此外，为了提供更好的性能增益，基于深度学习的联合源-信道编码范式可以将源数据映射到信道符号，以提高效率和灵活性，通过端到端训练，有效地解决了悬崖效应。

（4）语义信息重构：接收方接收到传输的语义信息后，使用语义解码器进行解释和重构，使其变为自身可理解和适用的格式。语义解码器的设计应针对下游任务定制，可根据具体目标分为实用任务执行（例如，图像分类任务）和可观察信息重构（例如，场景理解任务）。在重构过程中，接收方与知识库互动，以确保解释的语义信息与背景上下文一致对齐。

7.1.2 语义通信赋能无人系统的支撑技术

语义通信赋能的无人系统需要众多支撑技术，包括 AI 技术、网络技术、普适计算及知识表示与管理技术等。

（1）AI技术：作为语义通信技术基础，AI技术显著增强了语义信息提取和在时变信道条件及多样化任务需求中的整体效率。具体而言，LSTM和Transformer等深度学习模型使得语义编/译码器能够稳健地提取重要特征，并捕获数据中的长范围依赖关系。在多样化的无人系统应用场景下，不同任务需求和时变信道条件需要频繁地更新模型以适应新任务，该过程会消耗大量时间并且会导致传输服务中断。为解决此问题，迁移学习允许在新场景中重用现有的语义模型和知识，从而加速训练并提高无人系统中的数据效率。为进一步缓解迁移学习中的“灾难性遗忘”，持续学习在无人系统中变得至关重要，其帮助语义模型适应新任务而不忘记已学习的知识。为解决无人系统通信环境中稀缺的训练样本问题，诸如生成对抗网络和扩散模型等生成式AI模型可创建大量高质量、个性化的数据样本，其可模拟真实世界场景以用于训练不同的语义模型。此外，强化学习使智能体具有自主的隐式语义推理和实时决策能力。

（2）网络技术：网络技术在提升语义通信的性能和效率、保障智能体之间可靠网络连接及实现即时语义信息传输等方面发挥着关键作用。具体而言，物联网中丰富的传感器部署为语义通信提供了丰富的感知数据，促进了知识积累和语义理解。5G及B5G通信技术可支持高速数据传输、增加网络容量和全球通信覆盖（包括偏远地区和海洋），满足无人系统实时响应和高效数据传输要求。网络虚拟化为大规模语义通信赋能的无人系统提供了灵活、可扩展和定制的基础设施。数字孪生技术为模拟语义通信场景和算法提供了虚拟环境，用以评估性能和效能，而不影响正常运作。网络切片创造了隔离和定制的资源切片，切片隔离有助于防止集群间干扰，并为不同智能传输任务提供不同级别的安全性。此外，网络切片的动态特性可支持智能体根据不同语义通信传输需求对通信资源灵活配置，优先考虑传输重要性语义信息来确保智能体的体验质量。

（3）普适计算：其可为语义通信提供无处不在的计算环境来支撑大量语义模型训练及多个知识库的维护。在该环境中，计算资源无缝、隐形地嵌入各种智能体（例如，可穿戴设备和传感器）中，确保其广泛可用性。同时，为了提高智能体利用语义通信进行交互时的体验质量，云—边—端网络架构提供了按需获取计算和存储容量的能力。其中，云层提供了大规模的高性能计算资源（例如，强大的 CPU、GPU、缓存和内存），适合于全局知识库的维护和共享语义模型的训练。通过利用位于网络边缘的边缘资源（例如，基站和接入点），可以减少数据传输延迟及数据隐私泄露，从而便于智能体实时处理和访问共享知识库。而终端智能体所配备的有限计算能力，使它们能够处理简单任务，如环境感知与处理、更新隐私敏感的知识库等。

（4）知识表示与管理技术：作为语义通信的“记忆模块”，诸如知识图谱、场景图和概念图等知识表示技术，能将上下文信息和经验转化为智能体可理解的格式，同时使得无人系统能够对海量知识进行管理、搜索和推理。例如，知识图谱可以集成到无人系统中，将来自多个领域的庞大非结构化数据组织和聚合成结构化知识格式并以图形形式呈现。这种方法促进了对各种知识元素之间关系的更深入理解，并为语义提取和恢复提供了背景上下文。此外，诸如ChatGPT、GPT-4等生成式大模型凭借其强大的知识表示能力、灵活的知识查询模式及多模态知识，可有力消除传输的语义信息中的歧义，并有效帮助推理、重建信源信息。

7.1.3 潜在安全威胁

尽管赋能于语义通信的无人系统在提升传输效率方面极具潜力，但其潜在的安全与隐私威胁却是阻碍其成功的一大挑战。这些威胁主要分为两类：固有威胁和衍生威胁。

（1）固有威胁。语义通信的核心是传输原始数据的预期含义（即语义信息），它继承了来自通信网络和语义方面的安全/隐私威胁。一方面，无线介质的广播性质与基于AI的语义模型的脆弱性使得语义通信容易遭受从被动语义窃听到主动语义干扰的各类攻击。

- 语义窃听攻击：包括拦截传输信号并推断其语义含义。与传统窃听不同，防御语义窃听相对容易，因为即使窃听者能截获信号，若无专用语义解码器和相关先验知识，解码语义内容仍是一大挑战。然而，存在两个潜在的威胁可能危及语义通信的保密性。首先，大模型的快速发展提供了强大的语义推理和解释能力，使其成为黑客可用的通用语义解码器，能够轻松执行包括语义解释、意图理解和场景生成在内的各种任务。其次，语义编/解码器在训练过程中的梯度共享可能导致隐私泄露。例如，文献[103]指出，攻击者可以通过训练梯度，暴露智能体的敏感训练数据。
- 语义干扰攻击：传统的干扰攻击通过发射干扰或提高功率信号来破坏通信系统，导致比特级中断或通信质量的显著下降。相比之下，语义干扰攻击专注于干扰传输数据的语义方面，即黑客可能传输语义干扰流来降低发送数据的语义内容一致性和质量，从而阻碍接收端对预期消息的准确理解[146]。

语义信息的本质模糊性和不确定性在不同上下文中可导致理解上的歧义，如多义性现象，而攻击者可能利用这一特性进行语义对抗或中毒攻击，以误导收发设备。

- 语义对抗攻击：由于基于神经网络的语义编/解码器对对抗性样本的脆弱性和硬件的非理想特性，语义通信容易受到语义对抗性攻击。该攻击是指将带有微小噪声的对抗性样本注入发射器侧的语义编码器和接收机的语义解码器。此外，语义通信中通信和计算的集成使得计算任务暴露在开放的无线介质中，显著增加了向传输的语义信息中注入干扰，并将其转化为对抗性样本的可能性。
- 语义中毒攻击：通过向智能体的训练数据集中引入中毒样本，攻击者可以污染语义模型，降低语义通信的通信效率。同时，攻击者可能故意操纵收集的训练样本的标签，导致语义编/解码器学习错误的语义映射关系。此外，攻击者可能将后门注入语义模型，这些后门在触发时才会激活。这些触发器可能促使收发器产生不准确的预测或表现出恶意行为。

（2）衍生威胁。建立在各种尖端技术之上的语义通信引入了多种衍生威胁，诸如知识库可能存储涉及智能体的偏好和意图等隐私信息，同时频繁的知识同步和对齐可能引发安全和隐私问题，诸如未经授权的知识库访问和共享知识的盗窃等。

- 未经授权的知识库访问：在语义通信中，存在多个不同隐私敏感程度的知识库。例如，全局知识库存储所有无人智能体都可以访问的基本知识，如法律规定和科学原理，而区域共享的知识库包含相对个人和敏感的知识，只能被边缘服务器覆盖范围内的智能体访问。“好奇”的智能体可能尝试通过各种方法，如暴力攻击和冒充攻击未经授权地访问这些知识库，进而窃取隐私信息。
- 知识库中毒攻击：语义通信严重依赖控制层中知识库提供的上下文来促进语义理解和推理。然而，这种依赖性引入了一个相对容易利用但难以检测的新攻击面。具体来说，如图7-2所示，恶意实体可能操纵知识库的存储节点（例如，云和边缘服务器）来影响其缓存的知识。通过知识库污染，攻击者将虚假、有害或误导性知识注入知识库，从而欺骗接收者并恶化语义通信的整体性能。例如，若攻击者在传输者试图传达有关“苹果（水果）”的信息时，向知识库注入大量与苹果公司相关的信息，在受污染知识库的指导下，接收者可能将“苹果”解释为手机。

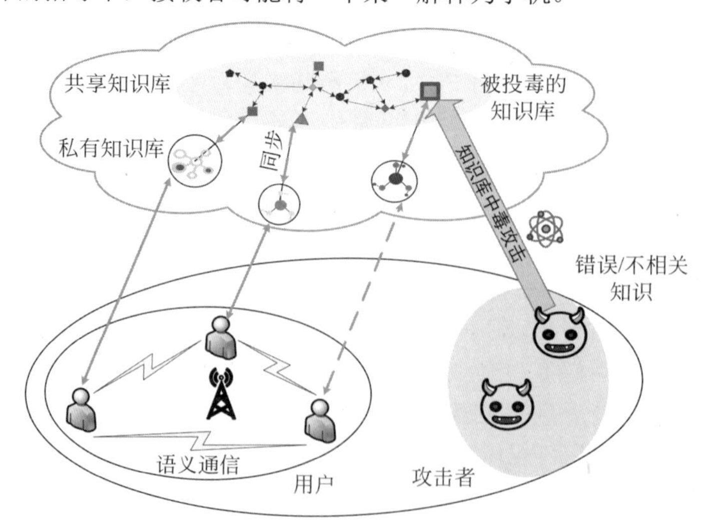

图 7-2　语义通信中知识库中毒攻击示意图

- 知识库不匹配：在交互之前，参与语义通信的无人智能体应同步并对齐其先验知识，以保持一致和最新的上下文理解。然而，在现实场景中，出于隐私和通信负担的顾虑，无人智能体可能不愿意与他人共享其敏感知识，从而导致发射机和接收机之间的知识库不匹配。这些不匹配可能在接收机处引起语义层面的误解（例如，语义噪声）。此外，环境的动态性要求知识库持续更新，进一步加剧了它们之间的不匹配或差异。

7.2　无人系统与区块链

随着无人系统应用范围的不断扩大与加深，信息安全问题日益突出。在这一背景下，区块链技术提供了一种新的去中心化安全应对方案，集成了分布式数据存储、点对点传输、共识算法应用模式，凭借其防篡改、公开透明、可追溯、集体维护等特征，成为应对无人系统安全挑战的有力工具。区块链作为构建未来价值无人系统的关键基础设施，正与各无人系统生态深度融合，成为国家科技创新建设的重要前沿阵地。2019年10月，习近平总书记在中央政治局第十八次集体学习时强调要把区块链作为核心技术自主创新的重要突破口，加快推动区块链技术和产业创新发展。2020年4月，国家发展和改革委员会明确将区块链纳入新型基础设施中的信息基础设施建设。

7.2.1　区块链网络模型

如图7-3所示，区块链的六层网络模型涵盖了从应用层到数据层的多个组成部分[147]。

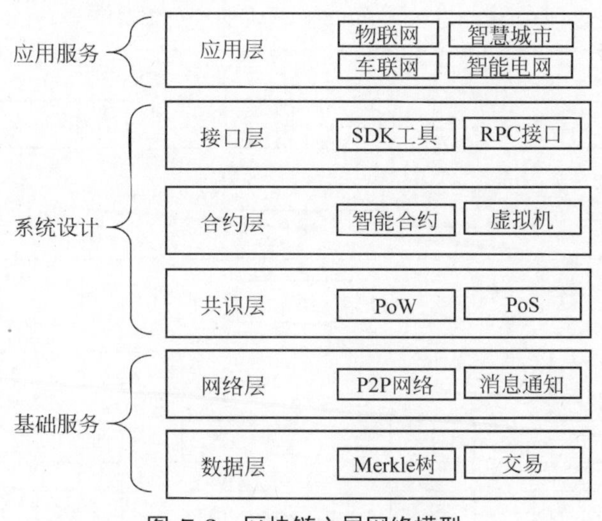

图 7-3　区块链六层网络模型

- 应用层：位于区块链网络的最顶层，包括各种应用领域，如物联网、智慧城市和智慧交通等，应用层定义了基于区块链的具体应用和服务。
- 接口层：位于应用层之下，提供与区块链网络进行交互的接口工具，如软件开发工具包和远程过程调用。
- 合约层：合约层包含智能合约和虚拟机，智能合约是一种在区块链上执行的自动化合同，其使得开发人员能够以编程方式定义和执行规则，从而实现去中心化的应用逻辑，虚拟机则负责在区块链网络中执行这些智能合约。

- 共识层：在区块链网络中，共识层处理不同节点之间的一致性问题。其中共识算法用于保障账本数据一致性，常见的共识算法有以下三类。① 工作量证明（Proof of Work，PoW），在 PoW 中，矿工需要解决一个复杂的数学问题，以证明其在生成区块上的工作量。解决问题的过程称为挖矿。PoW 安全性高，但需要大量计算能力，能源密集型，有可能导致中心化。② 权益证明（Proof of Stake，PoS），在 PoS 中，节点被选择生成新的区块的概率与其持有的加密货币数量成正比，即持有更多币的节点更有可能被选中。PoS 相对节能，降低了对大量计算能力的需求，但可能导致财富集中。③ 拜占庭容错共识（Practical Byzantine Fault Tolerance，PBFT），PBFT 是一种基于拜占庭将军问题的共识算法，通过节点间的消息交互和多数派原则达成一致。PBFT 适用于少量节点的高度信任环境，其速度较快，但对节点数目有限制。
- 网络层：网络层建立了节点之间的点对点（Peer-to-Peer，P2P）通信网络，节点可以通过这个网络相互通信和传递信息。同时，网络层负责确保信息的传递和同步，使得整个区块链网络保持一致的状态。
- 数据层：数据层是整个区块链网络模型的最底层，其包含所有交易数据，图7-4给出了一个区块中交易数据的案例，其中每个区块由区块头和区块体组成。区块头包含了身份识别信息，并记录了区块数据的写入时间戳，为交易提供溯源与公证依据。区块体则包含了所有已验证的交易记录及当前区块内的交易数量。区块体内的 Merkle 树由当前区块的所有交易数据构成，可快速验证交易的完整性与存在性，由于 Merkle 树仅保留了交易根哈希，进一步降低了区块的存储开销。

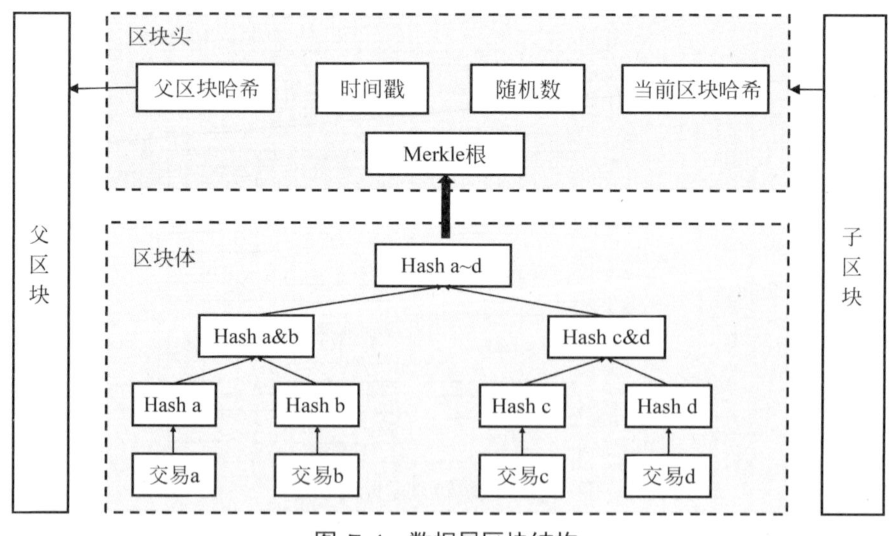

图 7-4　数据层区块结构

7.2.2　区块链赋能无人系统

如图7-5所示，区块链技术在无人系统中的应用赋能贯穿智能感知、自主决策、网络通信和应用服务等多个层级，其中包括可追溯防篡改、数字身份防伪及分布式共识与决策。

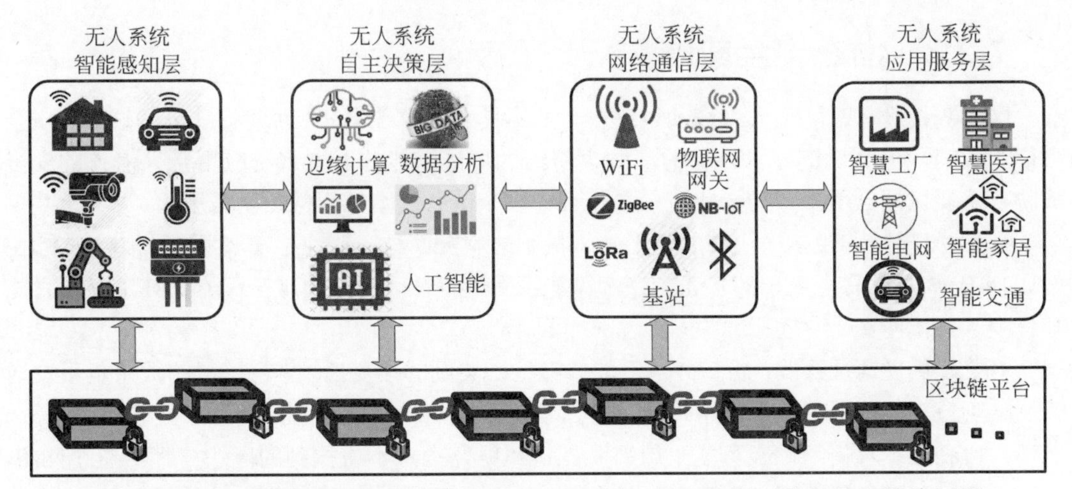

图 7-5　区块链赋能无人系统的智能感知、自主决策、网络通信和应用服务等多个层级

1. 可追溯防篡改

- 数据不可篡改：区块链通过使用去中心化、分布式的账本技术，确保了数据的不可篡改性。每个数据块都包含前一块的哈希值，形成一个链条，一旦数据被写入，就难以修改，这对于无人系统中的传感器和设备数据至关重要，确保数据的完整性和可信度。
- 完整的数据追溯：区块链上的数据具有时间戳和全局唯一标识符，使得无人系统中的各种事件和操作都能够被完整追溯，这对于排查问题、进行事故分析及满足法规要求非常重要。

2. 数字身份防伪

- 唯一身份标识：区块链可以为无人系统中的设备和实体提供唯一的身份标识，确保每个实体都有一个独特的数字身份，这可以通过在区块链上注册和验证身份信息来实现。
- 身份防伪与溯源：利用区块链的不可篡改性和透明性，可以在区块链上记录和验证数字身份的信息，防止身份被伪造，同时，溯源机制可以确保每个数字身份的历史记录可被追溯。
- 身份认证：区块链可用于构建安全的身份认证系统，通过数字身份和密码学，可以实现无人系统中设备和实体之间的安全通信和认证。

3. 分布式共识与决策

- 分布式共识：区块链采用分布式共识算法，如 PoW 和 PoS，确保网络中的节点就交易和区块的有效性达成一致，这保证了无人系统中数据的一致性和可靠性。
- 智能合约的自动化决策：区块链上的智能合约可以用于自动执行特定条件下的决策，在无人系统中，其涵盖从资源分配到任务执行等各方面的决策。
- 去中心化自治：区块链技术为无人系统提供了一种去中心化的治理模式，决策可以通过智能合约实现，而无须中心化的管理机构，增加了系统的灵活性和鲁棒性。

区块链技术通过提供不可篡改的数据记录、数字身份防伪和分布式共识与决策等特性，为无人系统带来了更高的可信度、透明度和安全性，使得无人系统在智能城市、物联网、智能交通等各个领域，都能够更好地发挥其功能和潜力。

7.2.3 潜在安全威胁

区块链技术在赋能无人系统的过程中，虽然具有去中心化、不可篡改、公开透明、安全可信等优势，但区块链技术自身的漏洞也将给区块链赋能的无人系统应用带来潜在的安全威胁，主要包括应用服务安全威胁、系统设计安全威胁及基础服务安全威胁。

（1）共识安全威胁。区块链的常用共识机制的安全性与一致性存在漏洞，易被攻击利用，例如PoW算法容易遭受51%攻击，PoS算法没有最终性且容易出现分叉，PBFT算法只能容忍少于1/3的节点作恶。

- 奖励接受地址篡改：恶意矿工可能修改挖矿奖励的接受地址，将挖得的数字货币发送到自己的地址而非合法用户的地址，该攻击可能导致用户的数字资产被盗取。
- 自私挖矿攻击：矿工可能采用自私挖矿策略，故意不将挖到的区块广播给整个网络，而是私自尝试挖下一个区块。若成功，矿工会得到额外的奖励，但这违背了区块链的共识机制。
- 算力伪造攻击：恶意矿工可能伪造计算结果，虚报挖矿的算力，这可能导致系统的不公平性，因为矿工获取奖励的比例是根据算力分配的。
- 零日（0-day）漏洞攻击：矿工可能利用区块链节点软件的未公开漏洞进行攻击，以获取不当利益或破坏网络正常运行。
- 弱口令攻击：部分矿工可能未采取足够的安全措施，使用弱密码或默认密码，攻击者可以通过弱口令攻击手段入侵矿工的钱包等。

（2）合约安全威胁。智能合约是自动执行的代码，在区块链中部署便不可修改，漏洞容易被恶意节点反复利用攻击，其安全威胁主要来自三个层面：高级程序语言、虚拟机、区块链账本。

- 高级程序语言层面，智能合约面临诸如solidity等高级合约编程语言的安全漏洞或合约逻辑漏洞引发的安全威胁，主要包括变量覆盖、整数溢出、未校验返回值、任意地址写入、拒绝服务等。
- 虚拟机层面，智能合约的安全威胁源自智能合约运行机制例如以太坊虚拟机（Ethereum Virtual Machine，EVM）设计缺陷及不同的区块链客户端在实现虚拟机过程中出现的漏洞，主要包括重入攻击、短地址攻击等。
- 区块链账本层面，智能合约的安全威胁源自于区块链分布式系统自身的安全设计缺陷，主要包括时间戳依赖、矿工条件竞争等。

（3）应用服务安全威胁。

- 密码学安全：区块链中使用的密码学算法，如哈希函数和签名算法，可能受到后门攻击、碰撞攻击等威胁，密码学算法和协议的破解可能导致私钥泄露和信息篡改[148]。
- 网络层安全：区块链中执行网络攻击手段成本低且隐蔽、节点加入退出缺乏验证及监控，导致区块链易受到日食攻击和分布式拒绝服务攻击的威胁。日食攻击通过控制节点的连接来隔离节点，而分布式拒绝服务攻击可能使网络不可用。
- 存储层安全：数据上链缺乏安全审核，同时链上交易都是公开透明的，隐私数据缺乏有效保护，导致区块链数据存储可能面临隐私攻击和投毒攻击。隐私攻击可能通过分析区块链数据揭示用户身份，而投毒攻击可能在区块链中插入恶意数据，破坏系统的可靠性。

- 钱包安全威胁：① 私钥泄露。钱包的私钥是管理无人系统数字身份的关键，一旦私钥泄露，攻击者可以控制相应地址的无人系统身份。② 恶意软件威胁。无人系统边缘端设备可能被感染恶意软件，该软件可监视无人系统的操作，窃取钱包私钥或劫持交易。

7.3 无人系统与数字孪生

数字孪生技术（Digital Twin，DT）或网络孪生技术（Cyber Twin），作为构建未来智慧城市和元宇宙的关键技术，已在工业界和学术界引发广泛关注。数字孪生指通过计算机程序或软件模型将一个实体、系统、过程或抽象概念在现实世界中的虚拟映射实例化，并使其能够与物理对应物进行交互和同步[149]。数字孪生技术可以赋能各种无人系统智能服务，诸如预防性维护、汽车事故避免、智能海上运输等。据Research&Markets预测[150]，到2027年，全球数字孪生市场预计将达到735亿美元，2022—2027年的复合年增长率达60.6%。

随着我国新型基础设施的广泛部署，数十亿物理实体（Physical Entity，PE）可以通过数字孪生技术被表征为数字孪生体，并通过各种异构网络进行连接。物理世界中海量的物理实体通过其数字孪生进行通信、互动和协作，催生了数字孪生网络，如图7-6所示。该网络是一个信息共享的网络，拥有大量互联的物理实体及其虚拟孪生体，数字孪生体通过孪生体内部语义通信与其物理实体进行数据同步；云/边缘服务器上的数字孪生体通过孪生体间语义通信实现信息和知识的共享。它们可以自由地交换信息，实时同步状态，并协同执行任务。

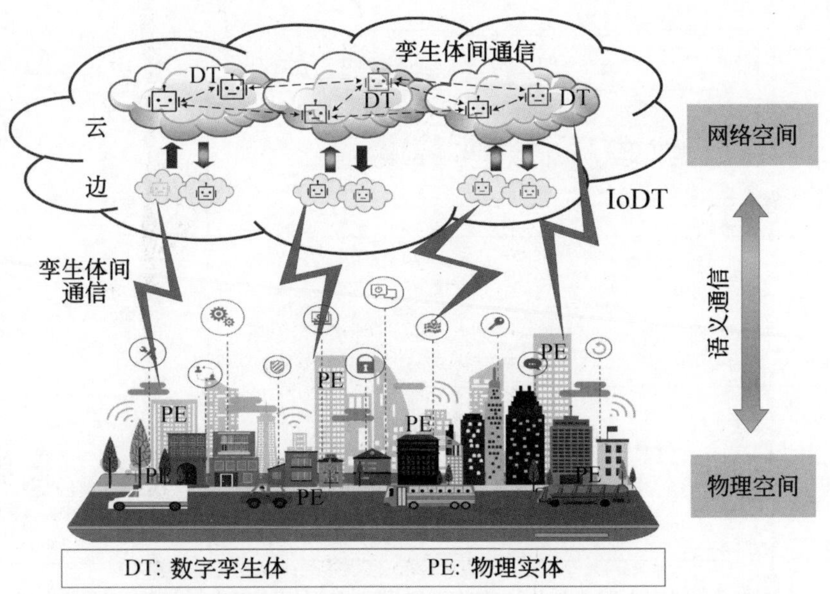

图 7-6 数字孪生网络（Internet of Digital Twins, IoDT）概览

7.3.1 数字孪生网络及其支撑技术

如图7-7所示，构建数字孪生网络涉及三个核心要素：物理空间中的物理实体、网络空间中的数字孪生体及连接网络与物理世界数字孪生引擎。

（1）物理实体：在物理空间中，物理实体主要可以分为感知实体、控制实体、混合型实体和基础设施实体四类。感知实体诸如物联网传感器、智能手表等负责实时收集环境数据；控制实体则执行网络层反馈的决策指令或动作；混合型实体同时具备感知和控制的功能；基础设施实体则提供电力供应、通信能力及计算资源。

（2）数字孪生体：作为物理实体在网络空间的虚拟表示，数字孪生体通过软件实例化，并能与其物理实体实时互动和同步。它们常部署于云服务器或边缘服务器，用于与其物理实体间建立同步的私有数据传输链接。数字孪生体不仅即时反映物理实体状态，还能基于预测性分析为物理实体提供智能决策支持，实现3D模拟和预防性维护等服务。诸如位于云端的车辆数字孪生体可以学习该车辆用户的个性化偏好信息，并结合周围车辆所广播的速度、方向等行驶信息、区域交通信息和天气条件等准确提前规划驾驶轨迹。

（3）数字孪生网络：数字孪生网络是一个由多个相互连接的子网络组成的协作式信息共享网络。其中，数十亿互联的数字孪生体可以自由共享信息，与其物理对象动态同步其物理属性和状态，并协作完成各种任务。例如，两辆相隔很远的网联汽车可以通过其数字孪生体在云端交换其感知的路况交通信息，突破现实世界中的远距离通信障碍，实现高效数据通信。

（4）数字孪生引擎：作为连接物理实体与其数字孪生体的桥梁，数字孪生引擎负责孪生体创建、维护和更新。该引擎可以单独或协同部署在数字孪生体端、物理实体端及网络/计算基础设施端，依据特定需求而定。它依托于物联网、人工智能、语义通信和区块链等多种新兴技术。

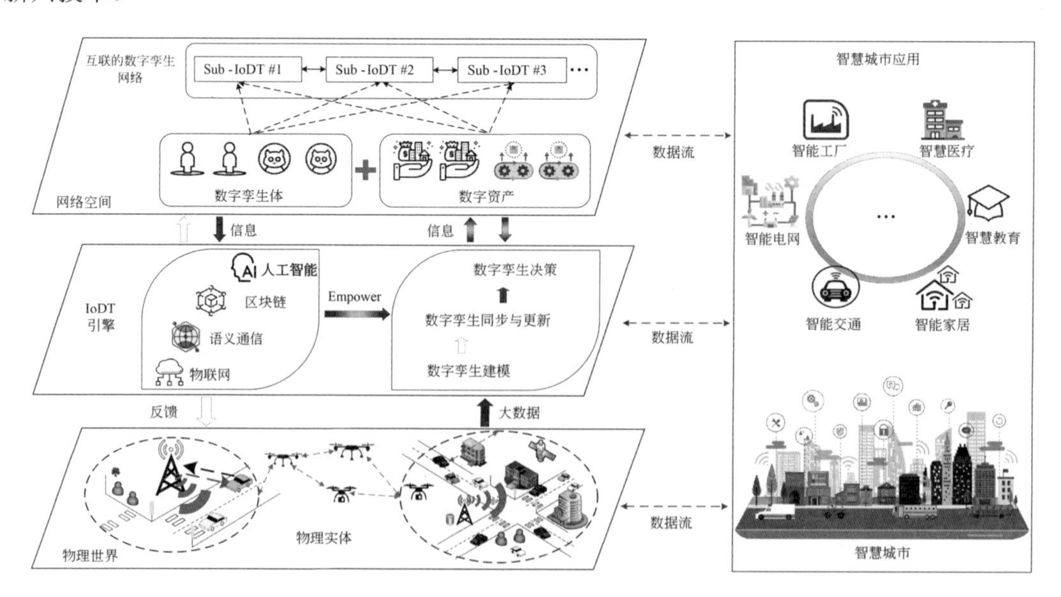

图 7-7 数字孪生网络架构：将物理和网络空间相连接来赋能智能城市应用

7.3.2 数字孪生网络通信模式

数字孪生网络中存在两种关键的通信模式：一种是用于实现物理实体与其数字孪生体之间数据同步的孪生体内通信；另一种是用于促进数字孪生体之间协调与合作的孪生体间通信[149]。

（1）孪生体内通信：孪生体内通信负责构建物理实体与其数字孪生体之间的专用数据流连接。该过程中，数字孪生体通过实时处理物理实体的原始数据来进行同步，同时物理实体也依据数字孪生体提供的反馈和智能决策进行自我优化。诸如在IEEE 1451智能传感器数字孪生体系中[151]，一个IEEE 1451智能传感器的孪生体能够利用孪生体内通信智能模拟其物理实体的行为和可能出现的故障模式。孪生体内通信具有双向性，并在不同应用下具有差异化的同步需求。双向性意味着物理实体及其数字孪生体之间存在着双向的互动。此外，不同无人系统服务具有实时（约毫秒级）、近实时（约秒级）及容忍延迟（约分钟级）等多样化同步需求。

（2）孪生体间通信：在虚拟空间中，数字孪生体能够主动根据其物理实体的需求，从其他孪生体处寻找并获取必要信息。孪生体间通信为数字孪生体之间的数据访问和交换提供了平台。得益于孪生体通常部署于云端或边缘服务器等环境，孪生体间通信能够突破物理空间的时空限制，实现地理位置相隔遥远的物理实体之间的便捷数据传输和协作。

7.3.3 数字孪生网络的关键特性

（1）自主智能。数字孪生网络中的数字孪生体能够通过孪生体间通信，不依赖于物理实体的具体操作，能够主动搜寻相关网联孪生体的有价值信息，以进行智能决策。在获得授权后，数字孪生体还能够自主地与其物理实体建立实时同步连接，而无须外来指令。

（2）去中心化架构。数字孪生作为自主的虚拟代理，在孪生体之间的数据传输可以自发进行。此外，面对庞大且异构的孪生节点，中央服务器难以实现高效统一管理。由于孪生体间的数据传输对延迟极为敏感，采用中心化网络管理往往会引入额外的数据传输延迟。因此，数字孪生体之间的数据交换采用P2P方式进行。同时，数字孪生体产生的反馈信息可以通过孪生体内通信直接转发给相应的物理实体。

（3）信息中心式路由。数字孪生网络更注重如何快速从相关孪生节点中检索到有用信息，而非专注于从特定数据源获取数据。不同于传统基于IP的互联网路由模式，数字孪生网络基于诸如发布/订阅（publish/subscribe）和命名数据网络（Named Data Networking，NDN）等信息中心式路由模式，从而实现在大规模网络中基于内容的快速检索。该模式下，数字孪生体可以发出兴趣消息请求内容，而拥有所需内容的孪生体将回应并提供给请求者，有效减少内容检索的延迟和网络负载。

- NDN模式：NDN模式广泛采用了层次命名策略，其中用户可以通过命名信息发送兴趣包以请求所需内容。每个NDN路由器通过维护一个内容存储（Content Store，CS）、一个待处理兴趣表（Pending Interest Table，PIT）和一个转发信息库（Forwarding Information Base，FIB）[152]来处理这些请求，从而有效地返回匹配的内容。一旦转发路由器收到请求，它将使用内容名称搜索其CS，并在CS匹配成功时返回所请求的内容。当所需内容在其CS中不可用时，路由器检查其PIT以查看是否有该内容请求的先前条目。若PIT匹配成功，则相应条目被添加到其PIT中；若没有PIT匹配，将创建一个新的PIT条目，并且该请求将被转发。最终，内容通过请求的逆路径返回给请求者。

- 发布/订阅模式[153]：此模式支持基于主题或内容的消息发布和订阅，使得发布者和订阅者能够高效地交换信息，优化了信息传递的效率和精确度。在基于主题的发布/订阅系统中，消息按照主题或特定的命名通道进行发布，由发布者确定消息的分类，以便订阅者按类别接收信息，订阅了特定主题的用户将接收到发布于该主题上的所有消息。而在基于内容的发布/订阅系统中，订阅者根据自己的兴趣点设置消息接收条件，仅当消息内容或属性符合这些预设条件时，相应的消息才会被送达订阅者。

（4）语义通信。在数字孪生网络中，物理实体与数字孪生体之间及孪生体相互之间需要频繁进行数据同步交互和密集的数据交换，提出了低延迟和低开销的通信需求。语义通信作为对传统香农通信范式的一大突破，通过提供超低延迟的语义传输来支持孪生体间和孪生体内的通信，语义通信专注于传输对完成特定任务有意义的数据。此外，发送方和接收方通过知识库匹配，确保发送的语义信息可以被接收方成功解读。表7-1总结了数字孪生网络中孪生体内语义通信和孪生体间语义通信的比较。

表 7-1　数字孪生网络中孪生体内和孪生体间语义通信

	孪生体内通信	孪生体间通信
实体	PE⟷DT	DT⟷DT
支持语义通信	✓	✓
连接类型	一对一连接	多主体连接
交互方式	双向交互	双向交互
数据类型	多模态	多模态
传输信道	无线/有线信道	稳定有线信道
知识库	全同步	公共及私有
主要目的	孪生体构建	孪生体协同

- 孪生体内语义通信：为了确保语义通信的高效性，发送方和接收方需要共享相同或相似的背景知识。这种共享的语义知识库使得物理实体与其数字孪生体之间能够通过孪生体内通信实现实时且高效的同步。借助语义知识库及深度神经网络，语义编码器负责从源信息中提取与任务直接相关的信息，提升通信效率，同时过滤并压缩与任务无关的信息以减少通信带宽消耗。为了应对无线信道中的各种干扰，经过信道编码器处理的语义信号能够增强系统的鲁棒性，在共享知识库的协助下，接收器能够有效地从传输信号中重构出语义信息。
- 孪生体间语义通信：对于需要多个孪生体合作完成的复杂任务（诸如交通流分析和路径规划），每个孪生体可以利用自身及共享的信息实现精准的语义重构。该过程中，共享的语义知识库中储存了众多孪生体共同认可和理解的知识，而每个孪生体也会更新自身的私有知识库，或仅与特定孪生体分享其知识库。在孪生体间进行语义传输前，每个孪生体会依据知识库进行语义及信道编码，以确保源数据的语义表示更为精确。随后，任务相关的语义信息通过稳定的网络信道发送给接收器，以便进行有效的语义恢复。

7.3.4 数字孪生赋能无人系统

数字孪生技术通过创建大规模物理实体的高保真虚拟孪生体来精确模拟、预测和优化无人系统服务中的操作，使得无人系统能够更好地适应复杂多变的现实环境，并为用户提供更加智能、高效和安全的服务。接下来，将深入探讨数字孪生技术在无人系统服务中的应用。

（1）无人系统仿真与测试。在无人系统的开发设计阶段，数字孪生技术能够创造系统的精确虚拟模型，使工程师能在多种虚拟环境和条件下进行系统性能测试，免去了构建昂贵实体原型的需求。例如，无人驾驶汽车的数字孪生模型能在虚拟环境中模拟复杂交通状况和极端天气条件，评估汽车反应和安全性。这不仅大幅降低了设计和测试成本，缩短产品开发周期，还能在产品投入市场前发现并解决潜在问题。此外，数字孪生技术通过模拟不同的设计方案，有助于寻找最优设计参数，提升系统性能和降低能耗。

（2）无人系统维护与故障预测。在无人系统运行阶段，数字孪生技术能够通过收集和分析来自无人系统的实时数据，预测系统性能和维护需求，实现预测性维护，减少意外停机并延长服务寿命。例如，对于无人飞行器，其数字孪生体能实时监控飞行器状态，预测关键部件磨损并提前安排维护，从而避免在关键任务中发生故障。数字孪生还能协调多个无人系统的操作，如无人机群的协同监控，通过优化整体任务分配和资源利用，提高任务执行效率。

（3）无人系统服务与能效优化。数字孪生技术通过实时模拟无人系统操作，分析无人系统在不同条件下的表现，提供对系统性能的深入洞察，从而提供操作优化建议，提高效率与生产力。此外，数字孪生技术通过模拟和分析系统操作过程中的能源消耗，有助于提升无人系统能源效率和减少环境影响。如图7-8所示，在无人智能交通系统中，可以通过数字孪生技术构建空天地一体化的智能交通流量模型，从而优化无人机和无人车的物流配送路线规划和载荷配置，减少能耗和运输时间，减少能耗和碳排放，同时提高系统吞吐量。

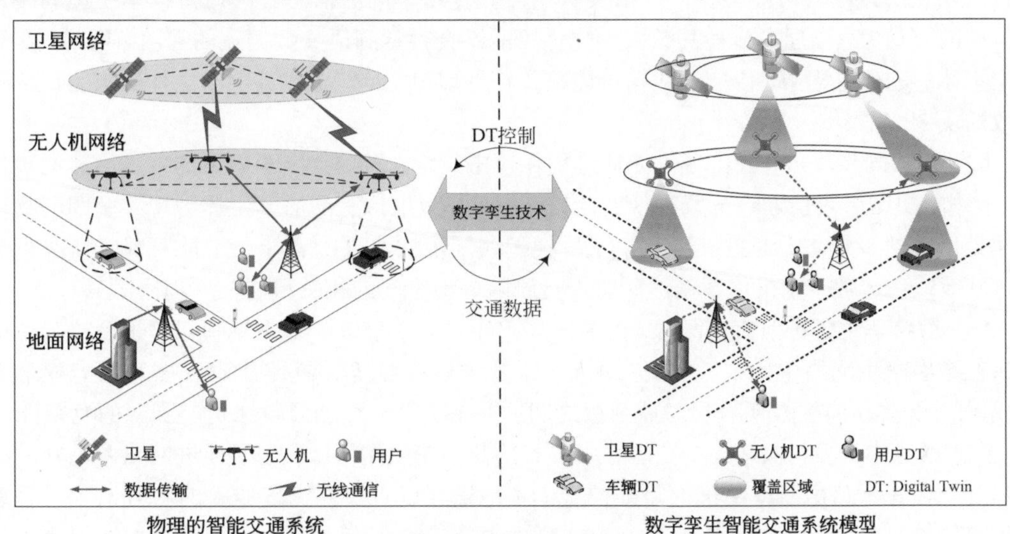

图 7-8 区块链赋能智能交通系统的示意图

（4）无人系统安全性能增强。安全性对无人系统服务至关重要，数字孪生技术提供了一种有效的安全测试和风险评估工具，可在虚拟环境中模拟潜在威胁，帮助识别和修复无人系统中的安全漏洞。同时，数字孪生可以用于对无人系统进行复杂的安全分析和测试，诸如无人驾驶汽车的碰撞测试。

（5）无人系统定制服务与用户体验增强。数字孪生体可以部署在云端或边缘服务器，用来模拟和优化用户与无人系统的互动体验，为服务定制和用户体验增强提供了新思路。通过分析用户与无人系统的互动数据，数字孪生体可以根据用户的具体需求和偏好提供个性化的无人服务解决方案，进而优化系统设计和服务流程，例如根据用户历史行为数据优化智能家居的个性化服务。此外，通过创建无人系统的虚拟副本，用户能在虚拟环境中体验服务并提供反馈，以进一步改进用户体验。

总之，数字孪生技术在无人系统服务中的应用是多方面的，涵盖了从设计阶段到运营、维护及最终用户体验的各方面。数字孪生技术在无人系统服务中的应用展现了其在提高设计效率、优化操作、增强安全性、降低维护成本及提升用户体验方面的巨大潜力。

7.3.5 潜在安全威胁

数字孪生技术在无人系统领域带来了革命性的进步，显著提升了系统的效率、性能和用户体验。然而，它也引入了新的潜在安全风险，包括数据篡改、解除同步攻击、所有权问题及缓存污染攻击等。这些安全挑战不仅对数字孪生服务的安全性和用户隐私构成威胁，还可能通过数字孪生体对实体物理系统造成损害，如损坏工业控制系统或泄露机密信息。因此，随着数字孪生技术在无人系统领域的广泛应用，加强其安全防护措施变得尤为重要。这需要在技术、管理和法律层面采取综合措施，确保无人系统的安全运行和数据的安全保护。

（1）数据篡改攻击。在数字孪生服务的全生命周期中，语义数据流和交换的信息可能遭受伪造、修改、替换或删除等攻击。此外，鉴于语义数据的解码依赖于接收方的知识库，不同背景知识的接收者可能会从同一语义数据流恢复出不同的信息。因此，在孪生体间或孪生体内的交互中，物理实体和其数字孪生体可能不会察觉到语义数据流的篡改。同时，在数字孪生体的创建过程中，伪造的数据可能被传输到虚拟空间，导致数字孪生体做出错误或不一致的反应。

（2）解除同步攻击。攻击者可能通过优化攻击策略，影响数字孪生体的保真度和同步精度。例如，攻击者可能通过配置错误的监控任务，导致虚拟空间的孪生体与现实空间的物理实体处于非同步状态。通过破坏数字孪生模型的同步性，攻击者能在不被发现的情况下篡改、修改或伪造数字孪生体数据，同时通过删除虚拟空间的相关日志文件以隐匿其行踪。

（3）数字孪生资产所有权溯源。与物理资产不同，数字资产易于复制和跨平台传输使得难以在数字孪生网络中确定数字资产所有权。此外，数字孪生网络中存在多种所有权形式（如单独或集体所有）及所有权与使用权之间的复杂关系，增加了数字资产溯源的复杂性。

（4）缓存中毒及污染攻击。在信息中心式的数字孪生网络中，为了促进网络内内容的缓存和复制，每个路由器或主机都需维护一个本地缓存以查找并响应传入的内容请求。恶意实体可能操纵路由节点的本地缓存，决定哪些内容应被缓存。攻击者通过向本地缓存注入恶意或不流行的内容来发动缓存中毒攻击，或者通过破坏缓存的局部性来发动缓存污染攻击[152]。这类攻击的一种简单实施方式是通过频繁请求不流行的内容来改变缓存内容的流行度分布，使得不流行或无效的内容得以被缓存。

（5）信息物理融合式安全威胁。面向无人系统的数字孪生服务中，信息物理融合安全威胁是一种新型安全挑战，它体现了虚拟世界（即数字孪生体）与现实世界（即物理系统）之间相互依赖的复杂性。这类安全威胁不仅关乎数据的安全和隐私，还直接影响物理系统的安全性和可靠性。具体包括如下几类形式。

- 数据篡改和系统损害：在数字孪生环境中，攻击者可能通过篡改数字孪生体的数据来影响物理系统的决策和行为。例如，通过修改无人驾驶车辆的数字孪生体中的传感器参数数据，攻击者可能导致真实车辆作出不安全的驾驶决策，甚至发生事故，该篡改行为不仅损害了数据的完整性，还可能对人身安全造成威胁。
- 非法访问和信息窃取：数字孪生体作为物理系统的完整映射，包含了大量的敏感信息和关键配置。攻击者通过非法访问数字孪生体，可以获取物理系统的详细配置信息，从而设计出更为精确的攻击策略，进而损害物理系统或窃取关键信息资产。
- 反馈篡改和物理故障：数字孪生体与物理系统之间的实时数据交换和反馈机制，是保证系统响应和调整的关键。攻击者通过篡改这些反馈信息，可能导致物理系统作出错误反应，如关闭安全系统、改变生产线参数等，造成物理设备故障或生产安全事故。
- 网络基础设施攻击：由于数字孪生服务高度依赖于网络基础设施，如云计算和边缘计算节点，针对这些基础设施的攻击可能导致整个数字孪生服务的瘫痪。例如，分布式拒绝服务攻击可能使数字孪生无法及时更新物理系统状态，从而影响数字孪生服务的正常运行。

面对这些信息物理融合式安全威胁，需要采取综合性的安全策略来保障数字孪生服务的安全，这包括但不限于：① 强化数据安全。加密传输数据，确保数据在存储和传输过程中的安全。② 访问控制。严格的访问控制和身份验证机制，确保只有授权用户才能访问数字孪生数据和服务。③ 实时监控和异常检测。通过部署先进的态势感知和异常检测系统，实时监控数字孪生服务的运行状态，及时发现并响应安全威胁。④ 物理系统保护。除了信息层面的安全防护外，还需要在物理系统层面采取措施，如冗余设计、故障安全操作等，以减轻潜在攻击的影响。

7.4 无人系统与大模型

2022年11月，OpenAI发布了ChatGPT，这是一个多功能的语言大模型，可以生成代码、编写故事、进行机器翻译、进行语义分析等。截至2023年1月，ChatGPT的日活用户达1300万。ChatGPT是生成式预训练大模型（Generative Pre-training Transformer，GPT）的一个变体，是一种基于Transformer的大语言模型（Large Language Model，LLM），可以理解人类语言并创建故事和文章等人类可读的文本。随着ChatGPT及其后续版本GPT-4等大模型的出现，人工智能生成式内容（AI-Generated Content，AIGC）能够高效准确地执行复杂的多模态任务，成为了大模型领域的核心应用。当前大模型与AIGC技术引起了世界范围内的广泛关注，包括OpenAI、谷歌、微软、NVIDIA和百度等科技巨头已经宣布进军大模型，并开发了各自的大模型服务与AIGC产品。

大模型技术可以显著提升无人系统在各个领域的性能和应用范围，使其在工业自动化、交通运输、安全监控等多个领域发挥着越来越重要的作用。首先，大模型能够对无人系统产生的海量数据进行有效处理和分析，帮助无人系统在复杂环境中做出快速准确的规划，优化能源管理，提高能源效率，延长作业时间。其次，大模型可以通过模拟和预测，提高无人系统的安全性和可靠性。诸如在无人驾驶领域，通过AIGC技术，大模型可以生成大量模拟场景数据来模拟各类道路条件和交通情况，以测试和验证无人系统的性能。最后，大模型还能促进无人系统在与人类用户或其他系统的交互和协作中变得更为智能和高效，诸如通过自然语言处理技术，无人系统可以理解并响应人类的指令，或者与其他无人系统协同作业。

7.4.1 大模型的发展脉络

图7-9展示了现有代表性大模型与AIGC间的关系。大模型AIGC技术旨在根据用户输入或需求，以更快的速度和更低的成本，协助或替代人类创建丰富、个性化、高质量的内容，包括诗歌、音乐、艺术图、动漫、增强型训练样本及3D互动内容（如虚拟化身、资产和环境）[154]。作为专业生成式内容（Professional Generated Content，PGC）和用户生成式内容（User Generated Content，UGC）等传统内容生成范式的补充与扩展，AIGC范式具有广泛的应用前景，能够低成本、高效率地自动生成大量高质量内容，这对元宇宙等众多新兴应用领域具有重要意义。诸如在交互式元宇宙游戏Roblox中，AIGC可以为avatar生成个性化的皮肤和3D游戏场景，提升用户在虚拟空间中游戏、合作和社交的沉浸感和真实感。根据Gartner预测[155]，到2025年全球约10%的数据将由生成型人工智能算法生成。AIGC及其背后的大模型技术的发展脉络主要分为以下三个阶段。

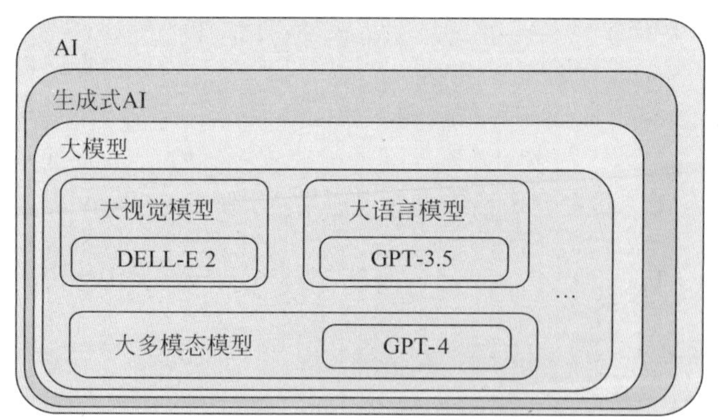

图 7-9 现有代表性大模型与AIGC间的关系

生成式AI算法是一类能够通过学习训练数据中的底层模式，创造出各种形式的新内容（例如，图片、文本和音乐）的AI算法。AIGC不仅包括生成式AI算法，还包括诸如自然语言处理和计算机视觉等其他AI技术。大模型指的是任何具有大量参数的神经网络架构，例如大视觉模型、大语言模型和大型多模态模型

（1）萌芽阶段（20世纪50年代中期前）：1957年，希勒和艾萨克森发明了第一部计算机合成音乐Iliac Suite2。尽管早期取得了成功，但由于成本高和商业化困难，AIGC在20世纪并没有取得进一步进展。随着深度学习的成功和算力的快速增长，学术和工业界重燃对于AIGC的热情，2007年，第一部由AI创作的小说《在路上》发布。2012年，微软推出了一个基于深度神经网络的全自动同声传译系统，用于从汉语到英语的自动语音识别和翻译。

（2）发展阶段（2010年中期至2022年）：在此阶段，生成式AI算法出现并迅速发展，为大型模型训练奠定了基础。2014年，Goodfellow等提出了生成式对抗网络（Generative Adversarial Network，GAN）从现有数据生成图像。2017年，微软的AI机器人小冰创作了世界首本AI诗集《阳光丧失了玻璃窗》。2017年，Vaswani等提出了Transformer模型，用于具有并行训练能力的NLP任务。2019年，DeepMind发布了DVD-GAN模型，能够生成连续视频。2021年，OpenAI推出了DALL-E，支持从文本生成图像。

（3）蓬勃发展阶段（2022年至今）：在此阶段，预训练AI大模型的出现，使得AIGC的能力得到极大增强，使其可以在大规模应用中实际应用。诸如在2022年，OpenAI推出了ChatGPT作为基于生成式预训练Transformer的通用语言模型，它能够执行生成营销文案等各类复杂任务。2023年多模态版本GPT-4的发布进一步扩展了大模型的能力，其他值得注意的大模型包括PaLM 2（34B）、StableLM（175B）、LLaMa（65B）、ERNIE-ViLG（10B）、Imagen、DALL-E 2等。随着AI大模型技术的不断发展，预计未来几年大模型和AIGC技术将被更广泛地应用于各类场景。

7.4.2 大模型服务架构

如图7-10所示，大模型服务架构涉及以下三个层级：基础层、引擎层及服务层[154]。

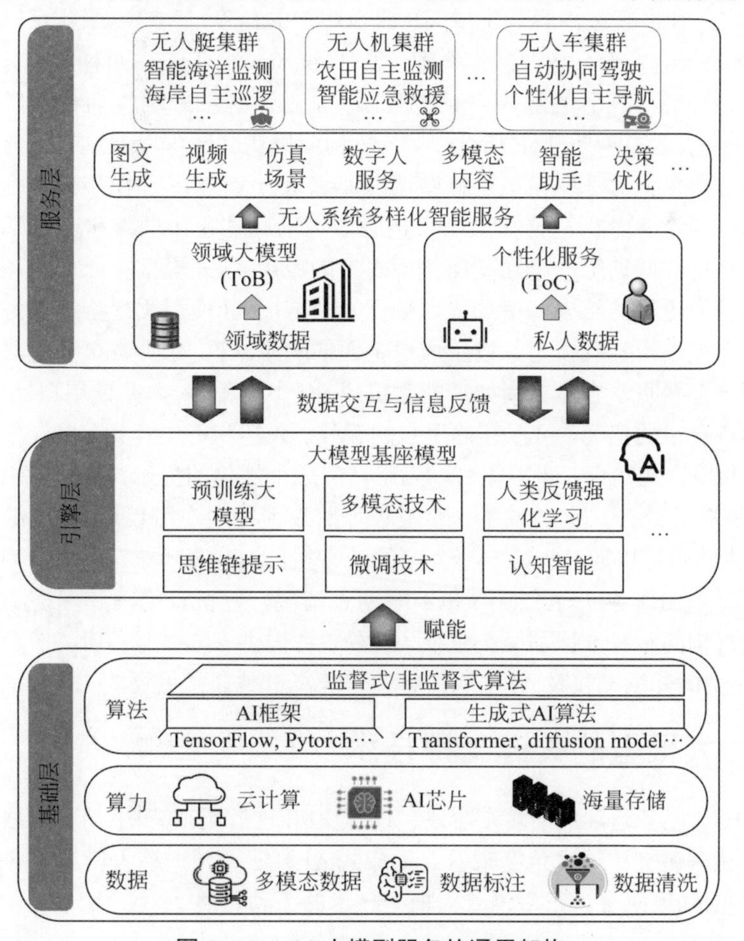

图 7-10 AI大模型服务的通用架构

- 基础层。随着AI大模型的规模不断扩大，亟须更多的算力、更强大的AI算法和海量的训练数据，诸如GPT-3具有1750B参数。对于 ChatGPT，大算力、大数据及大模型的组合充分释放了其强大潜能，可以学习用户提供的多模态提示并生成高质量内容。AI算法包括AI框架（如TensorFlow、Pytorch和Keras）、监督/无监督学习算法和生成式AI模型（如Transformer和Diffusion模型），云服务器具有强大的GPU、TPU 和AI芯片及海量的存储，可有效训练基座AIGC模型，其中涉及的训练数据可以是注释数据或来自互联网的非结构化、多模态数据。
- 引擎层。诸如GPT-4等多模态基座模型预先训练了大量的多模态数据，可以执行各种任务，而无须进行任务特定的微调。此外，多模态基座模型将诸如思维链（Chain-of-Thought，CoT）提示、人类反馈强化学习（Reinforcement Learning from Human Feedback，RLHF）和多模态技术等各种底层支撑技术集成到训练和优化基座模型中。多模态基座模型作为AIGC服务的引擎，为上层AIGC服务提供了不断增强的实时学习能力。此外，多模态基座模型可从更多的私有数据（如用户输入和历史对话）及数十亿用户的实时反馈和密集交互中持续学习并更新知识，因此它可不断实现性能优化与自我知识进化。
- 服务层。从服务能力的角度，AIGC服务包括文本、音频、图像、视频、代码、3D 内容、数字人和多模态内容的生成。从终端用户的角度，AIGC 服务可以分为面向业务（To Business，ToB）和面向消费者（To Customer，ToC）两种类型。虽然基座模型提供了一种通用任务的解决方案，但它可能在某些细分场景的特定任务上表现不如专用AI模型。① 对于ToB情况，一个机构或机构联盟可以通过在包含标注业务数据的较小数据集上对基座模型进行微调，训练出一个专用AI模型来执行特定任务，如医疗诊断或财务分析。诸如一个机构联盟可以通过联邦学习和迁移学习技术使用本地业务数据共同训练一个在基座模型之上的专用AI大模型。此外，还可以结合两种方法以获得更好的结果。诸如可以使用一个专用AI模型执行特定任务，并将其输出作为输入提供给基础模型，以生成更全面的响应。② 对于ToC情况，每个用户都可以定制一个网络孪生体（诸如智能手机或PC中的程序），并使用自然语言与之交流。孪生体有自己的记忆，可以存储用户的偏好、兴趣和历史行为，以及任务特定的专业知识。利用这些知识，孪生体可以为用户生成个性化的提示，从而提供高效和定制的AIGC服务。此外，它实现了一个反馈环路，使得用户可以对AI提供的建议进行评价，孪生体也可以通过构建一个互联的网络并自由分享所学习的知识和技能，来协同完成更复杂的任务。对于ToB和ToC两种情况，以符合伦理和保护隐私的方式处理个人和机构的私有数据都至关重要。此外，在提供AIGC服务时，保护基座模型和专用AI模型的知识产权及AI生成内容的来源，也是非常重要的。

7.4.3 大模型的关键支撑技术

大模型AIGC服务通常包括两个阶段：① 提取和理解用户意图；② 根据提取的意图生成所需内容。从关键支撑技术角度来看，生成式AI算法、预训练大模型和多模态技术等多种先进AI技术的深度融合，正引领着大模型技术的蓬勃发展。

（1）生成式AI算法：生成式AI算法是一类从大型数据集中学习模式然后产生新内容的AI算法。随着诸如Transformer和扩散模型等生成式AI算法的迅猛发展，大模型能自学习训练样本中图案和数据，并生成逼真的文本、图片及视频，BERT和ChatGPT等均是基于Transformer的预训练模型。扩散模型（Diffusion Model）是另一种广泛使用的生成式算法，其中稳定扩散模型是一个文本到图像的扩散模型，支持从文本描述中生成照片般逼真的图像。

（2）预训练AI大模型：预训练大模型指具有大量参数的神经网络架构，包括视觉大模型、语言大模型、通用多模态大模型等，能支持更为复杂的任务并提供更佳的表征学习效果。诸如ChatGPT能够学习海量文本数据，以输出对话、故事，甚至诗歌等自然连贯的文本，ChatGPT还整合了CoT提示和RLHF等一系列新技术，来提供更丰富的交互和个性化的体验。

（3）多模态技术：多模态技术赋予预训练AI大模型具备多模态表征能力，有效支撑文本、语言、图像及其他模态的高效融合，从而极大丰富了AI生成式内容的多样性。诸如OpenAI开发的对比语言-图像预训练（Contrastive Language-Image Pre-Training，CLIP）技术能够同时执行自然语言处理的理解和计算机视觉分析，CLIP使用互联网上超过40亿条文本-图像训练数据。有了多模态技术的支持，预训练大模型已从早期的单一自然语言处理或计算机视觉模型发展到了多模态和跨模态的AIGC模型。

7.4.4　人工智能生成式内容的工作模式

在无人系统中，大模型AIGC服务有望完全取代各类简单的和缺乏创造性的工作，并加速人机协作时代的到来。AIGC存在两种主要的内容生成模式：AI辅助式内容生成模式和AI自主式内容生成模式。

（1）AI辅助式内容生成（AI-Assisted Content Creation）。该模式需少量人类干预，即AI算法为内容创造者提供建议或帮助。然后，人类可以根据AI提出的建议编辑和改进内容，以提高最终产品或服务的质量，然而该模式在内容创建上往往速度较慢且成本更高。

（2）AI自主式内容生成（Autonomous Content Creation by AI）。该模式无须人类干预，即AI完全自主独立地创造内容。AI算法能够低成本地快速生成海量内容，其生成式内容质量取决于采用的生成式大模型。

7.4.5　大模型赋能无人系统

基于大模型的能力，AIGC服务具有以下关键特性。

（1）快速、密集和低成本的内容生成：随着AIGC技术的进步，内容生成比以往任何时候都更快速、更高效、更经济。AIGC算法可以比人类更快地筛选信息、发现规律并得出见解，使得组织或个人能够以更快的速度生成内容。AIGC还可以并行实现密集的内容生成，甚至可以同时创建数十或数千个内容，AIGC算法可以分析大型数据集并生成满足特定标准、主题或目标受众的内容。此外，廉价的内容生成也是AIGC的另一优势，它减少了对人力的需求，使得内容生成代理能够全天候不间断工作。

（2）多元化和多模态支持：AIGC中的多模态支持是指AI模型能够处理和生成来自多种模态或来源（如文本、图像、视频和音频）的信息的能力。因此，它不仅可以从多种模态产生多样化的内容，同时也可以通过实现全面的沉浸式体验，推动新型人机交互模式。例如，具有多模态支持的AIGC模型可以通过有效地组合不同的模态来更好地理解所需创建的场景，并生成关联的多模态内容，为多个元宇宙用户提供沉浸式体验。

基于上述特性，大模型在提升无人系统服务效率、增强人机交互体验、提升服务个性化和智能化水平等方面具有重要推动作用，包括且不限于下述应用场景。

（1）自动化内容生成：文本生成方面，通过自动化生成报告、邮件或聊天机器人的回复，减少人工编写内容的需求，提高效率。图像生成方面，通过设计虚拟环境、产品原型、营销材料等，加速创意过程，降低设计成本。音频生成方面，利用大模型制作虚拟语音助手、自动语音回复系统，提供更自然的用户交互体验。视频生成方面，通过自动创建教学视频、宣传视频，个性化内容制作，为用户提供定制化信息。3D内容生成方面，通过在游戏、教育、房地产等领域创建增强现实(Augmented Reality，AR)和虚拟现实(Virtual Reality，VR)体验，提供沉浸式互动。

（2）无人系统操作优化：智能决策支持方面，大模型可以分析复杂数据，为无人驾驶汽车、无人机等提供实时决策支持，增强安全性和效率。路径规划方面，在物流、配送服务中，大模型帮助无人系统优化路线，减少交付时间和成本。维护与监控方面，通过预测分析，大模型能够预测系统故障，安排维护，减少停机时间。

（3）增强人机互动体验：数字人生成方面，通过创建逼真的虚拟代表或助手，提供24/7的客户服务，增加用户满意度。个性化服务方面，基于用户数据和行为，大模型能够提供个性化推荐、定制化咨询等服务，提升用户体验。多语言支持方面，通过自然语言处理和生成技术，无人系统可以跨越语言障碍，服务全球用户。

（4）安全与隐私保护：异常检测方面，通过深度分析和理解海量多源数据，大模型可以智能识别异常行为或潜在威胁，保护系统和用户数据安全。隐私保护方面，通过先进的加密技术和匿名处理，大模型能够在不泄露个人信息的情况下处理敏感数据。

（5）知识获取与管理：知识库构建方面，通过自动化构建和更新庞大的知识库，支持无人系统提供基于知识的查询回答和决策。知识库学习与更新方面，大模型可以从新数据中持续学习，不断优化和调整其性能，以适应环境变化和用户需求。

综上，大模型在无人系统服务中具有多样化潜力，从提高操作效率、增强用户交互到保障安全性，大模型正成为推动无人系统服务创新和发展的关键技术力量。未来，随着技术进步和应用实践的深入，大模型将在无人系统服务中扮演更加重要的角色，推动服务自动化、智能化和个性化的实现。

7.4.6 潜在安全威胁

本节讨论了基于大模型的无人系统应用服务中的新型安全和隐私威胁，并从以下三个方面进行分类：安全威胁、隐私威胁和信任问题。

（1）安全威胁：大模型在数据准备、模型训练和服务部署过程中容易遭受中毒攻击、对抗性攻击、海绵样本、知识产权侵犯、越狱、提示注入等各类安全威胁。

- 中毒攻击：攻击者可能在数据准备过程中将毒化数据插入生成式AI模型的训练数据集中，导致模型性能降低或注入后门[39]。生成式AI模型的性能也可能受到数据污染攻击的影响。例如，通过毒化训练数据集训练的深度生成式模型可能会将红色的交通灯理解为绿色，给交通安全带来严重风险。由于广泛的数据收集，AIGC在实施利用常规数据净化方法以减轻数据中毒效应方面存在效率低下且成本高昂的问题。此外，攻击者可以利用AIGC技术快速生成大量中毒样本，从而极大降低攻击的总体成本并增加了防御难度。

- 对抗样本：对抗样本指的是原始输入数据的扰动或对人类观察者不可感知的输入特征的微小变化，其中这些扰动是攻击者精心制作的，以欺骗AI模型产生错误的输出[21]。生成式AI模型也可能受到对抗样本的影响，攻击者可以将制作的扰动注入模型输入中，以获得有针对性的输出。例如，Kos等[156]验证了对VAEs和VAE-GANs的对抗样本，可以将原始输入转换为完全不同的输出，将不同的面部图像重构为特定的面部图像。此外，对抗样本还可以通过对抗性训练来帮助模型开发人员提高AIGC模型在面对对抗攻击下的鲁棒性。
- 海绵样本：海绵样本是一种针对大模型的新型攻击，类似于传统网络中的DoS攻击。它们通常会导致模型延迟和能源消耗增加，从而导致在训练诸如ChatGPT等大模型的硬件系统中，响应时间和资源消耗的增加，因此AIGC模型的可用性会受到影响。Shumailov等的研究表明，海绵样本可以显著增加微软Azure翻译器的响应时间[157]。
- 数据收集中的知识产权问题：一般来说，生成式AI模型需要丰富的训练数据，而训练数据集可能包含通过网络爬虫等方法获取的未授权数据，从而引发潜在的法律风险和知识产权问题。例如，2022年底的Andersen v. Stability AI等案件中，三位艺术家起诉了多个生成型AI平台，因为他们的原创作品被用于训练AI模型而未经许可，这样的作品许可允许用户生成类似于受保护作品风格的衍生作品。因此，在实际基于大模型的无人系统服务中，需要确保用于AIGC模型训练的数据是由数据生产者或所有者所授权的。
- 生成式AI模型的知识产权问题：由于AIGC模型资产的可复制性，授权实体可以压缩或剪枝有价值的AIGC模型并转售以获利，同时其侵权行为难以被检测。例如，在ToC的AIGC服务中，为开发专用AI模型而发布的基座模型（由其所有者进行训练）可能会被第三方授权机构泄露和转售。此外，有价值的AIGC模型可能会被内部和外部对手盗窃或抄袭。因此，这引发了对AIGC模型产权可追溯的巨大需求，以防止模型盗窃，转售和未授权复制来保护知识产权。模型水印[154]提供了一种具有前景的防御方法，通过嵌入不变的水印作为模型指纹来检测AIGC模型的抄袭和盗窃，并在产权争议时通过验证水印来表明所有权。
- AI生成式内容的知识产权问题：生成式大模型的快速发展带来了AI生成内容的知识产权以及AI生成恶意内容的问责性等新挑战。尽管AIGC模型通常由其创建者拥有所有权，但所生成的内容往往是现有数据与新创意元素的结合，这种界限模糊引发了对由AI生成的内容知识产权归属的担忧。
- 越狱：在部署AIGC模型前，开发人员通常制定严格的规则，以防止生成有害内容或泄漏用户隐私。然而，攻击者可通过精心设计的提示来操纵ChatGPT等基座模型以突破其安全措施，响应非法或有争议的查询，并获得敏感数据的访问权限。Do Anything Now（DAN）攻击[158]是一种利用“角色扮演”来越狱操纵ChatGPT的破解攻击，使ChatGPT相信它正与具有无限能力且可以立即执行任何命令或任务的另一个AI机器人进行通信。这使得DAN攻击者可以未经授权地访问系统并以各种方式操纵ChatGPT的行为，从而对生成式AI模型合法且道德的使用构成重大风险。例如，攻击者可能利用DAN攻击来欺骗ChatGPT透露敏感信息，执行未经授权的命令，甚至接管系统。此外，由于DAN攻击不需要利用软件漏洞来操纵ChatGPT的响应，它更难以防御。

- 提示注入：提示注入攻击[159]是当涉及使用基于提示学习的大模型时的一种新的漏洞。当攻击者将恶意或有偏见的提示注入模型的输入（即训练数据集）时，提示注入便会发生，从而生成符合攻击者目标的响应。该攻击可以用于操纵AIGC模型以产生任何所需的输出，或执行未经授权的操作。例如，对手可能注入提示来欺骗ChatGPT提供不合理的医疗建议或宣传极端主义思想，从而使ChatGPT成为传播错误信息或潜在伤害人民健康的平台。

（2）隐私威胁：大模型在其数据准备、模型训练和服务部署过程中容易遭受隐私泄露、数据窃取及产生隐私获取合规性等隐私威胁。

- 广泛的私有数据收集：大模型和AIGC服务严重依赖于来自各种来源的大规模数据集，包括互联网、第三方数据集和私人用户数据。与传统AI模型相比，大模型训练期间和模型部署后所造成的隐私威胁更加严重。为了生成所需的高质量内容，大模型通常需要用户提供多模态输入（诸如文字、图片和PDF文件），这可能是私有和敏感的。此外，Internet上公开的大量个人数据也被用于大模型训练，这也存在大量的隐私风险。
- 与大模型交互的隐私泄露：在AIGC服务过程中，用户与AI交互时也存在隐私泄露的问题。通常，在ChatGPT等大模型提供ToC服务时，大模型可以从上亿海量用户中收集历史会话和多模态意图进行进一步训练。一方面，利用这些信息，OpenAI可以预测用户的偏好并在与ChatGPT持续交互中生成用户的个人画像，从而可能危及用户隐私。另一方面，用户的输入信息可能涉及商业机密等，造成公司资产损失。例如，在2023年4月，三星公司的员工使用ChatGPT来协助修复源代码时，他们无意中通过向ChatGPT输入了包括新程序的源代码等机密数据，泄露了公司的商业机密。另一个例子是Apple公司已限制部分员工使用ChatGPT。此外，ChatGPT的广泛采用已经催生了利用OpenAI的API的第三方网站或平台的非官方组织或个人。因为这些未经验证的实体通常缺乏可信度并可能会误用用户数据，与他们的互动会增加隐私泄露的风险。
- 大模型记忆中的数据窃取：大模型的训练过程通常需要大量数据，例如GPT-3利用来自各个领域的总共45TB的文本资源。但是，由于大模型的潜在记忆能力，这引发了训练数据中敏感信息（如电子邮件地址、居住地址和电话号码）的严重隐私泄露风险。研究表明，诸如GPT-2和ChatGPT等LLM具有保留模型内机密训练数据的情况，攻击者可以从大模型输出中非法分析和获取这些数据，从而披露用户的私人信息[158]。例如，在2023年3月，部分ChatGPT用户能够查看其他用户对话中的付款信息，包括姓名、电子邮件地址、付款地址、信用卡号的最后四位数字和信用卡过期日期。特别地，由于搜索引擎的支持，诸如New Bing等上层LLM服务在生成内容时可能无意中提取私人搜索数据，使数据窃取活动更为普遍。

- 数据收集的隐私合规性：大模型服务在数据收集中的隐私合规性是另一个重要的隐私问题。考虑到数据收集的广泛规模和多样性是大模型服务的前提，因此必须遵守所在国家或地区的数据保护法律和法规，诸如欧盟自2018年实施的《通用数据保护条例》、美国加州自2020年实施的《加州消费者隐私法案》及我国自2021年实施的《个人信息保护法》。欧盟颁布的AI Act法案还提出了AIGC服务的新规定及开发ChatGPT等基座模型的要求。

（3）信任问题：大模型在其服务部署过程中容易遭受幻觉、虚假内容、欺诈及恶意代码等各类信任问题。

- 大模型生成内容的幻觉：尽管AIGC和大模型技术最近取得了重大进展，但其生产完全公正、准确和可靠的内容的能力仍然有限。例如，ChatGPT可能会生成貌似正确但毫无意义乃至完全错误的回复，这也被称为幻觉（hallucination），从而降低了用户对大模型服务的信任。最近，Stack Overflow暂时禁止使用ChatGPT生成答案，原因是其缺乏准确性和可信度。
- 大模型生成虚假内容：除了产生貌似正确的内容，大模型很可能会被故意使用以制造虚假内容，从而产生更严重的信任问题。例如，恶意用户利用ChatGPT在社交媒体平台上生成大量虚假新闻，使得其真实性难以验证。此外，制造这种虚假内容的成本极其低廉，这可能会进一步增加其检测难度和成本。诸如一名男子因利用ChatGPT制造关于火车事故的虚假新闻而被逮捕，这篇虚构的新闻在20个博客平台上发表，几个小时内便获得了超过1.5万次浏览。
- 冒充威胁：攻击者可以利用社交网络上的照片和视频等公共信息，通过大模型AIGC服务来冒充特定的人并与他人进行互动，从而促进欺诈和身份盗窃等犯罪行为。根据VMware的报告[160]，黑客已经能够将深度伪造技术与现有攻击方法相结合来逃避安全控制措施，从而非法获利。
- 虚假身份威胁：除了身份冒充威胁，攻击者可以利用大模型AIGC服务生成逼真的图像、视频、音频和文本来创建令人高度信服的虚假身份，这使得用户难以辨别他们是在与目标用户互动还是在与聊天机器人互动。虚假身份的存在还可能加剧在线欺诈的风险，导致需要进一步验证接收到的图像和视频的真实性，以确定它们是否由人工智能生成。
- 即时恶意代码生成：AIGC服务既可以帮助用户编程和修复漏洞，同时也可能提高攻击者生成恶意代码等潜在滥用风险。据报道，即使技术较低的黑客也可以绕过OpenAI现有的限制，利用ChatGPT即时制造出恶意代码。

综上，现有的大多数AI安全和隐私威胁在大模型领域仍然存在，甚至可能变得更加严重。例如，攻击者可以利用大模型的能力生成大量中毒或对抗性样本，以增加攻击的影响。由于大模型可以动态地学习用户输入并从训练数据中记忆可能的敏感信息，从而引发新的隐私威胁，如从大模型记忆中盗取数据及在与AI交互期间泄露用户隐私。大模型的快速、密集、低成本和多样化的内容生成等新特征带来了包括产权问题、越狱和提示注入等新型安全威胁。此外，大模型服务可能引发持续的信任危机并大幅降低攻击门槛，特别是涉及接收内容的真实性（诸如接收到的图像和视频是否由AI生成）。因此，在各类无人系统及服务中运用大模型技术之前，亟须识别和解决潜在的大模型安全威胁，以保护无人系统安全。

7.5 本章小结

本章详细讨论了无人系统与语义通信、区块链、数字孪生及大模型等新兴技术的融合。从技术背景、在无人系统中的服务架构、特性、应用领域、面临的安全挑战及未来机遇和趋势等方面进行了全面分析。具体如下。

（1）当前无人系统对通信网络的需求向高吞吐量、低延迟和高可靠性演进，同时需要深入理解和解析系统内复杂指令的深层含义。在此背景下，语义通信作为一种智能化的通信方式，使无人智能体实现“先理解后传输”，显著提高传输效率。同时，利用共享的知识库可有效地指导智能体理解、推理和纠正传输内容。然而，该方式不仅继承了传统通信和人工智能的安全风险，还面临着知识库被投毒、被操控等潜在安全风险。

（2）无人系统不仅需要实现信息可信传输，还要实现价值可信互通。区块链技术以其去中心化、加密和不可篡改的特性，为无人系统提供了一个去中心化的数据/价值可信交换平台。区块链技术可赋能无人系统实现数据的可追溯防篡改、数字身份防伪及分布式共识，提升了无人系统的可信度、透明度和安全性。然而，区块链技术在无人系统中也面临着钱包安全、共识安全、合约安全、密码学安全及存储安全等潜在安全挑战。

（3）通过为大量无人系统物理实体创建其虚拟孪生体，并在云端构建孪生体网络以自由交换信息，数字孪生技术扩展了无人系统协同任务执行的平台和能力。借助语义通信技术，孪生体内通信可实现虚实实体间的数据和状态同步，孪生体间通信可实现孪生体间的高效数据和知识搜索。数字孪生技术在无人系统仿真测试、故障预测、安全增强、用户体验优化等方面具有重要作用，但仍面临解除同步攻击、缓存中毒及信息物理融合式安全威胁等新型安全挑战。

（4）大模型通过其强大的数据表征和模式识别能力，可以显著提升无人系统的智能化水平，使无人系统在决策和自主操作方面更为精确和高效。大模型的关键技术包括生成式 AI 算法、预训练 AI 大模型和多模态技术。然而，面向无人系统的大模型服务容易遭受幻觉、提示注入、海绵样本、知识产权问题等新型威胁，造成决策不可信、产权难追溯等问题。

7.6 习题

1. 解释无人系统中语义通信的作用，并讨论其与数字孪生技术融合时，对提高无人系统智能化水平和效率的潜在影响。

2. 选择一个具体的无人系统应用场景（如无人配送、智能监控或精准农业），描述区块链技术如何增强该场景中的数据安全和操作透明度，并分析其实现的关键挑战和解决方案。

3. 比较语义通信和传统通信在无人系统中的不同作用。请列出至少三方面的比较，并说明语义通信如何更有效地支持无人系统的需求。

4. 基于本章介绍的潜在安全威胁，选择一个威胁（如数据篡改、非授权访问等），描述该威胁对无人系统可能造成的具体危害，并提出相应的防范措施。

5. 结合本章内容，预测未来五年内，大模型技术在无人系统中的应用将如何演变，包括可能出现的新功能、新应用领域及面临的技术挑战。

参考文献

[1] TAN Y, WANG J, LIU J, et al. Unmanned systems security: models, challenges, and future directions[J]. IEEE Network, 2020, 34(4): 291-297.

[2] LIU Y, MA S, AAFER Y, et al. Trojaning attack on neural networks[C]//25th Annual Network and Distributed System Security Symposium, NDSS 2018, San Diego, California, USA, February 18-21. The Internet Society, 2018: 1-15.

[3] CAO Y, WANG N, XIAO C, et al. Invisible for both camera and lidar: security of multi-sensor fusion based perception in autonomous driving under physical-world attacks[C]// 42nd IEEE Symposium on Security and Privacy, SP 2021, San Francisco, CA, USA, 24-27 May 2021. IEEE, 2021: 176-194.

[4] LIAO C, ZHONG H, ZHU S, et al. Server-based manipulation attacks against machine learning models[C]//Proceedings of the Eighth ACM Conference on Data and Application Security and Privacy, CODASPY 2018, Tempe, AZ, USA, March 19-21, 2018. ACM, 2018: 24-34.

[5] GOVIL N, AGRAWAL A, TIPPENHAUER N O. On ladder logic bombs in industrial control systems[C]//Computer Security - ESORICS 2017 International Workshops, CyberICPS 2017 and SECPRE 2017, Oslo, Norway, September 14-15, 2017. Springer, 2017: 110-126.

[6] SHIN H, KIM D, KWON Y, et al. Illusion and dazzle: adversarial optical channel exploits against lidars for automotive applications[C]//Cryptographic Hardware and Embedded Systems - CHES 2017 - 19th International Conference, Taipei, Taiwan, September 25-28, 2017. Springer, 2017: 445-467.

[7] CAO Y, XIAO C, CYR B, et al. Adversarial sensor attack on lidar-based perception in autonomous driving[C]//Proceedings of the 2019 ACM SIGSAC Conference on Computer and Communications Security, CCS 2019, London, UK, November 11-15, 2019. ACM, 2019: 2267-2281.

[8] YAN C, XU W, LIU J. Can you trust autonomous vehicles: contactless attacks against sensors of self-driving vehicle[J]. Def Con, 2016, 24(8): 109.

[9] CHAUHAN R. A platform for false data injection in frequency modulated continuous wave radar[M]. Logan: Utah State University, 2014.

[10] SHOUKRY Y, MARTIN P, YONA Y, et al. Pycra: physical challenge-response authentication for active sensors under spoofing attacks[C]//Proceedings of the 22nd ACM SIGSAC Conference on Computer and Communications Security, Denver, CO, USA, October 12-16, 2015. ACM, 2015: 1004-1015.

[11] PETIT J, STOTTELAAR B, FEIRI M, et al. Remote attacks on automated vehicles sensors: experiments on camera and lidar[J]. Black Hat Europe, 2015, 11(2015): 995.

[12] DAVIDSON D, WU H, JELLINEK R, et al. Controlling UAVs with sensor input spoofing attacks[C]//10th USENIX Workshop on Offensive Technologies, WOOT 16, Austin, TX, USA, August 8-9, 2016. USENIX Association, 2016: 1-11.

[13] DH S Y, ANSARI A. Autonomous vehicles camera blinding attack detection using sequence modelling and predictive analytics[R]. SAE Technical Paper, 2020.

[14] PSIAKI M L, HUMPHREYS T E. Protecting GPS from spoofers is critical to the future of navigation[EB/OL]. (2016-07-29)[2016-07-29]. https://spectrum.ieee.org/gps-spoofing.

[15] SON Y, SHIN H, KIM D, et al. Rocking drones with intentional sound noise on gyroscopic sensors[C]//24th USENIX Security Symposium, USENIX Security 15, Washington, D.C., USA, August 12-14, 2015. USENIX Association, 2015: 881-896.

[16] ROTH G. Simulation of the effects of acoustic noise on mems gyroscopes[D]. Auburn: Auburn University, 2009.

[17] SOOBRAMANEY P. Mitigation of the effects of high levels of high-frequency noise on MEMS gyroscopes[D]. Auburn: Auburn University, 2013.

[18] HOSSEINI H, XIAO B, JAISWAL M, et al. On the limitation of convolutional neural networks in recognizing negative images[C]//16th IEEE International Conference on Machine Learning and Applications, ICMLA 2017, Cancun, Mexico, December 18-21, 2017. IEEE, 2017: 352-358.

[19] GOODFELLOW I J, SHLENS J, SZEGEDY C. Explaining and harnessing adversarial examples[J]. ArXiv preprint arXiv:1412.6572, 2014: 1-11.

[20] KURAKIN A, GOODFELLOW I J, BENGIO S. Adversarial examples in the physical world[C]//5th International Conference on Learning Representations, ICLR 2017, Toulon, France, April 24-26, 2017, Workshop Track Proceedings. OpenReview.net, 2018: 99-112.

[21] MADRY A, MAKELOV A, SCHMIDT L, et al. Towards deep learning models resistant to adversarial attacks[C]//6th International Conference on Learning Representations, ICLR 2018, Vancouver, BC, Canada, April 30 - May 3, 2018, Conference Track Proceedings. OpenReview.net, 2018: 1-23.

[22] MOOSAVI-DEZFOOLI S M, FAWZI A, FROSSARD P. Deepfool: a simple and accurate method to fool deep neural networks[C]//2016 IEEE Conference on Computer Vision and Pattern Recognition, CVPR 2016, Las Vegas, NV, USA, June 27-30, 2016. IEEE Computer Society, 2016: 2574-2582.

[23] SU J, VARGAS D V, SAKURAI K. One pixel attack for fooling deep neural networks[J]. IEEE Transactions on Evolutionary Computation, 2019, 23(5): 828-841.

[24] CARLINI N, WAGNER D. Towards evaluating the robustness of neural networks[C]//2017 IEEE Symposium on Security and Privacy, SP 2017, San Jose, CA, USA, May 22-26, 2017. IEEE Computer Society, 2017: 39-57.

[25] ZHAO Z, DUA D, SINGH S. Generating natural adversarial examples[C]//6th International Conference on Learning Representations, ICLR 2018, Vancouver, BC, Canada, April 30 - May 3, 2018, Conference Track Proceedings. OpenReview.net, 2018: 1-15.

[26] XU H, MA Y, LIU H C, et al. Adversarial attacks and defenses in images, graphs and text: A review[J]. International Journal of Automation and Computing, 2020, 17: 151-178.

[27] PAPERNOT N, MCDANIEL P, WU X, et al. Distillation as a defense to adversarial perturbations against deep neural networks[C]//IEEE Symposium on Security and Privacy, SP 2016, San Jose, CA, USA, May 22-26, 2016. IEEE Computer Society, 2016: 582-597.

[28] BUCKMAN J, ROY A, RAFFEL C, et al. Thermometer encoding: one hot way to resist adversarial examples[C]//6th International Conference on Learning Representations, ICLR 2018, Vancouver, BC, Canada, April 30 - May 3, 2018, Conference Track Proceedings. OpenReview.net, 2018: 1-22.

[29] DHILLON G S, AZIZZADENESHELI K, LIPTON Z C, et al. Stochastic activation pruning for robust adversarial defense[C]//6th International Conference on Learning Representations, ICLR 2018, Vancouver, BC, Canada, April 30 - May 3, 2018, Conference Track Proceedings. OpenReview.net, 2018: 1-22.

[30] SONG Y, KIM T, NOWOZIN S, et al. PixelDefend: leveraging generative models to understand and defend against adversarial examples[C]//6th International Conference on Learning Representations, ICLR 2018, Vancouver, BC, Canada, April 30 - May 3, 2018, Conference Track Proceedings. OpenReview.net, 2018: 1-20.

[31] SAMANGOUEI P, KABKAB M, CHELLAPPA R. Defense-Gan: protecting classifiers against adversarial attacks using generative models[C]//6th International Conference on Learning Representations, ICLR 2018, Vancouver, BC, Canada, April 30 - May 3, 2018, Conference Track Proceedings. OpenReview.net, 2018: 1-17.

[32] SZEGEDY C, ZAREMBA W, SUTSKEVER I, et al. Intriguing properties of neural networks[C]//2nd International Conference on Learning Representations, ICLR 2014, Banff, AB, Canada, April 14-16, 2014, Conference Track Proceedings. OpenReview.net, 2014: 1-10.

[33] GU S, RIGAZIO L. Towards deep neural network architectures robust to adversarial examples[J]. ArXiv preprint arXiv:1412.5068, 2014: 1-9.

[34] GROSSE K, MANOHARAN P, PAPERNOT N, et al. On the (statistical) detection of adversarial examples[J]. ArXiv preprint arXiv:1702.06280, 2017: 1-13.

[35] HENDRYCKS D, GIMPEL K. Early methods for detecting adversarial images[J]. ArXiv preprint ArXiv:1608.00530, 2016: 1-9.

[36] FEINMAN R, CURTIN R R, SHINTRE S, et al. Detecting adversarial samples from artifacts[J]. ArXiv preprint arXiv:1703.00410, 2017: 1-9.

[37] SUN J, CAO Y, CHEN Q A, et al. Towards robust LiDAR-based perception in autonomous driving: General black-box adversarial sensor attack and countermeasures[C]//29th USENIX Security Symposium, USENIX Security 2020, August 12-14, 2020. USENIX Association, 2020: 877-894.

[38] TIAN J, WANG B, GUO R, et al. Adversarial attacks and defenses for deep-learning-based unmanned aerial vehicles[J]. IEEE Internet of Things Journal, 2021, 9(22): 22399-22409.

[39] WANG Z, MA J, WANG X, et al. Threats to training: a survey of poisoning attacks and defenses on machine learning systems[J]. ACM Computing Surveys, 2022, 55(7): 1-36.

[40] XIAO H, XIAO H, ECKERT C. Adversarial label flips attack on support vector machines [G]//ECAI 2012 - 20th European Conference on Artificial Intelligence. Including Prestigious Applications of Artificial Intelligence (PAIS-2012) System Demonstrations Track, Montpellier, France, August 27-31 , 2012. IOS Press, 2012: 870-875.

[41] ZHAO M, AN B, GAO W, et al. Efficient label contamination attacks against black-box learning models.[C]//Proceedings of the Twenty-Sixth International Joint Conference on Artificial Intelligence, IJCAI 2017, Melbourne, Australia, August 19-25, 2017. ijcai.org, 2017: 3945-3951.

[42] MEI S, ZHU X. Using machine teaching to identify optimal training-set attacks on machine learners[C]//Proceedings of the Twenty-Ninth AAAI Conference on Artificial Intelligence, January 25-30, 2015, Austin, Texas, USA. AAAI Press, 2015: 2871-2877.

[43] MAHLOUJIFAR S, MAHMOODY M. Mohammad Threats to Training: A Survey of Poisoning Attacks and Defenses on Machine Learning Systems. Blockwise p-tampering attacks on cryptographic primitives, extractors, and learners[C]//Theory of Cryptography: 15th International Conference, TCC 2017, Baltimore, MD, USA, November 12-15, 2017. Springer, 2017: 245-279.

[44] MAHLOUJIFAR S, DIOCHNOS D I, MAHMOODY M. Learning under p-tampering attacks[C]//Algorithmic Learning Theory, ALT 2018, Lanzarote, Canary Islands, Spain,7-9 April 2018, PMLR, 2018: 572-596.

[45] MAHLOUJIFAR S, MAHMOODY M, MOHAMMED A. Data poisoning attacks in multi-party learning.[C]//Proceedings of the 36th International Conference on Machine Learning, ICML 2019, Long Beach, California, USA, 9-15 June 2019. PMLR, 2019: 4274-4283.

[46] MUÑOZ-GONZÁLEZ L, BIGGIO B, DEMONTIS A, et al. Towards poisoning of deep learning algorithms with back-gradient optimization[C]//Proceedings of the 10th ACM Workshop on Artificial Intelligence and Security, Dallas, TX, USA, November 3, 2017. ACM, 2017: 27-38.

[47] KOH P W, STEINHARDT J, LIANG P. Stronger data poisoning attacks break data sanitization defenses[J]. Machine Learning, 2022: 1-47.

[48] YANG C, WU Q, LI H, et al. Generative poisoning attack method against neural networks [J]. ArXiv preprint arXiv:1703.01340, 2017: 1-8.

[49] MUÑOZ-GONZÁLEZ L, PFITZNER B, RUSSO M, et al. Poisoning attacks with generative adversarial nets[J]. ArXiv preprint arXiv:1906.07773, 2019: 1-15.

[50] SHAFAHI A, HUANG W R, NAJIBI M, et al. Poison frogs! targeted clean-label poisoning attacks on neural networks[C]//Advances in Neural Information Processing Systems 31: Annual Conference on Neural Information Processing Systems 2018, NeurIPS 2018, Montréal, Canada,December 3-8, 2018. 2018: 6106-6116.

[51] KOH P W, LIANG P. Understanding black-box predictions via influence functions[C]// Proceedings of the 34th International Conference on Machine Learning, ICML 2017, Sydney, NSW, Australia, 6-11 August 2017. PMLR, 2017: 1885-1894.

[52] GU T, DOLAN-GAVITT B, GARG S. Badnets: Identifying vulnerabilities in the machine learning model supply chain[J]. ArXiv preprint arXiv:1708.06733, 2017: 1-13.

[53] CHEN X, LIU C, LI B, et al. Targeted backdoor attacks on deep learning systems using data poisoning[J]. ArXiv preprint arXiv:1712.05526, 2017: 1-18.

[54] BHAGOJI A N, CHAKRABORTY S, MITTAL P, et al. Analyzing federated learning through an adversarial lens[C]//Proceedings of the 36th International Conference on Machine Learning, ICML 2019, Long Beach, California, USA, 9-15 June 2019. PMLR, 2019: 634-643.

[55] FANG M, CAO X, JIA J, et al. Local model poisoning attacks to Byzantine-Robust federated learning[C]//29th USENIX Security Symposium, USENIX Security 2020, August 12-14, 2020. USENIX Association, 2020: 1605-1622.

[56] PERI N, GUPTA N, HUANG W R, et al. Deep k-nn defense against clean-label data poisoning attacks[C]//Computer Vision - ECCV 2020 Workshops - Glasgow, UK, August 23-28, 2020. Springer, 2020: 55-70.

[57] STEINHARDT J, KOH P W W, LIANG P S. Certified defenses for data poisoning attacks [C]//Advances in Neural Information Processing Systems 30: Annual Conference on Neural Information Processing Systems 2017, Long Beach, CA, USA, December 4-9, 2017. 2017: 3517-3529.

[58] CRETU G F, STAVROU A, LOCASTO M E, et al. Casting out demons: sanitizing training data for anomaly sensors[C]//2008 IEEE Symposium on Security and Privacy (SP 2008), Oakland, California, USA, 18-21 May 2008. IEEE Computer Society, 2008: 81-95.

[59] LI Y, YANG J, SONG Y, et al. Learning from noisy labels with distillation[C]//IEEE International Conference on Computer Vision, ICCV 2017, Venice, Italy, October 22-29, 2017. IEEE Computer Society, 2017: 1910-1918.

[60] PAUDICE A, MUÑOZ-GONZÁLEZ L, LUPU E C. Label sanitization against label flipping poisoning attacks[C]//ECML PKDD 2018 Workshops - Nemesis 2018, UrbReas 2018, SoGood 2018, IWAISe 2018, and Green Data Mining 2018, Dublin, Ireland, September 10-14, 2018. Springer, 2019: 5-15.

[61] ZHAO L, HU S, WANG Q, et al. Shielding collaborative learning: mitigating poisoning attacks through client-side detection[J]. IEEE Transactions on Dependable and Secure Computing, 2020, 18(5): 2029-2041.

[62] LI S, CHENG Y, WANG W, et al. Learning to detect malicious clients for robust federated learning[J]. ArXiv preprint arXiv:2002.00211, 2020: 1-7.

[63] CAO X, FANG M, LIU J, et al. FLTrust: Byzantine-robust Federated Learning via Trust Bootstrapping[C]//28th Annual Network and Distributed System Security Symposium, NDSS 2021, virtually, February 21-25, 2021. The Internet Society, 2021: 1-18.

[64] BORGNIA E, CHEREPANOVA V, FOWL L, et al. Strong data augmentation sanitizes poisoning and backdoor attacks without an accuracy tradeoff[C]//IEEE International Conference on Acoustics, Speech and Signal Processing, ICASSP 2021, Toronto, ON, Canada, June 6-11, 2021. IEEE, 2021: 3855-3859.

[65] JAGIELSKI M, OPREA A, BIGGIO B, et al. Manipulating machine learning: poisoning attacks and countermeasures for regression learning[C]//2018 IEEE Symposium on Security and Privacy, SP 2018, Proceedings, San Francisco, California, USA, 21-23 May 2018. IEEE Computer Society, 2018: 19-35.

[66] LIU C, LI B, VOROBEYCHIK Y, et al. Robust linear regression against training data poisoning[C]//Proceedings of the 10th ACM Workshop on Artificial Intelligence and Security, Dallas, TX, USA, November 3, 2017. ACM, 2017: 91-102.

[67] ROSENFELD E, WINSTON E, RAVIKUMAR P, et al. Certified robustness to label-flipping attacks via randomized smoothing[C]//Proceedings of the 37th International Conference on Machine Learning, ICML 2020, 13-18 July 2020, Virtual Event. PMLR, 2020: 8230-8241.

[68] ROH Y, LEE K, WHANG S, et al. Fr-train: a mutual information-based approach to fair and robust training[C]//Proceedings of the 37th International Conference on Machine Learning, ICML 2020, 13-18 July 2020, Virtual Event. PMLR, 2020: 8147-8157.

[69] MYNUDDIN M, KHAN S U, MAHMOUD M N. Trojan triggers for poisoning unmanned aerial vehicles navigation: a deep learning approach[C]//IEEE International Conference on Cyber Security and Resilience, CSR 2023, Venice, Italy, July 31 - Aug. 2, 2023. IEEE, 2023: 432-439.

[70] REHMAN H, EKELHART A, MAYER R. Backdoor attacks in neural networks–a systematic evaluation on multiple traffic sign datasets[C]//Machine Learning and Knowledge Extraction - Third IFIP TC 5, TC 12, WG 8.4, WG 8.9, WG 12.9 International Cross-Domain Conference, CD-MAKE 2019, Canterbury, UK, August 26-29, 2019. Springer, 2019: 285-300.

[71] DING S, TIAN Y, XU F, et al. Trojan attack on deep generative models in autonomous driving[C]//Security and Privacy in Communication Networks: 15th EAI International Conference, SecureComm 2019, Orlando, FL, USA, October 23-25, 2019. Springer, 2019: 299-318.

[72] ZHANG Y, ZHU Y, LIU Z, et al. Towards backdoor attacks against LiDAR object detection in autonomous driving[C]//Proceedings of the 20th ACM Conference on Embedded Networked Sensor Systems, SenSys 2022, Boston, Massachusetts, November 6-9, 2022. ACM, 2022: 533-547.

[73] YAN G, RAWAT D B, BISTA B B, et al. Location security in vehicular wireless networks [G]//Security, Privacy, Trust, and Resource Management in Mobile and Wireless Communications. IGI Global, 2014: 108-133.

[74] RUJ S, NAYAK A. A decentralized security framework for data aggregation and access control in smart grids[J]. IEEE Transactions on Smart Grid, 2013, 4(1): 196-205.

[75] BLANCHARD P, EL MHAMDI E M, GUERRAOUI R, et al. Machine learning with adversaries: Byzantine tolerant gradient descent[C]//Advances in Neural Information Processing Systems 30: Annual Conference on Neural Information Processing Systems 2017, Long Beach, CA, USA, December 4-9, 2017. 2017: 119-129.

[76] YIN D, CHEN Y, KANNAN R, et al. Byzantine-robust distributed learning: Towards optimal statistical rates[C]//Proceedings of the 35th International Conference on Machine Learning, ICML 2018, Stockholmsmässan, Stockholm, Sweden, July 10-15, 2018. PMLR, 2018: 5650-5659.

[77] PAN X, ZHANG M, WU D, et al. Justinian's GAAvernor: robust distributed learning with gradient aggregation agent[C]//29th USENIX Security Symposium, USENIX Security 2020, August 12-14, 2020. USENIX Association, 2020: 1641-1658.

[78] YANGHE P, ZHOU S, YUNTAO W, et al. Privacy-preserving byzantine-robust federated learning via deep reinforcement learning in vehicular networks[J]. IEEE Transactions on Vehicular Technology, 2024: 1-14.

[79] MAGAIA N, SHENG Z. ReFIoV: A novel reputation framework for information-centric vehicular applications[J]. IEEE Transactions on Vehicular Technology, 2019, 68(2): 1810-1823.

[80] WANG Y, SU Z, XU Q, et al. A novel charging scheme for electric vehicles with smart communities in vehicular networks[J]. IEEE Transactions on Vehicular Technology, 2019, 68(9): 8487-8501.

[81] FRANCO J, ARIS A, CANBERK B, et al. A survey of honeypots and honeynets for internet of things, industrial internet of things, and cyber-physical systems[J]. IEEE Communications Surveys & Tutorials, 2021, 23(4): 2351-2383.

[82] VASILOMANOLAKIS E, KARUPPAYAH S, MÜHLHÄUSER M, et al. HosTaGe: a mobile honeypot for collaborative defense[C]//Proceedings of the 7th International Conference on Security of Information and Networks, Glasgow, Scotland, United Kingdom, September 9-11, 2014. 2014: 330-333.

[83] DAUBERT J, BOOPALAN D, MÜHLHÄUSER M, et al. HoneyDrone: a medium-interaction unmanned aerial vehicle honeypot[C]//2018 IEEE/IFIP Network Operations and Management Symposium, NOMS 2018, Taipei, Taiwan, April 23-27, 2018. 2018: 1-6.

[84] WANG Y, SU Z, BENSLIMANE A, et al. Collaborative honeypot defense in UAV networks: a learning-based game approach[J]. IEEE Transactions on Information Forensics and Security, 2024, 19: 1963-1978.

[85] ZHANG S, ZHANG H, DI B, et al. Cellular UAV-to-X communications: design and optimization for multi-UAV networks[J]. IEEE Transactions on Wireless Communications, 2019, 18(2): 1346-1359.

[86] LI X, YAO H, WANG J, et al. A near-optimal UAV-aided radio coverage strategy for dense urban areas[J]. IEEE Transactions on Vehicular Technology, 2019, 68(9): 9098-9109.

[87] AHMED N, KANHERE S S, JHA S. On the importance of link characterization for aerial wireless sensor networks[J]. IEEE Communications Magazine, 2016, 54(5): 52-57.

[88] HE S, WANG T, WANG S. Mobility-driven user-centric AP clustering in mobile edge computing-based ultra-dense networks[J]. Digital Communications and Networks, 2020, 6(2): 210-216.

[89] GAO L, WANG X, XU Y, et al. Spectrum trading in cognitive radio networks: a contract-theoretic modeling approach[J]. IEEE Journal on Selected Areas in Communications, 2011, 29(4): 843-855.

[90] BOLTON P, DEWATRIPONT M. Contract theory[M]. Cambridge, MA, USA: MIT Press, 2005.

[91] SULTAN N H, VARADHARAJAN V, ZHOU L, et al. A role-based encryption (rbe) scheme for securing outsourced cloud data in a multi-organization context[J]. IEEE Transactions on Services Computing, 2023, 16(3): 1647-1661.

[92] SHANNON C E. A mathematical theory of communication[J]. Bell System Technical Journal, 1948, 27(3): 379-423.

[93] WYNER A D. The wire-tap channel[J]. Bell System Technical Journal, 1975, 54(8): 1355-1387.

[94] MAURER U M. Secret key agreement by public discussion from common information[J]. IEEE Transactions on Information Theory, 1993, 39(3): 733-742.

[95] DENNING D E. An intrusion-detection model[J]. IEEE Transactions on Software Engineering, 1987(2): 222-232.

[96] COHEN F. Computer viruses: theory and experiments[J]. Computers & Security, 1987, 6(1): 22-35.

[97] SHOKRI R, STRONATI M, SONG C, et al. Membership inference attacks against machine learning models[C]//2017 IEEE Symposium on Security and Privacy, SP 2017, San Jose, CA, USA, May 22-26, 2017. IEEE Computer Society, 2017: 3-18.

[98] YEOM S, GIACOMELLI I, FREDRIKSON M, et al. Privacy risk in machine learning: Analyzing the connection to overfitting[C]//31st IEEE Computer Security Foundations Symposium, CSF 2018, Oxford, United Kingdom, July 9-12, 2018. IEEE Computer Society, 2018: 268-282.

[99] SALEM A, ZHANG Y, HUMBERT M, et al. ML-Leaks: model and data independent membership inference attacks and defenses on machine learning models[C]//26th Annual Network and Distributed System Security Symposium, NDSS 2019, San Diego, California, USA, February 24-27, 2019. The Internet Society, 2019.

[100] FREDRIKSON M, LANTZ E, JHA S, et al. Privacy in pharmacogenetics: an end-to-end case study of personalized warfarin dosing[C]//Proceedings of the 23rd USENIX Security Symposium, San Diego, CA, USA, August 20-22, 2014. USENIX Association, 2014: 17-32.

[101] FREDRIKSON M, JHA S, RISTENPART T. Model inversion attacks that exploit confidence information and basic countermeasures[C]//Proceedings of the 22nd ACM SIGSAC Conference on Computer and Communications Security, Denver, CO, USA, October 12-16, 2015. ACM, 2015: 1322-1333.

[102] YANG Z, ZHANG J, CHANG E C, et al. Neural network inversion in adversarial setting via background knowledge alignment[C]//Proceedings of the 2019 ACM SIGSAC Conference on Computer and Communications Security, CCS 2019, London, United Kingdom, November 11-15, 2019. ACM, 2019: 225-240.

[103] ZHU L, LIU Z, HAN S. Deep leakage from gradients[C]//Advances in Neural Information Processing Systems 32: Annual Conference on Neural Information Processing Systems 2019, NeurIPS 2019, Vancouver, BC, Canada,December 8-14, 2019. 2019: 14747-14756.

[104] GEIPING J, BAUERMEISTER H, DRÖGE H, et al. Inverting gradients-how easy is it to break privacy in federated learning?[C]//Advances in Neural Information Processing Systems 33: Annual Conference on Neural Information Processing Systems 2020, NeurIPS 2020, December 6-12, 2020, virtual. 2020: 16937-16947.

[105] FAN L, NG K W, JU C, et al. Rethinking privacy preserving deep learning: How to evaluate and thwart privacy attacks[J]. Federated Learning: Privacy and Incentive, 2020: 32-50.

[106] HU H, SALCIC Z, SUN L, et al. Membership inference attacks on machine learning: a survey[J]. ACM Computing Surveys (CSUR), 2022, 54(11s): 1-37.

[107] JIA J, SALEM A, BACKES M, et al. Memguard: Defending against black-box membership inference attacks via adversarial examples[C]//Proceedings of the 2019 ACM SIGSAC Conference on Computer and Communications Security, CCS 2019, London, United Kingdom, November 11-15, 2019. ACM, 2019: 259-274.

[108] LI J, LI N, RIBEIRO B. Membership inference attacks and defenses in classification models [C]//CODASPY '21: Eleventh ACM Conference on Data and Application Security and Privacy, Virtual Event, USA, April 26-28, 2021. ACM, 2021: 5-16.

[109] HINTON G, VINYALS O, DEAN J. Distilling the knowledge in a neural network[J]. ArXiv preprint arXiv:1503.02531, 2015: 1-9.

[110] SHEJWALKAR V, HOUMANSADR A. Membership privacy for machine learning models through knowledge transfer[C]//Thirty-Fifth AAAI Conference on Artificial Intelligence, Virtual Event, February 2-9, 2021: vol. 35: 11. AAAI Press, 2021: 9549-9557.

[111] RAHMAN M A, RAHMAN T, LAGANIÈRE R, et al. Membership Inference Attack against Differentially Private Deep Learning Model.[J]. Transactions on Data Privacy, 2018, 11(1): 61-79.

[112] JAYARAMAN B, EVANS D. Evaluating differentially private machine learning in practice [C]//28th USENIX Security Symposium, USENIX Security 2019, Santa Clara, CA, USA, August 14-16, 2019. USENIX Association, 2019: 1895-1912.

[113] WANG T, ZHANG Y, JIA R. Improving robustness to model inversion attacks via mutual information regularization[C]//Thirty-Fifth AAAI Conference on Artificial Intelligence, Virtual Event, February 2-9, 2021: vol. 35: 13. AAAI Press, 2021: 11666-11673.

[114] ZHANG Y, JIA R, PEI H, et al. The secret revealer: generative model-inversion attacks against deep neural networks[C]//2020 IEEE/CVF Conference on Computer Vision and Pattern Recognition, CVPR 2020, Seattle, WA, USA, June 13-19, 2020. Computer Vision Foundation & IEEE, 2020: 253-261.

[115] SALEM A, BHATTACHARYA A, BACKES M, et al. Updates-Leak: data set inference and reconstruction attacks in online learning[C]//29th USENIX Security Symposium, USENIX Security 2020, August 12-14, 2020. USENIX Association, 2020: 1291-1308.

[116] TITCOMBE T, HALL A J, PAPADOPOULOS P, et al. Practical defences against model inversion attacks for split neural networks[J]. ArXiv preprint arXiv:2104.05743, 2021: 1-10.

[117] YANG Z, SHAO B, XUAN B, et al. Defending model inversion and membership inference attacks via prediction purification[J]. ArXiv preprint arXiv:2005.03915, 2020: 1-17.

[118] YIN H, MALLYA A, VAHDAT A, et al. See through gradients: Image batch recovery via gradinversion[C]//IEEE Conference on Computer Vision and Pattern Recognition, CVPR 2021, virtual, June 19-25, 2021. Computer Vision Foundation & IEEE, 2021: 16337-16346.

[119] WANG Y, DENG J, GUO D, et al. Sapag: A self-adaptive privacy attack from gradients [J]. ArXiv preprint arXiv:2009.06228, 2020: 1-8.

[120] JIN X, CHEN P Y, HSU C Y, et al. Cafe: catastrophic data leakage in vertical federated learning[J]. Advances in Neural Information Processing Systems, 2021, 34: 994-1006.

[121] ZHAO B, MOPURI K R, BILEN H. iDLG: Improved deep leakage from gradients[J]. ArXiv preprint arXiv:2001.02610, 2020: 1-5.

[122] WAINAKH A, VENTOLA F, MÜβIG T, et al. User label leakage from gradients in federated learning[J]. ArXiv preprint arXiv:2105.09369, 2021: 1-20.

[123] WEI W, LIU L, LOPER M, et al. A framework for evaluating client privacy leakages in federated learning[C]//Computer Security–ESORICS 2020: 25th European Symposium on Research in Computer Security, ESORICS 2020, Guildford, United Kingdom,September 14-18, 2020. Springer, 2020: 545-566.

[124] AONO Y, HAYASHI T, WANG L, et al. Privacy-preserving deep learning via additively homomorphic encryption[J]. IEEE transactions on information forensics and security, 2017, 13(5): 1333-1345.

[125] ZHU J, BLASCHKO M B. R-GAP: recursive gradient attack on privacy[C]//9th International Conference on Learning Representations, ICLR 2021, Virtual Event, Austria, May 3-7, 2021. OpenReview.net, 2021.

[126] CHEN C, CAMPBELL N D. Understanding training-data leakage from gradients in neural networks for image classification[J]. ArXiv preprint arXiv:2111.10178, 2021: 1-8.

[127] ZHANG H, CISSE M, DAUPHIN Y N, et al. Mixup: beyond empirical risk minimization[C] //6th International Conference on Learning Representations, ICLR 2018, Vancouver, BC, Canada, April 30 - May 3, 2018, Conference Track Proceedings. OpenReview.net, 2018: 1-13.

[128] HUANG Y, SONG Z, LI K, et al. Instahide: instance-hiding schemes for private distributed learning[C]//Proceedings of the 37th International Conference on Machine Learning, ICML 2020, 13-18 July 2020, Virtual Event. PMLR, 2020: 4507-4518.

[129] PANG T, XU K, ZHU J. Mixup inference: better exploiting mixup to defend adversarial attacks[C]//8th International Conference on Learning Representations, ICLR 2020, Addis Ababa, Ethiopia, April 26-30, 2020. 2020.

[130] FAN L. Differential privacy for image publication[C]//Theory and Practice of Differential Privacy (TPDP) Workshop, London, United Kingdom, November 11, 2019: vol. 1: 2. 2019: 6.

[131] ZHENG Y. Dropout against deep leakage from gradients[J]. ArXiv preprint arXiv:2108.11106, 2021: 1-6.

[132] BONAWITZ K, IVANOV V, KREUTER B, et al. Practical secure aggregation for privacy-preserving machine learning[C]//Proceedings of the 2017 ACM SIGSAC Conference on Computer and Communications Security, CCS 2017, Dallas, TX, USA, October 30 - November 03, 2017. ACM, 2017: 1175-1191.

[133] WEI K, LI J, DING M, et al. Federated learning with differential privacy: Algorithms and performance analysis[J]. IEEE Transactions on Information Forensics and Security, 2020, 15: 3454-3469.

[134] WEI W, LIU L, WU Y, et al. Gradient-leakage resilient federated learning[C]//41st IEEE International Conference on Distributed Computing Systems, ICDCS 2021, Washington DC, USA, July 7-10, 2021. IEEE, 2021: 797-807.

[135] VOGELS T, KARIMIREDDY S P, JAGGI M. PowerSGD: practical low-rank gradient compression for distributed optimization[J]. Advances in Neural Information Processing Systems, 2019, 32.

[136] KARIMIREDDY S P, REBJOCK Q, STICH S, et al. Error feedback fixes signsgd and other gradient compression schemes[C]//Proceedings of the 36th International Conference on Machine Learning, ICML 2019, Long Beach, California, USA, June 9-15 2019. PMLR, 2019: 3252-3261.

[137] GENTRY C. Fully homomorphic encryption using ideal lattices[C]//Proceedings of the 41st Annual ACM Symposium on Theory of Computing, STOC 2009, Bethesda, MD, USA, May 31 - June 2, 2009. ACM, 2009: 169-178.

[138] BRAKERSKI Z, VAIKUNTANATHAN V. Efficient fully homomorphic encryption from (standard) LWE[J]. SIAM Journal on Computing, 2014, 43(2): 831-871.

[139] GENTRY C, SAHAI A, WATERS B. Homomorphic encryption from learning with errors: conceptually-simpler, asymptotically-faster, attribute-based[C]//Advances in Cryptology–CRYPTO 2013: 33rd Annual Cryptology Conference, Santa Barbara, CA, USA, August 18-22, 2013. Proceedings, Part I. 2013: 75-92.

[140] CHEON J H, KIM A, KIM M, et al. Homomorphic encryption for arithmetic of approximate numbers[C]//Advances in Cryptology–ASIACRYPT 2017: 23rd International Conference on the Theory and Applications of Cryptology and Information Security, Hong Kong, China, December 3-7, 2017, Proceedings, Part I 23. 2017: 409-437.

[141] YANG Q, LIU Y, CHEN T, et al. Federated machine learning: concept and applications [J]. ACM Transactions on Intelligent Systems and Technology, 2019, 10(2): 1-19.

[142] GEYER R C, KLEIN T, NABI M. Differentially private federated learning: a client level perspective[J]. ArXiv preprint arXiv:1712.07557, 2017: 1-7.

[143] MCMAHAN H B, RAMAGE D, TALWAR K, et al. Learning differentially private recurrent language models[C]//6th International Conference on Learning Representations, ICLR 2018, Vancouver, BC, Canada, April 30 - May 3, 2018. 2018.

[144] TRUEX S, BARACALDO N, ANWAR A, et al. A hybrid approach to privacy-preserving federated learning[C]//Proceedings of the 12th ACM Workshop on Artificial Intelligence and Security, London, UK, November 15, 2019. ACM, 2019: 1-11.

[145] LUO X, CHEN H H, GUO Q. Semantic communications: overview, open issues, and future research directions[J]. IEEE Wireless Communications, 2022, 29(1): 210-219.

[146] DU H, WANG J, NIYATO D, et al. Rethinking wireless communication security in semantic Internet of Things[J]. IEEE Wireless Communications, 2023, 30(3): 36-43.

[147] WANG Y, SU Z, NI J, et al. Blockchain-empowered space-air-ground integrated networks: opportunities, challenges, and solutions[J]. IEEE Communications Surveys & Tutorials, 2022, 24(1): 160-209.

[148] CHEN H, PENDLETON M, NJILLA L, et al. A survey on ethereum systems security: vulnerabilities, attacks, and defenses[J]. ACM Computing Surveys (CSUR), 2020, 53(3): 1-43.

[149] WANG Y, SU Z, GUO S, et al. A survey on digital twins: architecture, enabling technologies, security and privacy, and future prospects[J]. IEEE Internet of Things Journal, 2023, 10(17): 14965-14987.

[150] MarketsandMarkets. Digital twin market - global forecast to 2027[EB/OL]. (2023-7-1)[2023-7-1]. https://www.marketsandmarkets.com/Market-Reports/digital-twin-market-225269522.html.

[151] SONG E Y, BURNS M, PANDEY A, et al. IEEE 1451 smart sensor digital twin federation for IoT/CPS research[C]//2019 IEEE Sensors Applications Symposium (SAS), Sophia Antipolis, France, March 11-13, 2019. 2019: 1-6.

[152] TOURANI R, MISRA S, MICK T, et al. Security, privacy, and access control in information-centric networking: a survey[J]. IEEE Communications Surveys & Tutorials, 2018, 20(1): 566-600.

[153] NOUR B, MASTORAKIS S, ULLAH R, et al. Information-centric networking in wireless environments: security risks and challenges[J]. IEEE Wireless Communications, 2021, 28(2): 121-127.

[154] WANG Y, PAN Y, YAN M, et al. A survey on ChatGPT: AI-generated contents, challenges, and solutions[J]. IEEE Open Journal of the Computer Society, 2023, 4: 280-302.

[155] Gartner. Gartner identifies the top strategic technology trends for 2022[EB/OL]. (2021-10-18)[2021-10-18]. https://www.gartner.com/en/newsroom/press-releases/2021-10-18-gartner-identifies-the-top-strategic-technology-trends-for-2022.

[156] KOS J, FISCHER I, SONG D. Adversarial examples for generative models[C]//IEEE Security and Privacy Workshops, SP Workshops 2018, San Francisco, CA, USA, May 24, 2018. IEEE Computer Society, 2018: 36-42.

[157] SHUMAILOV I, ZHAO Y, BATES D, et al. Sponge examples: energy-latency attacks on neural networks[C]//Proceedings of IEEE European Symposium on Security and Privacy (EuroS&P),Vienna, Austria, September 6-10, 2021. 2021: 212-231.

[158] LI H, GUO D, FAN W, et al. Multi-step Jailbreaking privacy attacks on ChatGPT[J]. ArXiv preprint arXiv:2304.05197, 2023: 1-16.

[159] PEREZ F, RIBEIRO I. Ignore previous prompt: attack techniques for language models[J]. ArXiv preprint arXiv:2211.09527, 2022: 1-21.

[160] VMware. VMware report warns of deepfake attacks and cyber extortion[EB]. (2022-8-8)[2022-8-8]. https://news.vmware.com/releases/vmware-report-warns-of-deepfake-attacks-and-cyber-extortion.